工业与信息化领域急需紧缺人才培养工程
——SY建筑信息模型(BIM)人才培养项目专用教材

BIM案例分析

工业与信息化领域急需紧缺人才培养工程
SY建筑信息模型(BIM)人才培养项目办 组织编写

刘占省 主编

机械工业出版社

本书以 Revit 软件为基础，结合实例系统地介绍了 BIM 技术在建筑设计、结构设计、建筑设备设计以及工程建设领域中的应用，并重点介绍了 Revit 在建筑设计中的应用方法和技巧。全书共 6 章，内容包括 BIM 应用案例分析基础知识；BIM 项目总体部署及实施；设计单位 BIM 应用案例；施工单位 BIM 应用案例；建筑全生命周期 BIM 应用；BIM 工程项目综合性应用案例。

本书内容安排由易到难、循序渐进、重点突出，专业性、实用性和可操作性强，适合土木工程及相关专业的师生、参加 BIM 工程师、BIM 项目管理师和 BIM 高级工程师考试的考生使用，也可供从事 BIM 工作的技术人员参考。

图书在版编目（CIP）数据

BIM 案例分析 / 刘占省主编. —北京：机械工业出版社，2018.12（2022.1 重印）
工业与信息化领域急需紧缺人才培养工程. SY 建筑信息模型（BIM）人才培养项目专用教材
ISBN 978-7-111-61633-7

Ⅰ.①B…　Ⅱ.①刘…　Ⅲ.①建筑设计 - 计算机辅助设计 - 应用软件 - 教材
Ⅳ.①TU201.4

中国版本图书馆 CIP 数据核字（2018）第 282475 号

机械工业出版社（北京市百万庄大街 22 号　邮政编码 100037）
策划编辑：汤　攀　责任编辑：汤　攀　范秋涛
责任校对：刘时光　责任印制：张　博
涿州市般润文化传播有限公司印刷
2022 年 1 月第 1 版第 2 次印刷
184mm×260mm · 14.5 印张 · 359 千字
标准书号：ISBN 978-7-111-61633-7
定价：45.00 元

凡购本书，如有缺页、倒页、脱页，由本社发行部调换
电话服务　　网络服务
服务咨询热线：010-88379833　　机 工 官 网：www.cmpbook.com
读者购书热线：010-68326294　　机 工 官 博：weibo.com/cmp1952
教育服务网：www.cmpedu.com
封面无防伪标均为盗版　　金 书 网：www.golden-book.com

编审人员名单

主　　编　刘占省（北京工业大学）

副 主 编　王其明（中国航天建设集团有限公司）

王　琦（中交协〈北京〉交通科学研究院）

张建江（中电建建筑集团有限公司）

主　　审　线登洲（河北建工集团）

编写人员　赵雪锋　王竞超　王莹莹（北京工业大学）

王泽强（北京市建筑工程研究院有限责任公司）

曾　涛（中国建筑技术中心）

杜　影（中建一局五公司）

杨震卿（北京建工集团有限责任公司）

陈会品（中铁建工集团有限公司）

刘子昌（中电建建筑集团有限公司）

周　志（北京华筑建筑科学研究院）

董　皓　苗卿亮　路永彬　朱镜全（天津广昊工程技术有限公司）

兰梦菇　王　唯（北京筑盈科技有限公司）

郭　伟（中铁建设集团有限公司）

张治国　朱元宏　张志伟（北京立群建筑科学研究院）

徐久勇　金永乐（中铁二院工程集团有限责任公司）

赵立民　李孟男　李相凯（北京城乡建设集团有限责任公司）

袁慧宇（北京市保障性住房建设投资中心）

姚伟强（郑州良实通信技术有限公司）

屠　畅（河南筑易工程咨询有限公司）

孙晓慧　耿鼎杰　蔡兴旺　郑攀登　王创业　王新成

杜　奕　陈　维　陈　伟　王梦彪　胡嘉旭　龚保永

王圆圆　卢　兴　陈国鑫　张　伟　王　芳　潘广森

（优路教育 BIM 项目教研小组）

前言

PREFACE

随着建筑业发展的日益加快，工程项目建设正朝着大型化、复杂化、多样化的方向发展。长期困扰建筑业的设计变更多、生产效率低下、项目整体偏离、价值低等问题制约了整个行业的进一步发展。建筑信息模型的出现为建筑业注入了新的血液，给建筑业带来了新的发展前景。采用建筑信息模型（Building Information Modeling，BIM）对项目进行设计、建造和运营管理，可将各种建筑信息组织成一个整体，贯穿于建筑全生命周期过程。利用计算机技术建立建筑信息模型，可实现对建筑空间几何信息、建筑空间功能信息、建筑施工管理信息以及设备等各专业相关数据信息的数据集成与一体化管理。BIM 技术的应用，将为建筑业的发展带来巨大的效益，使得规划设计、工程施工、运营管理乃至整个工程的质量和管理效率得到显著提高。BIM 技术的应用，能改变传统的建筑管理理念，引领建筑信息技术走向更高层次，它的全面应用将大大提高建筑管理的集成化程度。

全书共 6 章，内容包括 BIM 应用案例分析基础知识；BIM 项目总体部署及实施；设计单位 BIM 应用案例；施工单位 BIM 应用案例；建筑全生命周期 BIM 应用；BIM 工程项目综合性应用案例。

本书以 Revit 软件为基础，结合实例系统地介绍了 BIM 技术在建筑设计、结构设计、建筑设备设计以及工程建设领域中的应用，并重点介绍了 Revit 在建筑设计中的应用方法和技巧。本书内容编排由易到难、循序渐进、重点突出，专业性、实用性和可操作性强，适合于初学者及有一定基础的读者阅读。

由于作者水平有限，且编写时间仓促，书中难免有疏漏和错误，恳请广大读者提出宝贵意见。

本书向授课老师提供课件下载，请关注微信公众号“机械工业出版社建筑分社”（CMPJZ18），回复“BIM18”获得下载地址；或电话咨询（010-88379250）。

目录

CONTENTS

第1章 BIM应用案例分析基础知识

1.1 BIM 产生的背景

1.1.1 当今世界的建筑

当今世界高层建筑越来越多，超高层建筑也越来越高。图 1.1-1 列举了 20 座世界超高建筑。

1）吉达王国大厦

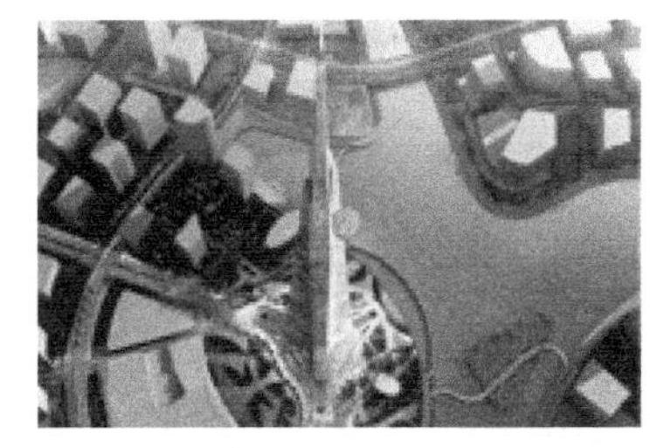

2）迪拜哈利法塔

3）深圳平安金融中心

4）首尔Light DMC大厦

5）雅加达Signature大厦

6）上海中心大厦

7）武汉绿地中心

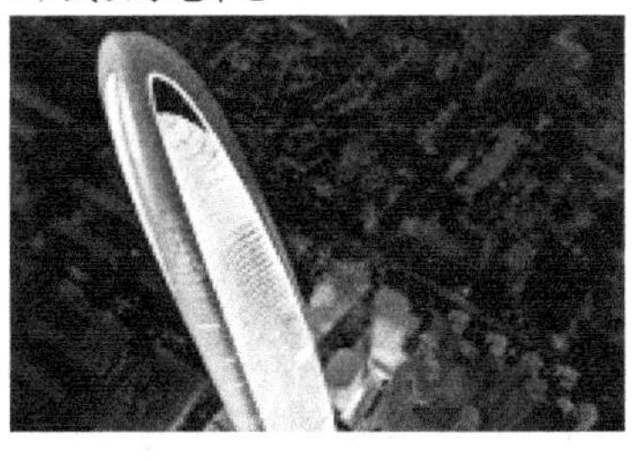

8）麦加皇家钟塔酒店

9）天津高银金融117大厦

图 1.1-1　世界超高建筑举例

10）首尔乐天世界大厦

11）多哈会议中心大厦

12）纽约新世界贸易中心

13）广州周大福中心

14）天津周大福滨海中心

15）大连绿地中心

16）迪拜Pentominium

17）釜山乐天城大厦

18）台北101大厦

19）深圳丰隆中心

20）上海环球金融中心

图 1. 1-1　世界超高建筑举例（续）

1. 1. 2　如今行业现状

1. 美国建筑业信息化的驱动力和目标

1）工程建设投入的非增值（浪费）部分达到 57%，制造业投入的非增值部分为 26%，两者相差 31%。如图 1. 1-2 所示。

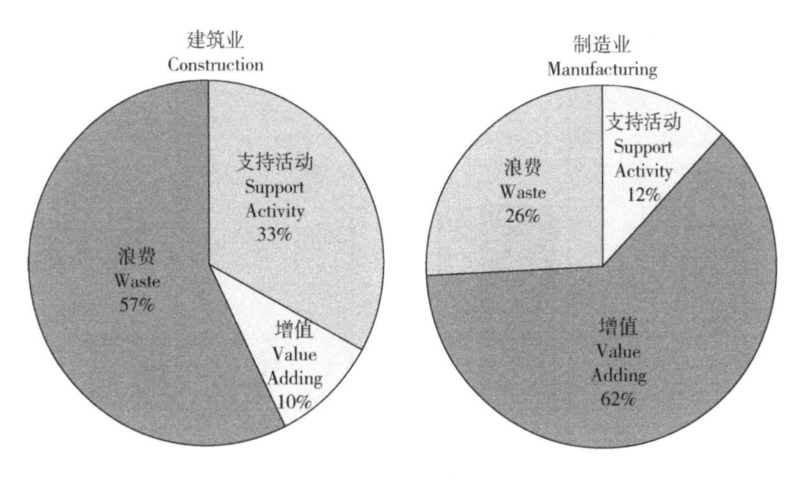

图 1.1-2　建筑业及制造业对比

2）2008 年美国设计和施工行业规模为 1.288 万亿美元（全球 4.8 万亿美元）。

3）美国建筑业如果做到和制造业同样水平，每年可以节约 4000 亿美元，这个数字不包括运营和维护阶段资金投入。

美国以 BIM 为核心的建筑业信息化工作目标：到 2020 年每年节约 2000 亿美元。

2. 建筑行业现状与趋势

从图 1.1-3 中看出，上线是近 40 年来机械制造业的生产效率变化情况，下线是建筑业的生产效率变化情况。可以看出机械制造业的生产效率提升了 110%，大幅提升，翻了两倍还要多。而建筑业的生产效率没怎么变，甚至还降低了 25%，原因就在于建筑业的生产方式没有多大变化，还是沿用以前的生产方式进行建筑的建造。

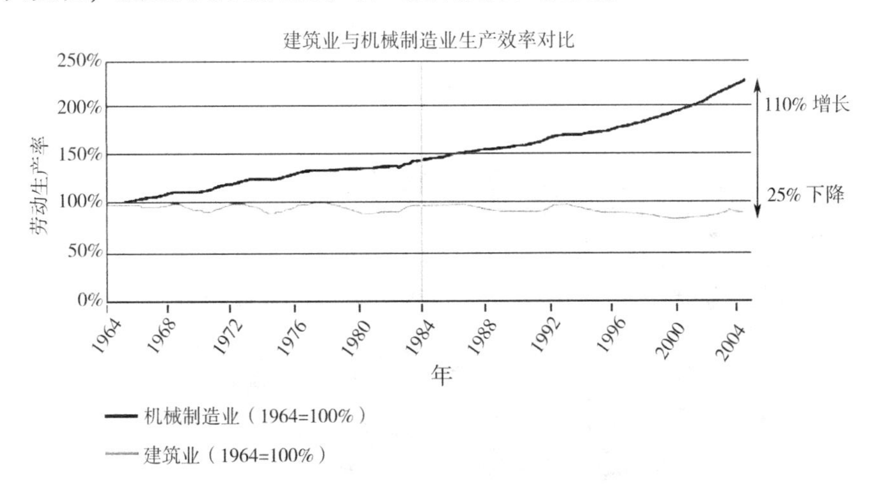

图 1.1-3　建筑业和机械制造业生产效率对比

3. 建筑业存在的问题

对于建筑业目前存在的问题，建筑企业各方都有自己的观点。

业主观点：设计图的质量下降；建筑师和工程师应对设计图样的质量承担更多的责任。

施工方观点：建筑师提供的设计图样质量差；当对设计提出疑问时，响应太慢。

（1）全球范围内建筑业在 IT 的投资不足制造业的 20%　图 1.1-4 中可以看出，制造业上的 IT 投入很高，而建筑业的投入很低，这也是建筑业和制造业之间差距大的原因之一。

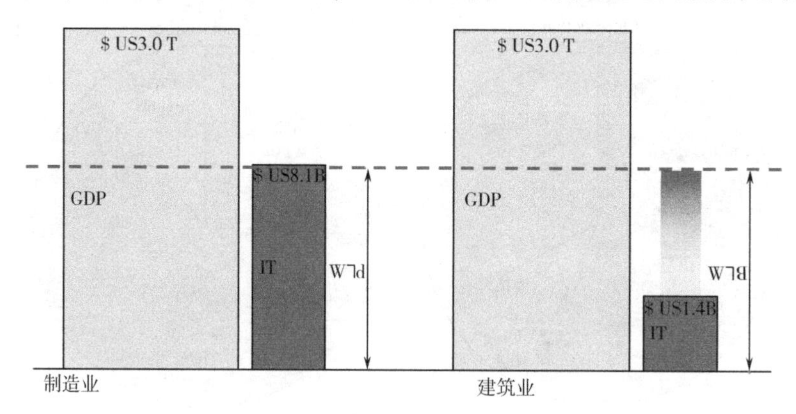

图 1.1-4　建筑业与制造业对比

建筑业目前用得最多的软件是 CAD。如果立面标高和平面标高不一致，CAD 是可以出图的，除非人工地找出 CAD 里的逻辑错误。而在制造业，比如苹果公司，设计图样出完之后，打包直接发到生产厂家生产，根本不需要像建筑业这样，派遣一个设计代表去生产单位。

因此建筑业也应像制造业一样，探索一个全过程的解决方案，在设计时就把所有问题都解决完，在施工阶段直接照图施工即可。

（2）建筑行业存在浪费　“由于效率不高、错误以及工程延误等原因每年给美国 6000 亿美元的建筑业投资带来 2000 亿美元的损失。”——2000 年美国《经济学家》杂志

（3）信息的断裂丢失　在建筑全生命周期内，传统的信息管理模式会使得各阶段的过渡存在信息的丢失，所以需要一个系统来保证信息的完整性。基于 BIM 的信息管理模式，就能保证信息在各阶段之间传递时的完整性（图 1.1-5）。

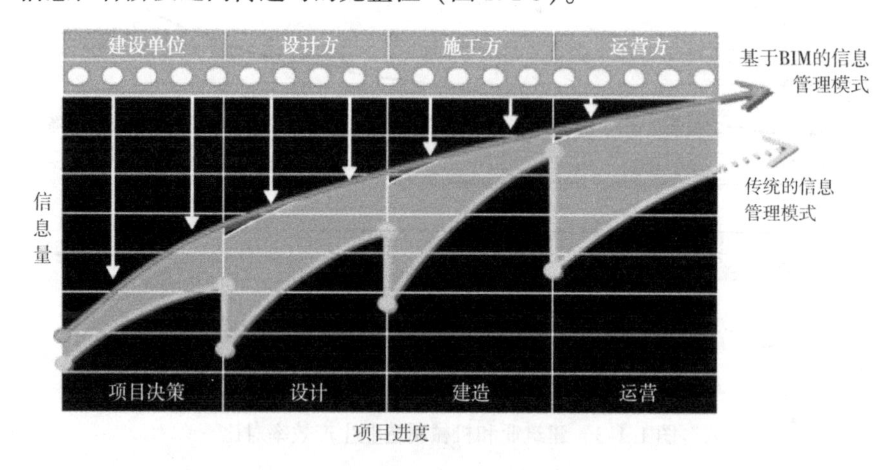

图 1.1-5　BIM 与传统信息管理对比

（4）材料用量的偏差　在建筑行业，材料用量存在着偏差，实际用量多于设计用量的情况较为常见。

例如，设计图样钢筋需求量为 5.5 万 t，实际消耗量为 6.5 万 t，签约时即亏 3000 余 t，飞单 3000 余 t，被分包单位拉走 3000 余 t。

（5）图样的技术瓶颈　目前建筑行业存在的主要问题是图样（图 1.1-6）。CAD 二维图样，存在很多逻辑错误，因为 CAD 二维图样之间的信息是分离的，各专业之间也是相互分离的。并且在做设计时要对建筑信息进行多次重复的录入，这部分多数是由人工完成的，很容易疏忽遗漏或出现错误。由于信息的分离和多次录入，势必会造成一些问题，如图样出错，信息遗漏，在实际中无法应用等，如图 1.1-7 所示。

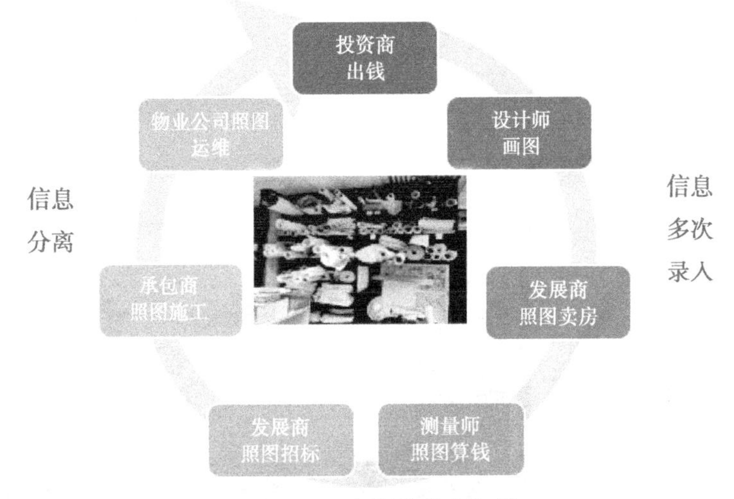

图 1.1-6　图样的技术瓶颈

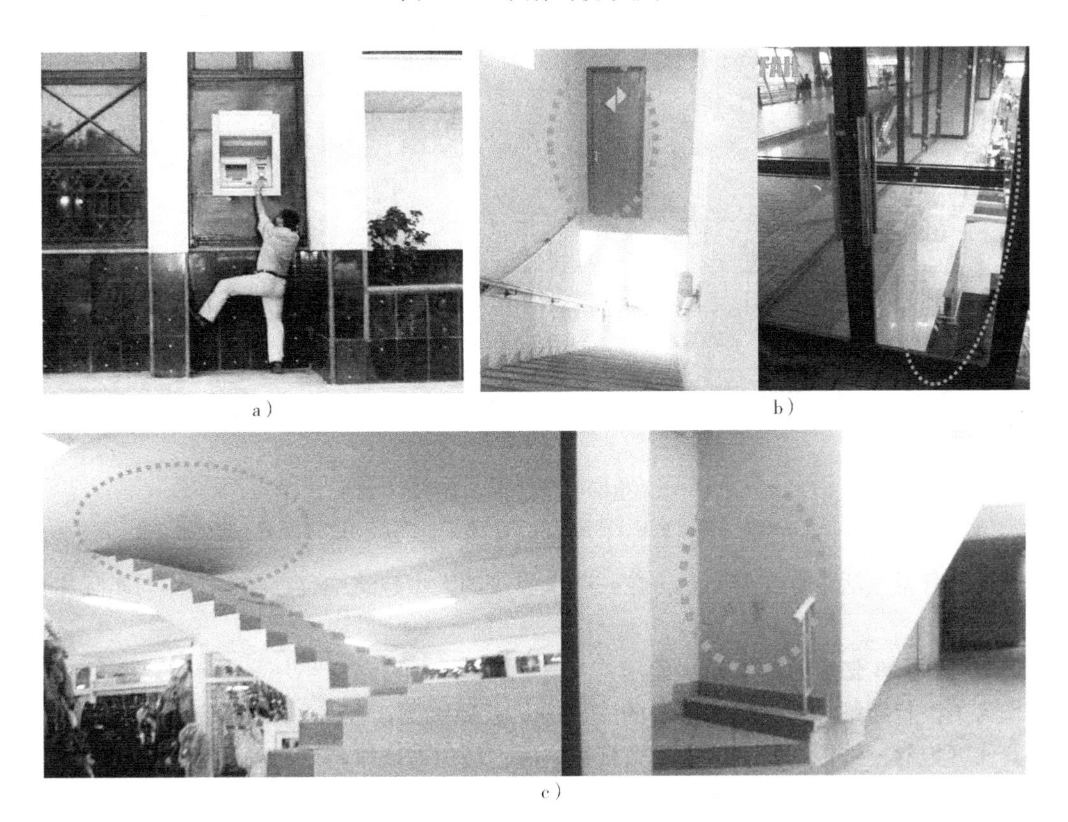

a）　b）　c）

图 1.1-7　生活中存在的一些问题

a）平面和立面不一致　b）平面图符号遗漏　c）缺乏协调、不能使用

d）

e）

f）

图 1.1-7　生活中存在的一些问题（续）

d）净高问题　e）无法维护、不能使用、不能更换　f）造型、功能、性能、质量、造价、安全问题

不仅在日常生活中存在着问题，在一些世界级的大型建筑中也存在着图样与实际相分离的问题。

例 1. 美国 90 亿美元的 Vdara 酒店

作为美国拉斯维加斯的城市中心的一部分，五星级酒店 Vdara 以圆弧形设计独树一帜。但常有住客抱怨，到饭店的游泳池畔做日光浴时，饭店玻璃帷幕反射的强烈阳光实在热得让人吃不消，有人甚至被紫外线严重灼伤。

Vdara 酒店采用全玻璃帷幕、凹面设计，因此太阳光直射旅馆时，光线就像照到放大镜一样扩散，并反射到大楼南侧的游泳池区（图 1.1-8）。由于当地阳光猛烈，不少住客在享受日光浴时惨遭灼伤。从放在同一区的塑料袋在阳光照射下融化变形，就不难知道太阳光有多猛烈。芝加哥律师平塔斯就是其中一名受害者，他到 Vdara 酒店住宿时，背部与大腿“像被火烧”，“我感觉像被化学品灼伤，无法想象为什么我的头像被火烧，短短 30s，背就好像被火烧过，当时我第一个念头是：老天，他们破坏臭氧层了！”

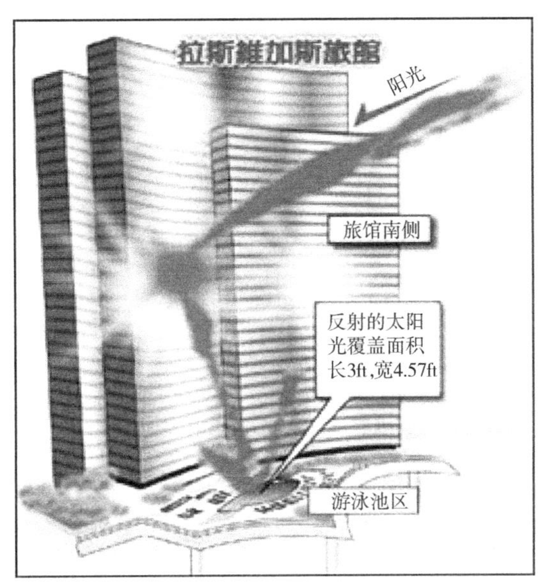

图 1. 1-8　五星级酒店 Vdara

例 2. 伦敦奥运会水上运动中心

在伦敦奥运会水上运动中心举行的跳水比赛，多达 4800 名现场观众没能看到比赛，因为由英国著名建筑设计师扎哈·哈迪德主持设计的奥运会水上中心屋顶框架存在遮挡视线的硬伤，伦敦奥组委最终采用包括退票的方式，为这一问题场馆买单。

由于奥运水上中心的屋顶存在曲度和框架遮挡，有 600 个观众席因为位置问题无法看见跳水台的跳板。这样，包括奥运会和残奥会在内，共有 4800 名观众，只能看见跳水运动员入水的一刹那。

奥运场馆何以会犯如此低级错误？据奥运会场馆设计公司博普乐思设计师介绍，扎哈设计团队采用的是 2D 观赛视线效果研究。如果采用 3D 视线效果研究，应该能避免这种遮挡观众席问题的发生。

4. 建筑师视角

建筑师需要三维设计工具帮助思考，获取信息，设计分析，提交成果。而工业造型软件只能传达视觉信息，在表达建筑材料、建筑构造和建筑性能等信息上却无能为力，所以建筑师需要属于自己的三维设计软件。

5. BIM 产生的背景

BIM 的产生是由于市场需求（图 1.1-9）。

1）现在项目越来越复杂，而二维设计已经不能满足要求了。比如北京的鸟巢，从立面上看是一些杂乱无章的钢网架结构，从平面上看也是一堆错综复杂的钢网架结构，设计师要想很好地表达他的设计意图，很好地将设计意图传达给建造者，就需要通过三维设计来实现。

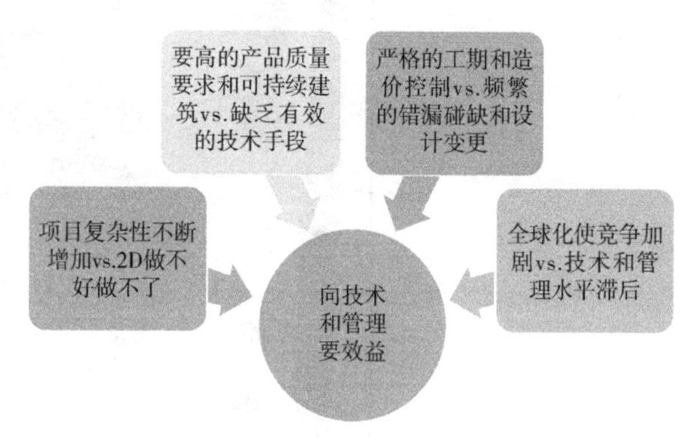

图 1.1-9　BIM 产生原因

2）未来产品质量的要求越来越高，面对复杂的形体、低能源消耗、室内环境质量高、安全性能要求高、节约用水、可持续性材料、标志性意义、风力影响、可持续性场地开发等建筑物要求，目前缺乏有效的技术手段。

3）造价和工期控制越来越严格，而目前项目中存在频繁的“错、漏、碰、缺”和设计变更，造成工期延误和改拆费用增加。

4）全球化竞争加剧，目前国内的技术和管理水平落后，与国外存在很大的差距。要弥补差距，就要走向世界，让国外先进的技术走进来。

因此中国建筑行业想要谋求发展，就需要向技术和管理要效益。

1.2　BIM 是什么

1.2.1　BIM 是建筑物的 DNA

这是一个精妙的比喻。如图 1.2-1 所示，BIM 的组成与 DNA 有着极其相似的地方。首先它们的核心都是其中的信息链，有了信息链，围绕在它周围的各个生命周期才能顺利实现以及表达。这是一个不断信息表达的过程。这段期间信息被实物化，刻画在建筑物当中。

传统的设计施工方法，在工程竣工后，业主得到两样东西：一座实际的建筑物，一套图样。

而基于 BIM 的设计施工方法，在竣工后，我们把建筑的所有信息储存在一个小小的 U 盘里，假如某天发生地震或战争，建筑物被摧毁了，我们用这个 U 盘就可以建造出几乎和原来一样的建筑物。

BIM（建筑信息模型）是以三维数字技术为基础，集成了建筑工程项目各种相关信息的工程数据模型，是对该工程项目相关信息的详尽表达，也是数字技术在建筑工程中的直接应

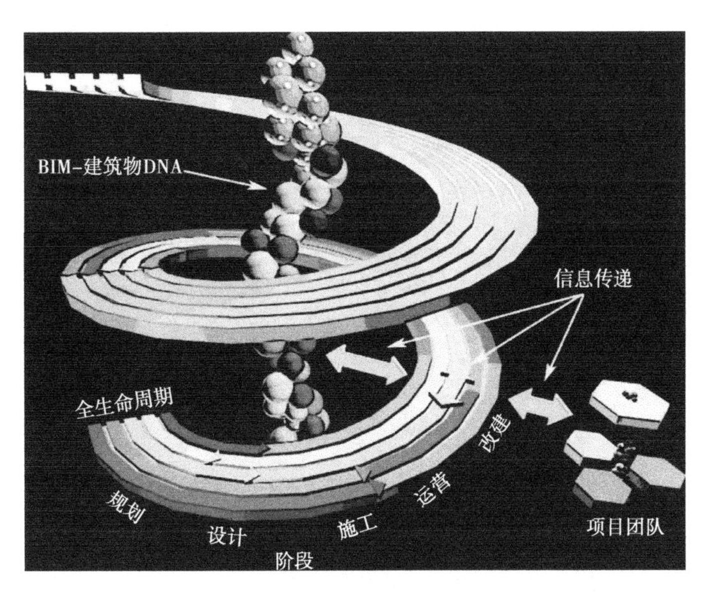

图 1.2-1 建筑物 DNA

用，使设计人员和工程技术人员能够协同工作，对各种建筑信息做出正确的应对。

BIM 同时又是一种应用于设计、建造、管理的数字化方法，这种方法支持建筑工程的集成管理环境，可以提前预演工程建设，提前发现问题并解决，显著提高效率，减少风险。

BIM——Modeling 建筑信息模型应用是（项目的）BUSINESS PROSSES。

BIM——Model 建筑信息模型是（一个设施的）数字化表达。

BIM——Management 建筑信息管理是（BUSINESS PROSSES）组织和管理。

BI Modeling

建筑信息模型应用是创建和利用项目数据在其全寿命期内进行设计、施工和运营的业务过程，允许所有项目相关方通过不同技术平台之间的数据互用在同一时间利用相同的信息。

BI Model

建筑信息模型是一个设施物理特征和功能特性的数字化表达，是该项目相关方的共享知识资源，为项目全寿命期内的所有决策提供可靠的信息支持。

BI Management

建筑信息管理是指利用数字原型信息支持项目全寿命期信息共享的业务流程组织和控制过程。建筑信息管理的效益包括集中和可视化沟通、更早进行多方案比较、可持续分析、高效设计、多专业集成、施工现场控制、竣工资料记录等。

1.2.2 BIM 的存在方式—信息共享

BIM 信息共享如图 1.2-2 所示。

1）BIM 是一个设施物理和功能特性的数字化表达。

2）BIM 是一个设施有关信息的共享知识资源，从而为其在全生命周期的各阶段决策提供支持，以便更好地实现项目的价值。

3）BIM 是基于协同性能公开标准的共享数字表达，为插入、获取、更新和修改信息提供可靠的基础。

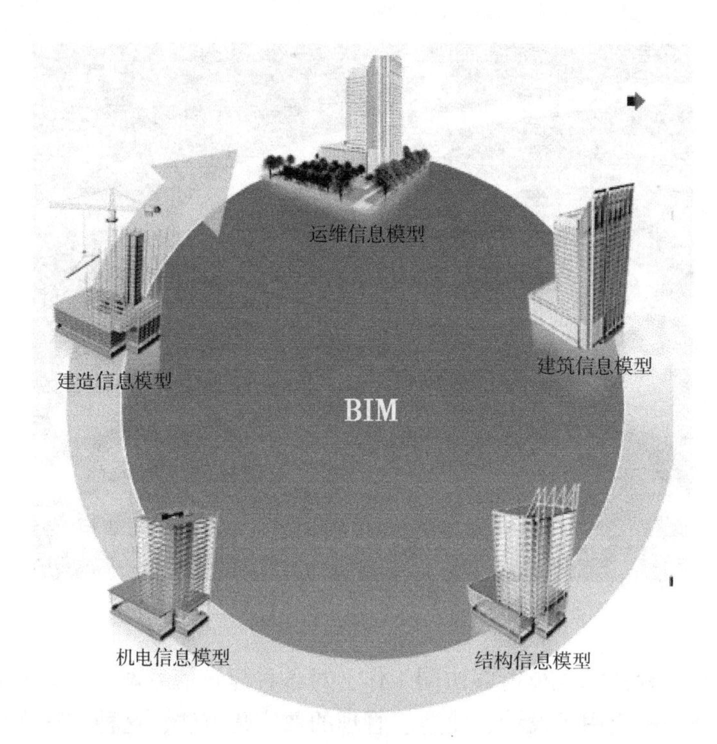

图 1.2-2　BIM 信息共享

建筑设计经历了两次革命，CAD 的出现结束了最原始的手绘时代，而继 CAD 后又一革命——BIM 技术具有三维可视化的优点，可多专业高效协同设计，提高效率，如图 1.2-3 所示。

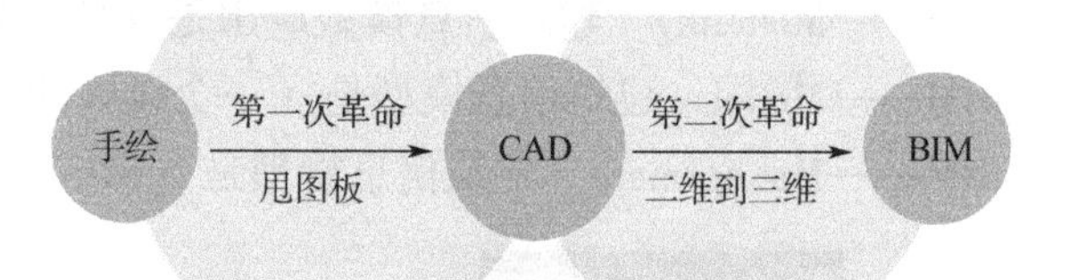

图 1.2-3　建筑设计的两次革命

BIM 的优点如图 1.2-4 所示。

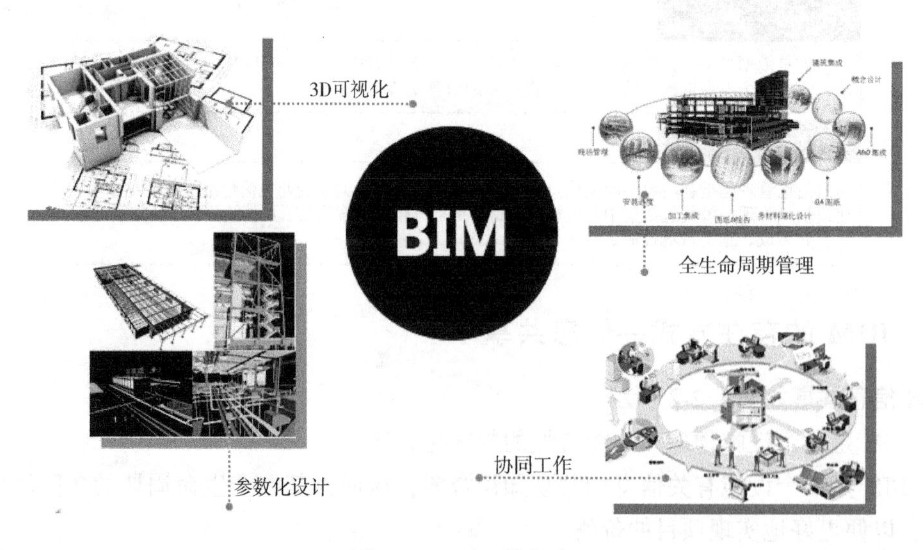

图 1.2-4　BIM 的优点

1.3 BIM 在建设工程中的应用

BIM 在建设工程中的应用如图 1.3-1 所示。

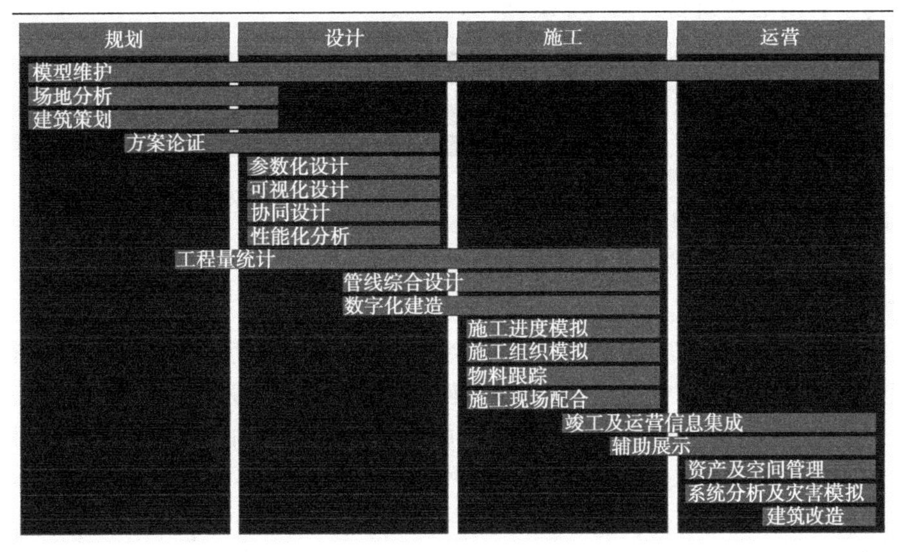

图 1.3-1　BIM 在建设工程中的应用

1.3.1 国内外重大项目 BIM 工程案例

在国家的重大工程项目上，国家牵头并引导企业使用 BIM 技术。如 CCDI（中建国际设计顾问有限公司）成功主持设计的国家游泳中心（“水立方”）等多个 2008 年北京奥运会比赛场馆，实现了大量的自主创新和绿色科技成果；2008 年北京奥运会的“奥运村空间规划及物资管理信息系统”即采用了以建筑信息模型为基础的数据信息管理；2010 年的上海世博会也采用了以建筑信息模型为基础的数据信息管理系统对世博园区的规划建筑的全过程进行监测、模拟和控制。

1. 上海中心大厦

上海中心大厦项目位于上海浦东陆家嘴地区，主体建筑结构高度为 580m，总高度 632m，共 121 层。为了提升上海中心项目的工程信息管理水平，保证项目的顺利推进，上海中心大厦建设发展有限公司提出建立基于 BIM 的工程信息管理系统，从建筑的全生命周期的角度出发，以现代信息技术为手段，在建筑的设计、施工、运营和维修直至拆除全过程中有效地控制工程信息的采集、加工、存储和交流，用经过处理的信息流指导和控制项目建设的物质流，支持项目管理者进行规划、协调和控制。从 2008 年底开始全面规划和实施 BIM 技术，通过与项目设计方、施工方和业内专家的合作，推动项目在设计和施工过程中全方位实施 BIM 技术。上海中心大厦 BIM 模型如图 1.3-2 所示。

图 1.3-2　上海中心大厦 BIM 模型

2. 2008 北京奥运会国家游泳中心

“水立方”是由中国建筑工程总公司、澳大利亚 PTW 公司和澳大利亚 Arup 公司共同进行设计的，项目使用了近 3000 个气枕组成了项目外檐功能膜，覆盖面积达 10 万 m^2，是世界上唯一一个完全由膜结构全封闭的建筑物，因此该项目的立体建模和结构设计是非常具有挑战性的。设计组使用了基于 BIM 技术的软件，很快地完成了项目 3D 模型的建立，并利用 BIM 的参数化功能准确地生成了平面和立面图。“水立方” BIM 模型如图 1.3-3 所示。

图 1.3-3 “水立方” BIM 模型

3. 世博会国家电网馆

中建国际设计集团（CCDI）设计的世博会国家电网馆，是近年来基于 BIM 进行全生命周期管理的一个成功案例。世博会国家电网馆占地 4000m^2，负责整个世博会浦西园区的电量输送，因此也是一个巨大的变电站。BIM 的应用使得在设计阶段就能从全生命周期的角度考虑成本和效益，同时考虑到世博会期间正是上海最酷热的时候，基于 BIM 的建筑性能分析，既保证了参观人员的舒适度，同时也体现了绿色节能的理念；在施工阶段，BIM 模型与进度计划结合实现了 4D 应用，再与工程造价结合实现了 5D 应用，最大限度发挥了业主资金的效益；在运营管理阶段，通过将 BIM 与传统的运营管理系统结合，为世博会国家电网馆的日常运行和维护提供可视化的优质服务，设计流程如图 1.3-4 所示。

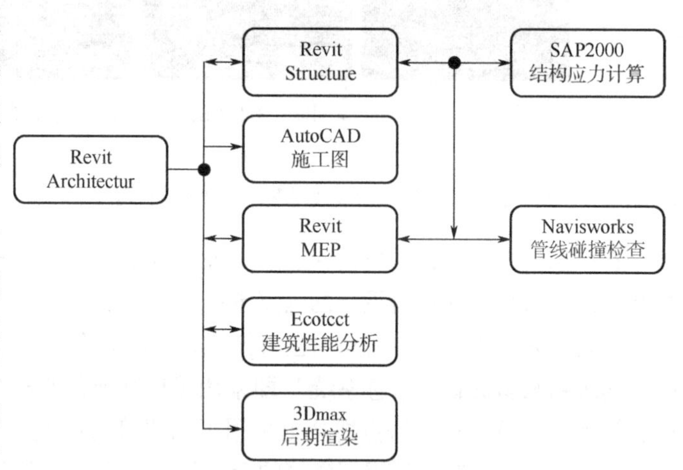

图 1.3-4 世博会国家电网馆 BIM 设计流程

4. 杭州奥体中心主体育场

杭州奥体中心主体育场形体复杂，在二维图样上很难完全理解其空间关系。CCDI（中建国际）设计团队采用了基于 BIM 技术的 Revit 系列软件做支撑，以预先导入的三维外观造型做定位参考，在 Revit 中建立体育馆内部建筑功能模型、结构网架模型、机电设备管线模型，如图 1.3-5 所示。

图 1.3-5 杭州奥体中心主体育场

5. 银川火车站改造项目

该项目是应用BIM进行施工管理的典型案例，该项目的站房、雨棚、通廊等复杂钢结构的三维建模、钢结构施工吊装方案的设计以及虚拟仿真和风险控制等都应用了基于BIM的可视化技术。基于BIM技术，施工单位很快建立了项目的三维空间模型，该模型与时间和造价管理的相关信息实施连接后，就真正形成了施工预算、进度联动的5D施工管理体系，使施工企业很容易确定合理的施工工序。银川火车站BIM模型如图1.3-6所示。

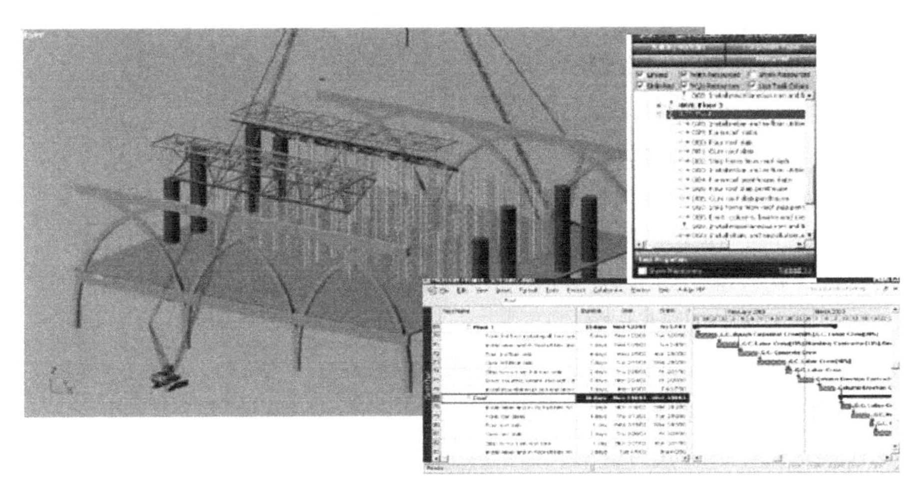

图1.3-6 银川火车站BIM模型

6. 天津港国际邮轮码头

在该项目之前，由CCDI成功主持设计的大约20多个项目不同程度地应用了BIM，天津港的BIM应用较以前更为深入。在设计前期，项目组利用BIM软件的分析功能进行空间形体推敲、日照模拟、人员流动分析等，重点进行能源分析。最终完成了天津港建筑、结构、机电全专业的建模，同时还得出了各专业间交互碰撞分析报告，如图1.3-7、图1.3-8所示。

图1.3-7 天津港国际邮轮码头

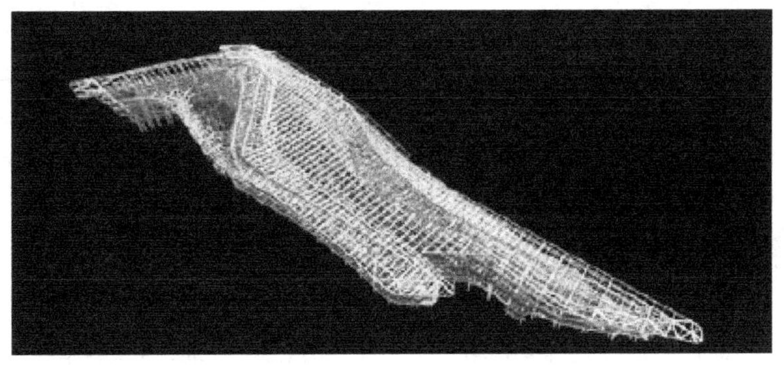

图1.3-8 天津港国际邮轮码头钢结构图

7. 上海世博会中国国家馆

BIM 技术在 2010 年上海世博会各大场馆的建造中发挥了巨大作用，大部分的世博会场馆均运用了 BIM 理念，如中国馆、德国馆、芬兰馆、瑞典馆、演艺中心馆、文化中心馆等。中国馆的钢结构部分十分复杂，该项目工期紧、设计变更多。上海同清科技发展有限公司采用 Tekla Structures 建模，利用其强大的节点处理能力和多用户协同工作模式给工程进度节省了时间，模型和图样的永久关联保证了构件准确的制造，最终 Tekla 软件在技术和质量上获得承包商和项目业主的一致好评，如图 1.3-9 所示。

图 1.3-9　上海世博会中国国家馆

8. 上海世博会德国国家馆

上海现代建筑设计集团成功借助于 Revit、Navisworks 等一系列基于 BIM 平台的三维软件，极大地解决了项目本身空间关系复杂、三维协同设计以及管线综合等难点问题。同时，通过建筑信息模型的建立，更好地完善了设计、施工等多家项目参与方之间的数据共享与传输，提升了 BIM 在我国典型工程中的应用水平。德国馆虚拟建筑模型如图 1.3-10 所示。

图 1.3-10　德国馆虚拟建筑模型

9. 其他 BIM 案例

其他 BIM 案例如图 1.3-11 ~ 图 1.3-20 所示。

图 1.3-11　北京八里庄苏宁购物广场

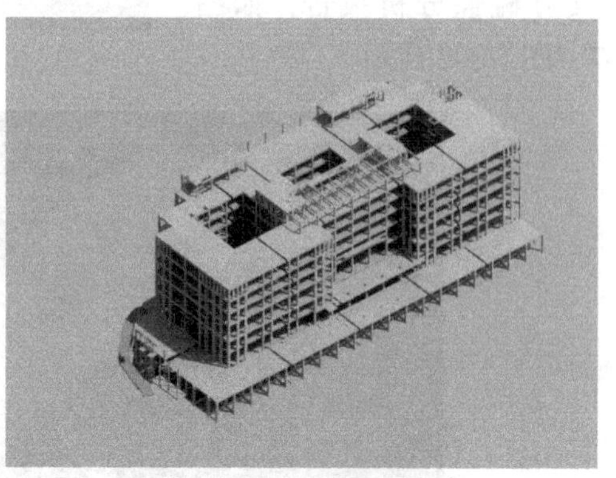

图 1.3-12　北京中关村华胜天成大厦

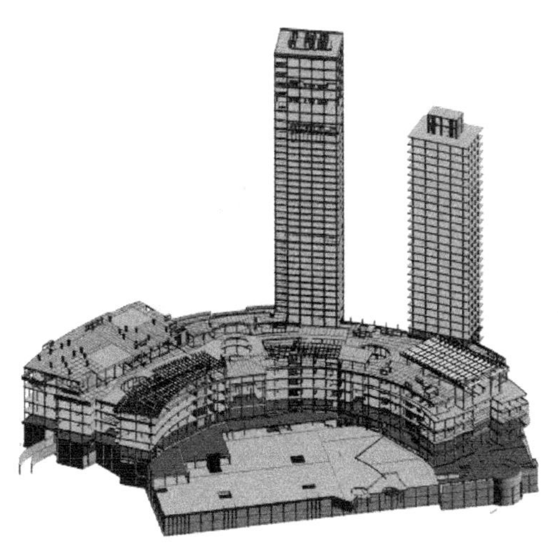

图 1. 3-13　天津中石油大厦

图 1. 3-14　济南领秀城综合体

图 1. 3-15　宁夏国际会议中心图

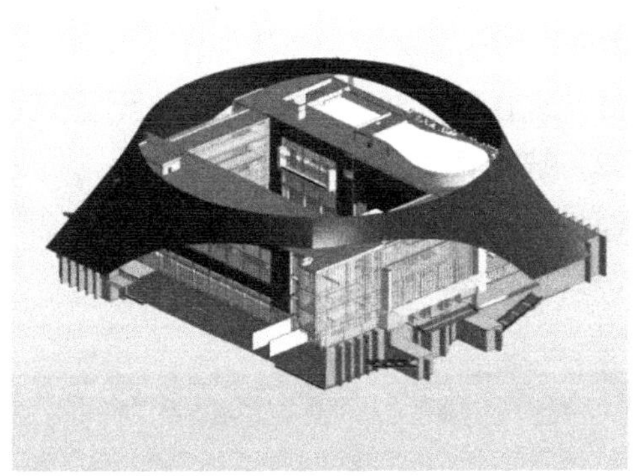

图 1. 3-16　杭州博览中心（局部）

图 1. 3-17　成都银泰中心

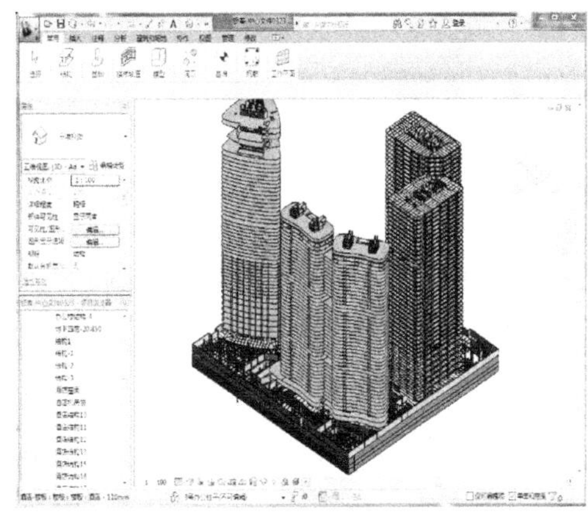

图 1. 3-18　深圳创投大厦

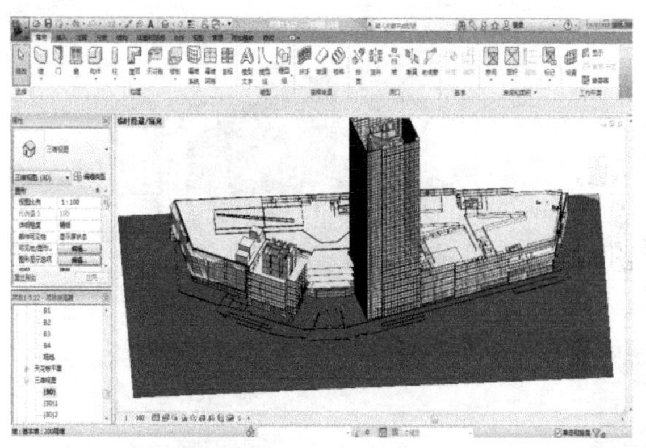

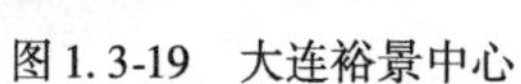
图 1.3-19　大连裕景中心

图 1.3-20　宁夏亘元万豪大厦

课后习题

BIM 的产生是由于市场需求应运而生的，市场的要求主要体现在哪几方面？

答案：市场的要求主要体现在以下方面。

（1）现在项目复杂程度提高，设计意图的表达需要三维设计来实现。

（2）缺乏有效的技术手段。

（3）造价和工期控制越来越严格。

（4）全球化竞争加剧。

本章考试大纲

1. 了解 BIM 产生的背景。
2. 了解 BIM 现状及存在的问题。
3. 掌握 BIM 的含义、特点及存在方式。
4. 了解 BIM 在建筑工程中的一些应用实例。

第2章 BIM项目总体部署及实施

2.1 实施目标与方向

一般工程项目自身结构复杂、功能众多，在施工组织实施过程中，常常涉及桩基施工、构件现场浇筑、综合管线铺设等工序，这些施工工序工作量大，交叉立体作业大量存在，从而为施工单位的现场组织及安排增加了困难。若无法直观地将工序安排统筹到一起，很容易造成各工序之间相互冲突，造成施工现场混乱，出现“窝工”现象；再者，项目规模大，参与施工的单位多，施工过程中包含业主方、设计单位、分包商、物资供应商等参建主体，这些主体接口关系复杂，施工总承包方的协调解决的工作量加大，若信息没有形成良好的沟通和传递，很容易出现拖延工期和增加变更的现象；另外，项目施工周期长，设计图样不能一次到位，即存在“边设计，边施工”的情况，因此施工过程中常常出现返工、变更增加的情况，给施工总承包单位的成本控制和工期控制造成直接影响。

问题的产生有如下几方面原因：

1）常规信息创建与控制的管理方式产生的成果无法满足开发建设环节的要求。项目具有建设规模大、结构形式复杂、管理不易统一等特点，使得基于二维信息数据的常规管理方式难以满足施工各个环节的要求，施工管理者和决策者难以快速、直观、方便地提取本项目的信息。

2）常规的管理方式无法保证数据一致性、完整性和准确性。建设开发中创建的数据信息是二维的，项目的图样信息以平立剖和节点大样图表现，这些数据信息的传递大部分是通过人与人之间的图样交接及交底的方式，各人通过图样对项目信息的掌握并不一定全面，因此在各个环节传递时就会出现信息的遗漏、偏差等，从而造成项目的开发建设出现问题。

3）各环节技术手段无法实现各参与方数据的集成与共享。常用的CAD技术、项目信息化管理技术不具备相互使用与集成的能力，各个环节之间不能进行信息数据的交换与共享，项目各参建主体需要花费很多时间去进行信息转化，易出现信息转化错误并严重降低效率。

采用BIM技术可以为施工总承包单位提供可视化、虚拟化的施工总承包项目管理解决方案，实现各个阶段与各个参建主体之间的“无缝”衔接、交流沟通及管理，从根本上有效地解决项目不同阶段、不同参与者、不同的辅助管理工具（如软件、图样、档案文件等）之间的项目数据结构化组织管理和信息交换共享，引领施工总承包的管理走向更高层次。

以多方BIM模型数据的协同管理为核心，以计划管理为主线，实现施工过程数据和结果数据的规范、有序，强化应用BIM模型的实效性，利用BIM模型可视、虚拟、直观地为项目管理各方提供决策数据支持，提升施工总承包项目整体管理水平，获取BIM的最大应用价值。

以信息的集成与整合为重点，采取软件开发 + BIM 咨询的方法实现上述目标，主要在五个实施领域进行 BIM 的综合应用（图 2. 1-1）。

（1）业务线　建立一套基于 BIM 的完整结构的业务与流程整合体系，包括数据管理周期，相关业务数据、业务处理细则（进度计划、资料归档），管理权责，审批权限，数据统计，分析方法等。

（2）经营线　建立一套清晰稳定的基于 BIM 的工程量清单体系，根据进度、合同变更、合同计量支付信息进行工程量统计和工程成本的汇总查询、数据统计、分析。

（3）生产线　建立一套简单可行的进度控制管理方法，确定设计管理周期，进行工作分解，采用 BIM 分析影响进度的资源因素和施工组织因素。

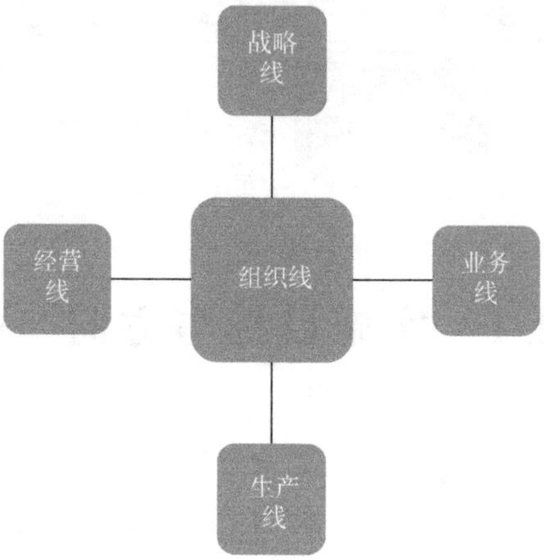

战略线
经营线
组织线
业务线
生产线

图 2. 1-1　BIM 实施领域

（4）组织线　建立项目管理体系，确定业务职能划分、项目管理权责、信息共享、协调作业与审批监控的体系。

（5）战略线　建立一套完善的可行的数据分析、效益评估以及战略决策的管理方法，确定管理周期、数据范围、绩效指标、分析方法、评估方法等。

2. 2　工作总流程

一般工程项目涉及 BIM 标准建立、分包协同等 BIM 管理咨询内容，也包括建筑、结构建模等技术服务，此外还需要做 BIM 平台和大量二次开发接口等软件开发与实施内容，因此对 BIM 服务团队的综合业务能力、专业知识等都有很高的要求。同时，项目事情多，涉及的面广，所以需要设置合理的工作流程，以保证项目的顺利实施。按照工作内容，将项目分成 BIM 建模和应用服务和软件开发应用服务。具体流程包括：

1）启动与规划阶段。

2）BIM 建模应用与软件开发阶段。

3）项目收尾阶段。

具体流程如图 2. 2-1 所示：

2. 2. 1　项目启动

项目启动包括确定项目实施范围、建立核心协作团队、确定项目宗旨以及明确项目各阶段和贯穿各阶段的整体沟通计划。

核心协作团队包括项目各利益相关方的至少一名代表，如业主、建筑师、总承包商、分包设计方、供应商和采购承包商。

该团队主要负责：

1）完成 BIM 实施计划。

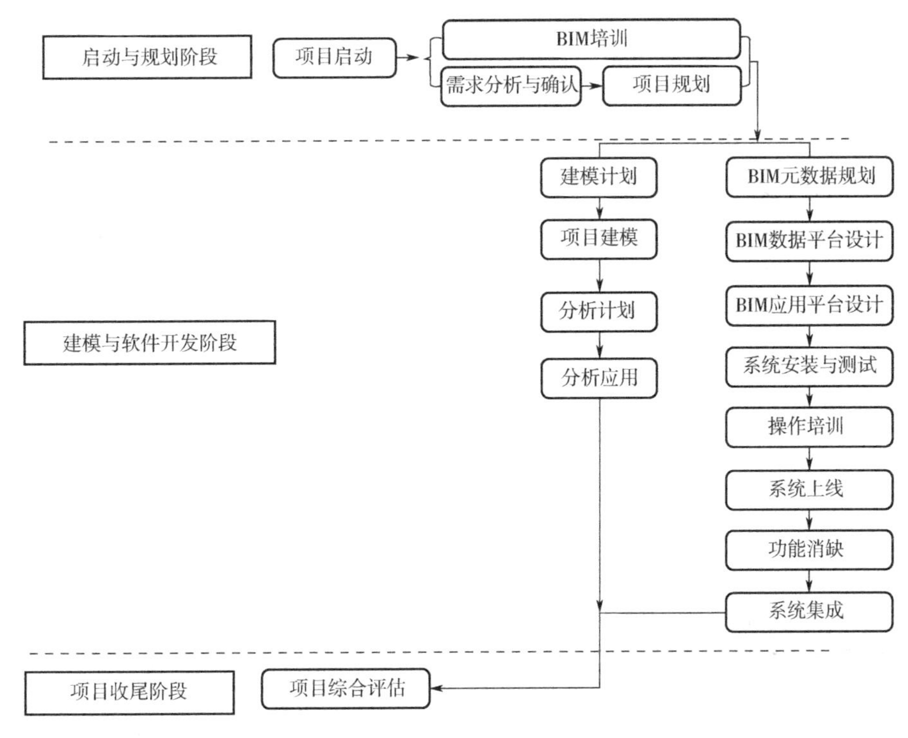

图 2.2-1　工作流程示意图

2）在协同项目管理系统中创建文档管理的文件夹结构和权限级别。

3）在项目的整个设计与建设过程中，监督已制订的行动计划的执行情况。

确定项目宗旨是指如何衡量各目标的实现情况以及成果标准，例如制订一份协作和沟通计划将有助于团队成员在整个项目流程中高效地沟通、共享和检索信息。

2.2.2　BIM 模型实施流程

1. 针对总承包方、分包方及业主的 BIM 培训

对客户企业实施小组人员及 BIM 主要用户进行 BIM 概念性培训，并通过互动方式了解各个业务部门对 BIM 的了解程度，评估实施 BIM 后对现场管理模式的影响。

1）协助总承包方成立 BIM 小组，对项目团队进行培训（总承包方，开发商，建筑师，工程师等）。

2）培训内容：常用的软件基本操作，模型浏览软件的模型浏览与批注，工程测量、计算、标注、查询等常用知识。

3）进行 BIM 工程管理培训。

2. 资料和需求的收集与分析

对项目各个部门进行调研，了解业务管理模式，发现利用 BIM 技术可以解决的问题。通过与客户的高层领导、中层干部、基层业务人员的交流沟通，听取用户意见及对项目的期望，主要包括：

1）细致了解客户企业的管理模式和业务流程。

2）了解该项目的核心业务流程，收集成本管理、变更、计量、计划、合同、支付、材

料管理等方面的流程图及表单。

3）工程项目进展状况和 BIM 实施相关程度。

4）项目组织结构、部门职能。

5）分包工程以及相关的要求。

6）针对需开发软件的基础数据完善程度，确认咨询人员的参与方式。

7）针对客户的需求，对客户的关键管理人员讲解计算机系统功能，听取意见，提出客户能接受的解决方案。

8）撰写需求分析报告并反馈给公司。

9）提交《需求说明书》，并取得客户认可。

2.2.3 项目规划

项目规划包括明确 BIM 策略以及各个阶段的 BIM 成果目标，确定 BIM 标准，至少包括如下内容。

（1）标准　项目中采用的 BIM 标准以及是否有未遵循标准的变通之处。

（2）软件平台　确定将要使用的 BIM 软件以及如何解决软件之间数据互用性的问题。

（3）项目相关方　确定项目的领导方和其他相关方以及各方角色和职责。

（4）项目交付成果　确定项目交付成果以及要交付的格式。

（5）项目特性　建筑的数量、规模、地点等，工作和进度的划分。

（6）共享坐标　为所有 BIM 数据定义通用坐标系，包括要导入的 DWG/DGN 文件需要如何设置坐标。

（7）数据拆分　解决工作集、链接文件的组织等问题，以实现多专业、多用户的数据访问，对项目的阶段划分以及明确项目 BIM 数据各部分的责任人。

（8）审核/确认　确定图样和 BIM 数据的审核/确认流程。

（9）协作流程　确定项目的 BIM 数据交流方式以及数据交换的频率和形式。

（10）项目会审日期　确定所有团队（既包括公司内部也包括整个外部团队）共同进行 Revit 模型会审的日期。

2.2.4 分析计划

此阶段根据工程项目指定的分析类型，例如算量、进度、碰撞检测以及可视化分析，确定分析模型中包含所有相关信息，在建模计划中进行详细考虑。

针对项目中可能用到的每种分析类型，应列出分析所用的模型、负责团队、所需文件格式、预计项目阶段和所用的分析工具。

2.2.5 建模计划

根据项目特性、计划管理以及 BIM 应用要求，确定 BIM 建模计划，决定在项目的不同阶段分别建立哪些模型以及由谁负责更新和分发模型。

总承包商和分包商应制作施工模型以模拟施工过程并分析项目的可施工性，模型文件应明确精度和尺寸标注、建模对象属性、模型详细程度、模型变更以及交付成果。

模型进行细分的原则：

1）多用户访问。

2）大型项目的操作效率。

3）不同专业间的协作。

2.2.6 分析应用

分析应用的过程很长，根据合同要求专业技术人员常驻项目，进行建模工作及信息录入等工作，并保证现场进度需要。

配合 BIM 数据中心，搭建协同工作环境，在数据中心内，为每个建模小组划分各自的区域，以便分别保存和处理工作中的模型文件。

把 BIM 数据的完整版本和相关的图样交付材料等资料保存在数据中心内，完成模型变更管理以及版本控制。

通过指定的分析软件进行 BIM 的多种应用，对于在 BIM 应用过程中发现的冲突以及相应成果，进行记录和管理，存档在 BIM 数据中心，并把这些内容以报告的形式传达给相关方。例如若发现冲突，则报告中会至少包含以下内容。

1）任何冲突的具体位置（如可能，应提供二维和三维图像）。

2）有问题的对象的图元 ID。

3）问题的详细说明。

4）被交叉引用的链接信息的详细日期/修订/出处。

5）建议采取的解决方案或措施以及实施人和实施日期。

6）此问题的作者以及此信息或解决方案的分发名单。

7）确认该解决方案已在模型中经过测试。

8）问题的状态—等待响应/过期/不正确响应/完成。

2.3 BIM 实施主要内容

2.3.1 建立 BIM 标准规范

1. 工作内容

根据工程项目 BIM 应用的“信息共享、协同工作”的要求，通过对工程项目各阶段、各专业 BIM 技术标准的研究，制定工程项目的 BIM 系统实施工作流程和规范、各团队协调沟通标准、BIM 基础数据标准、BIM 建模标准和交付标准、BIM 数据传输、交换和共享标准等，形成比较科学、完整、可操作的标准体系。

2. 工作成果

1）工程项目实施总体指导手册，包括多方协调沟通机制，项目工作及实施指导（如例会、周期性进度汇报展示等），BIM 实施中的事件解决机制，成果交付机制及相应流程等。

2）软件项目管理标准。如果项目涉及 BIM 平台软件研发，需要制定软件管理标准，包括项目版本管理、测试管理、项目源码管理、试运行、项目数据管理、安全管理及备份机制等。

3）BIM 基础信息标准，包括编码体系和元数据标准。元数据标准涉及数据内容及分层表现方式，元数据编码体系，元数据交换格式和方法，元数据的变更和消息发布，重要元数据变更时的认证机制和关联信息处理。元数据是指在本项目多个系统中共享的对象或者数据，比如项目组织机构、项目 WBS、PBS 等。

4）工程项目模板规范。项目中会使用到大量的模板，需要进行规范和管理。

5）工程项目 BIM 建模、数据交换和共享及交付标准。标准要按照项目中用到的不同专业区分子标准，比如建筑、结构、机电、钢结构、幕墙等。另外，考虑到工程项目中存在 BIM 模型和项目管理系统及资料软件、算量软件等专业软件之间的数据交换和共享，这些都需要在标准中进行特别说明。

2.3.2 设计模型的构建及维护更新

1. 土建施工图模型构建以及维护更新

（1）工作内容　根据施工图样进行建筑、结构专业建模（模型等级为 LOD400 等级标准），并根据图样、施工需要进行结构模型的维护、更新。

（2）工作成果

1）工程项目的建筑、结构模型。

2）工程项目周期中每次签证变更对应的建筑、结构模型名称列表。

3）对应需求的各种拆分或者汇总模型。

2. 管理分包模型

（1）工作内容　提供各专业所需土建部分的设计模型，按照项目 BIM 标准和工作规范指导与管理各相关单位（机电、钢结构、幕墙等）进行设计模型的构建、维护及更新。对其他专业单位提交的设计模型及相关资料的质量负责。

（2）工作成果

1）针对分包各专业单位及分包模型的对应标准规范。

2）针对分包各专业单位的培训文档。

3）BIM 图档管理系统中涉及分包模型的交付和下载管理模块，可以管理和追溯所有的分包模型及模型版本变更情况。

4）BIM 图档管理系统中涉及和分包方的沟通管理模块，管理项目过程中的所有提醒和沟通（包括手机短信、邮件、视频等）。

5）工程项目周期中每次签证变更对应的分包模型名称列表。

3. 各专业设计模型的整合以及维护更新

（1）工作内容　收集及校核各专业设计模型，汇总整合所有设计模型。依照甲方要求定期对模型进行汇总、校核并反馈校核意见，提供校核后真实有效的工程量、资料表等数据。

（2）工作成果

1）按照不同使用需求整合后的 BIM 综合模型。由于系统在设计中将 BIM 图档和 BIM 数据分开处理并建立了关联关系，所以此处 BIM 综合模型包括了图档部分和 BIM 数据部分。

2）模型整合后的校核子模块及反馈过程控制和模型版本管理。

3）针对 BIM 综合模型的综合数据查询（综合三维浏览、综合数据统计等）和 BIM 综合应用。

2.3.3 BIM 专业化应用

1. 设计模型的3D 可视化浏览应用

(1) 工作内容　通过 3D 可视化方式查询、浏览和统计提取设计模型信息，根据甲方需要录制浏览和演示视频，使工程人员更直观地对工程设计进行了解和分析参考。

(2) 工作成果

1) 按指定路径制作完成漫游动画，提交 avi 格式文件和原始制作文件（图 2.3-1）。

2) 人机互动可视化展示（驻场技术支持）（图 2.3-2）。

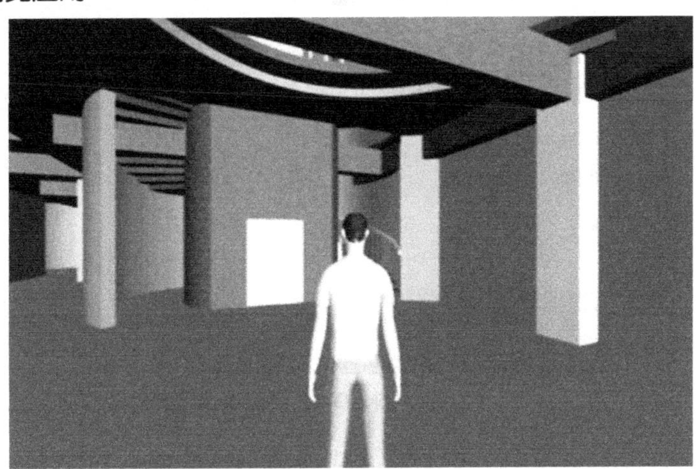

图 2.3-1　建研院科研楼项目安全路径漫游

图 2.3-2　建研院科研楼项目管线可视化对比

2. 设计碰撞检查

(1) 工作内容　根据甲方需要将建筑、结构专业设计模型、整合后的整体设计模型导入碰撞检查工具，进行碰撞检查分析，发现设计碰撞问题及时进行反馈，定期提交检查报告，并参加各专业深化会议。

(2) 工作成果

1) 定期提交各专业碰撞检查报告（图 2.3-3）。

2) 参加各专业会议，辅助专业间协调。

3. 施工方案模型及总平面布置

(1) 工作内容　按照项目施工方案构建符合临时建筑设施、场地平面布置、大型机械等的结构模型。利用专业软件配合进行总平面调度管理。

(2) 工作成果

图 2. 3-3　浙商大厦项目管线和结构碰撞检查

1）配合施工方完成施工场地布置的三维布置（图 2. 3-4 ~ 图 2. 3-6）。

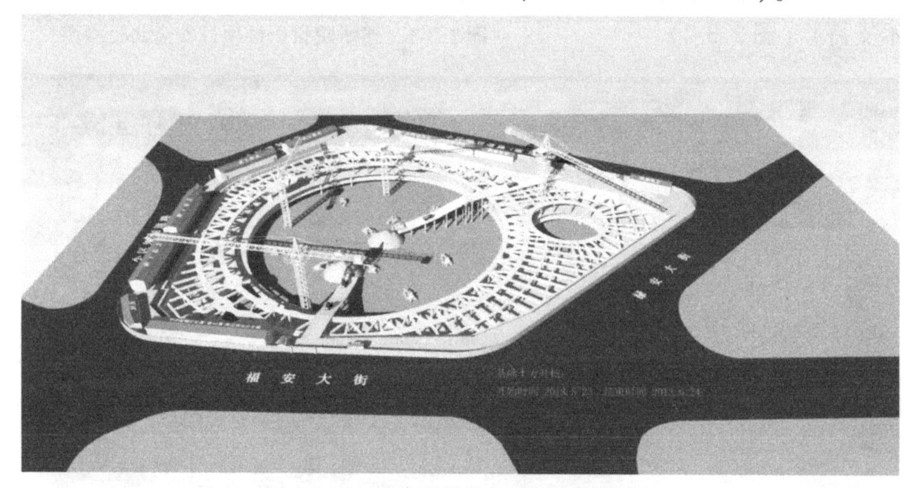

图 2. 3-4　天津盛世鑫和项目场地布置

图 2. 3-5　天津盛世鑫和项目塔式起重机布置分析

图 2. 3-6 施工场地布置

2）制作所需的临时设施及机械 Revit 族文件。

4. 施工计划进度动态模拟

（1）工作内容 根据项目施工计划和实际完成进度构建计划和进度信息模型，用 4D（三维实体 + 时间）的方式进行动态施工进度模拟，并进行计划和实际进度的对比分析，给出进度差异数据报告，配合进行计划和实际进度管理，与甲方所使用的计划管理软件和甲方的管理信息系统共享信息，实现集成应用。

（2）工作成果 基于 BIM 模型，结合施工计划进度制作 4D 施工模拟（图 2. 3-7），成

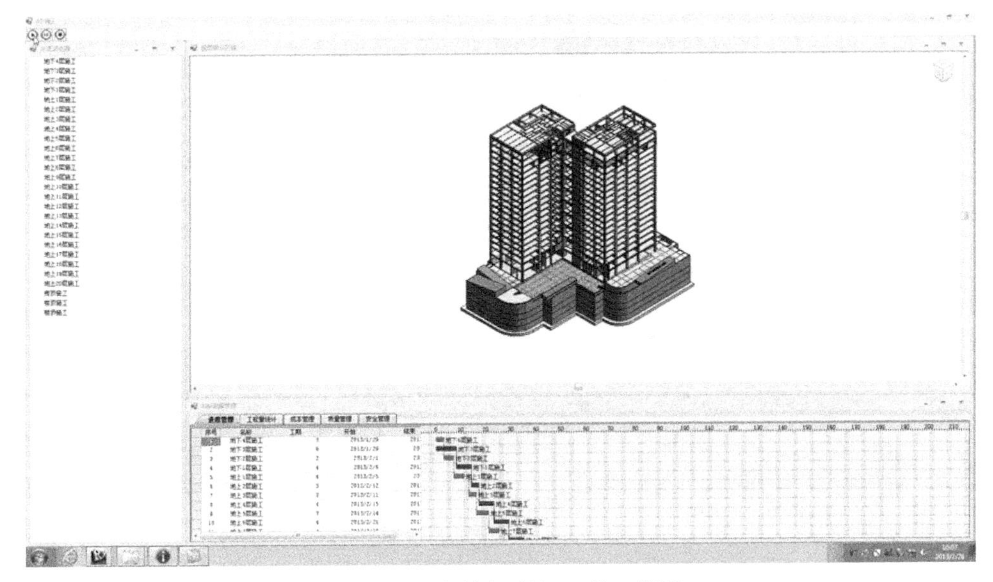

图 2. 3-7 建研院项目 4D 施工模拟

果包括4D模拟源文件及输出的动画，施工过程跟踪实际进度，对比实际进度与计划进度，提交进度差异报告。

5. 基于BIM模型三维信息进行三维算量

（1）工作内容 为算量专业工具提供算量所需的结构数据，支持工程量的计算，并将工程量计算结果整合到成本模型中，支持后续成本预算编制和成本分析。

（2）工作成果 符合图示格式的IFC格式文件，满足算量软件对导入文件的要求。

6. 重点施工内容的可视化演示和分析评估

（1）工作内容 利用BIM模型制作施工总体和关键工艺、工序内容的动画演示资料，随结构施工持续更新。

（2）工作成果 制作能可视化展示节点的工艺工序动画（图2.3-8、图2.3-9）。

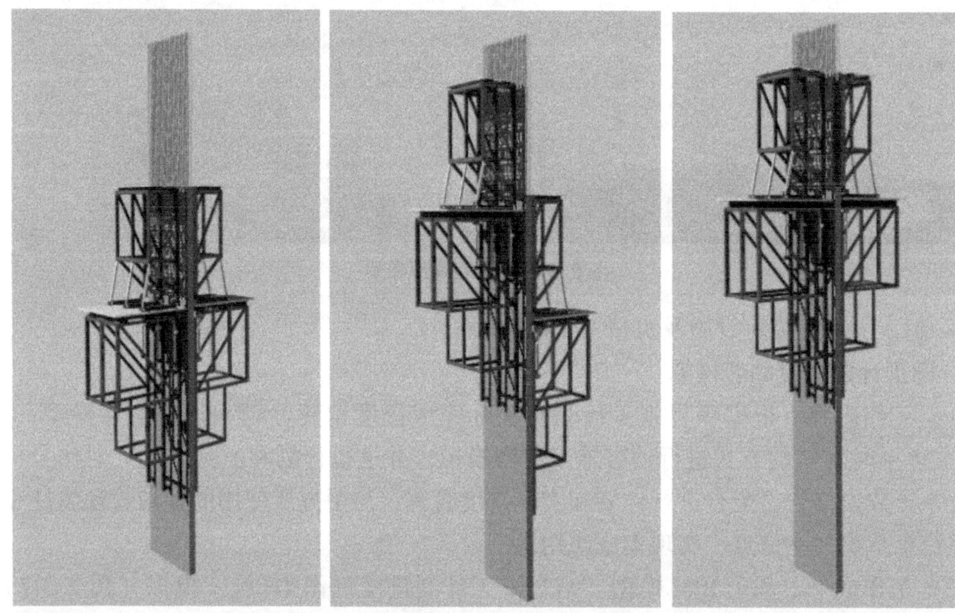

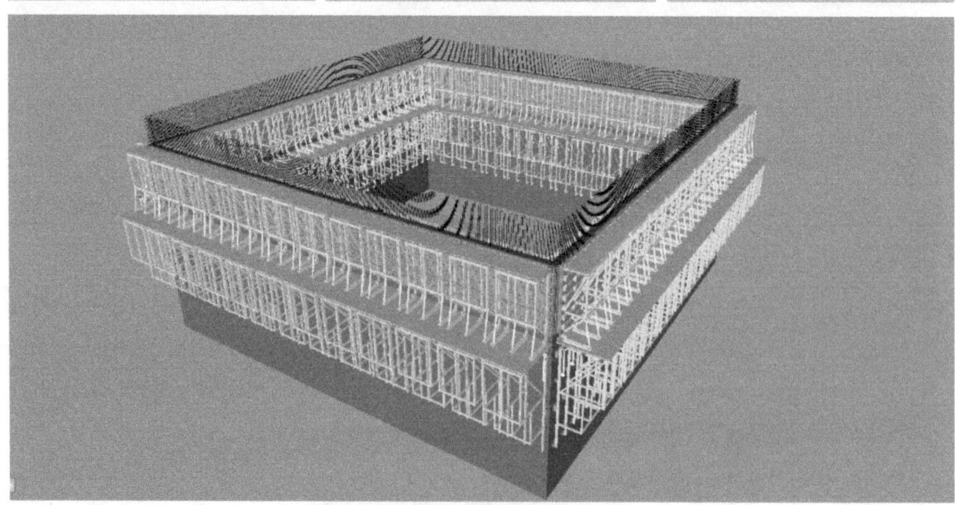

图2.3-8 爬模工艺模拟

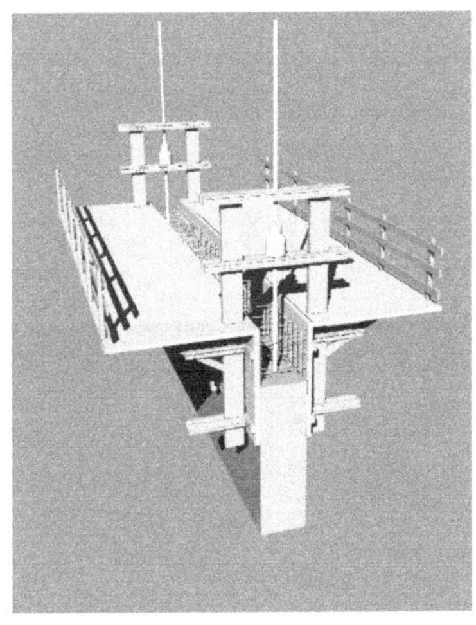

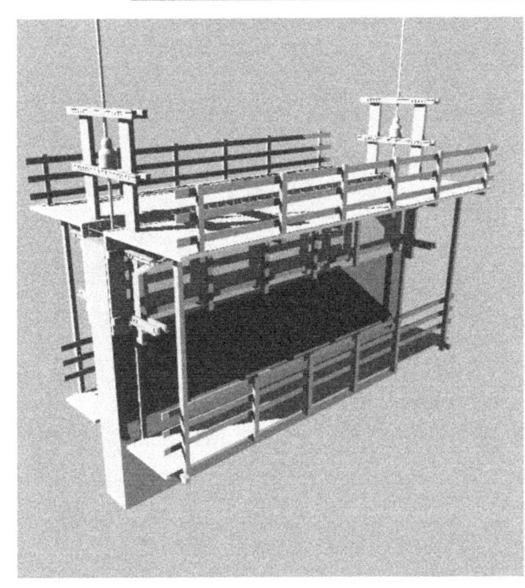
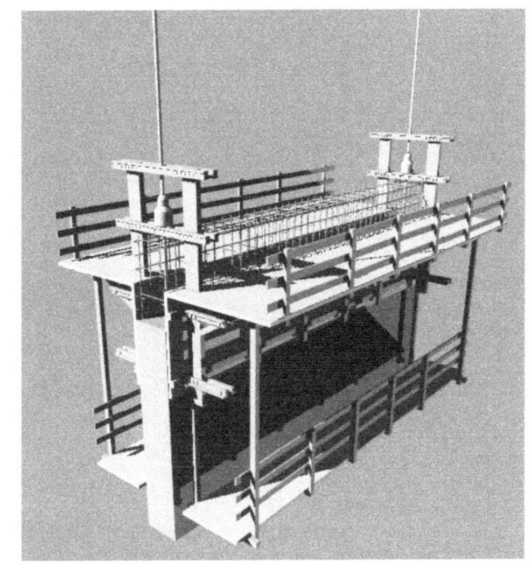

图 2.3-9 滑模工艺模拟

7. 基于施工总体环节及关键工序动画演示

（1）工作内容 用BIM模型制作重点工程内容的动画演示资料及评估分析报告，包括"塔式起重机与顶模爬升规划""施工电梯运输规划""永久电梯提前使用运输规划"等。

（2）工作成果

1）根据招标方的施工方案，制作关键工序的avi格式动画文件。

2）根据招标方的多个备选施工方案，确定关键影响参数和成果数据，进行模拟演示，并提交关键影响参数和成果数据的对比分析文档。

课后习题

建立BIM标准规范是BIM准备工作中的重点，在制定标准规范里的工作成果包括那些内容？

答案：工作成果包括以下内容。

（1）工程项目项目实施总体指导手册。
（2）软件项目管理标准。
（3）BIM 基础信息标准 。
（4）工程项目模板规范。
（5）工程项目 BIM 模型建模、数据交换和共享及交付标准。

本章考试大纲

1. 了解 BIM 实施目标与方向。
2. 了解建筑业存在的问题。
3. 掌握 BIM 实施的主要内容。

第3章 设计单位BIM应用案例

3.1 某玻璃幕墙参数化设计 BIM 应用

3.1.1 导读

随着人们对建筑设计数量化、精确化要求的不断提高，参数化设计得以迅速发展。BIM具有参数化的特点，它的出现给参数化设计提供了助力。以本案例中某单层平面索网点支式玻璃幕墙设计为例，介绍了基于 BIM 技术的结构参数化设计方法，开发了针对设计项目的 BIM 族库并基于该族库完成了参数化 BIM 模型的创建，将 BIM 模型以数据形式导入结构分析软件进行受力分析，根据受力分析的结果对 BIM 模型进行参数修改，完成幕墙的参数化设计。

本案例中某单层平面索网点支式玻璃幕墙所在大厦位于市中心，总建筑面积约 114968m^2，地上 8 层，地下 2 层，建筑立面采用玻璃幕墙。幕墙平面高约 44m，宽约 18m，其上边缘为斜线，斜线最高点 44m，最低点 34m，高差 10m。建筑立面一层有四扇 1.8m × 3.6m 的双开门、一扇 3.6m ×3.6m 的旋转门。

玻璃幕墙支撑结构为一单榀抗风钢框架。钢框架立面形式与玻璃幕墙一致，由八根框架柱及每层框架梁、支撑结构组成，用来抵抗幕墙传来的风荷载。

点支式玻璃幕墙因其“光、薄、透”受到了人们的青睐，索网结构与其结合可以实现大跨度、大空间的玻璃幕墙使用。结合项目需要，幕墙的结构形式采用单层正交索网点支式玻璃幕墙。

玻璃幕墙的效果图如图 3.1-1 所示。

图 3.1-1　玻璃幕墙的效果图

3.1.2 项目中 BIM 的应用

1. BIM 技术应用的必要性

索网玻璃幕墙工程项目的设计不仅要保证建筑外立面的美观、简洁，而且要保证结构安全可靠，其中抗风设计及预应力的计算和施加是一大难点。基于传统的设计方法有很多弊端，如可视性差，难以直观地感受设计项目的外观；需要反复操作才能完成设计，设计周期长；二维模式绘制施工图出错率高，修改不便。这些都给玻璃幕墙的设计带来难度，为了在保证结构安全可靠的同时使玻璃幕墙的艺术效果发挥到极致，需要引入一种创新的设计方法。

BIM 技术是近年来在计算机辅助建筑设计领域出现的新技术，它是利用数字模型对建筑进行规划设计建造和全过程运营。参数化为计算机辅助建筑设计提供一种清晰的、直观的、有效的方法，让建筑师思考设计而不只是绘图。基于 BIM 技术的结构参数化设计，具有参数化、可视化、协调化的特点，通过参数的修改完成对设计项目进行统一处理，可以有效地缩短建筑的设计周期、改善沟通效果，系统性地解决原本索网幕墙工程的设计弊端。

2. 基于 BIM 的结构参数化设计方案

基于 BIM 技术的结构参数化设计思路如下：

（1）初始化设计参数　确定设计中所涉及的几何参数及力学参数，如结构的几何尺寸、物理性质、约束条件、荷载值等参数。

（2）建立参数化 BIM 模型　根据前面确定的设计参数及业主提供的初始设计条件创建含有设计参数的 BIM 模型，BIM 模型的修改可以通过修改参数值的方法实现。

（3）建立参数化有限元模型　通过开发相应的数据接口，实现三维模型的传递，结合 APDL 技术编写 ANSYS 命令流，命令流编写过程中需对计算单元的选择、网格的划分、节点的位移约束以及荷载的施加进行详细的研究。

（4）结构有限元计算　对利用 APDL 语言建立起的参数化模型进行求解计算。

（5）设计结果后处理　输出结构的应力、应变、位移的数值及计算云图，判断运算结果是否满足设计要求。如不满足设计要求，则需修正设计参数并重复步骤（1）～（5）。

（6）绘制施工蓝图　利用 BIM 模型的可出图性，生成施工蓝图及关键部位三维节点详图。

基于 BIM 技术的参数化设计流程如图 3.1-2 所示。

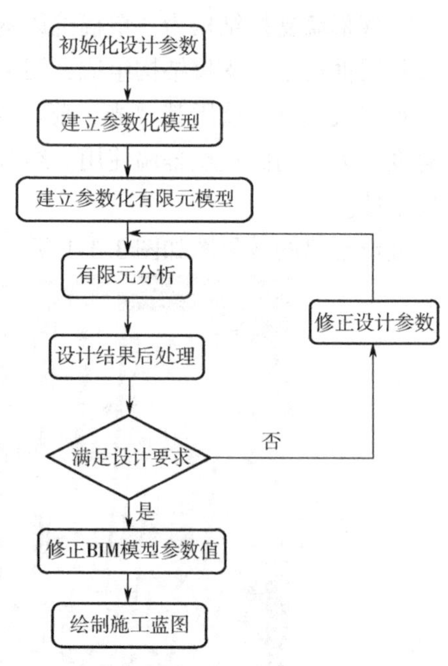

图 3.1-2　基于 BIM 技术的参数化设计流程

（1）初始化设计参数　参数化设计中，设计参数的定义非常关键，合理的参数可以使设计过程化繁为简，节省宝贵的设计时间。

本项目幕墙以钢框架作为主体结构，竖向索锚固在框架柱上，水平索锚固在框架梁上，恒荷载由竖向索承受，风荷载主要由幕墙中的短跨方向索承受。玻璃幕墙平面受外部荷载后通过驳接头转化成节点荷载作用在索网结构上，与索网中的预拉力及挠度满足力学平衡条件，因此作用在玻璃幕墙平面上的外荷载、预拉力、挠度是索网结构设计中重要的参数。

不锈钢拉索的线膨胀系数较一般碳素钢的线膨胀系数大，对温度作用比较敏感。温度变化会在钢拉索内部产生温度应力，其带来的主体结构变形也使钢拉索有支座位移，影响钢拉索预应力大小，所以设计时必须考虑温度对结构的影响。

主体结构承受钢拉索因预拉力的施加而产生的拉力，在风荷载作用下，钢拉索传给主体结构的拉力加大，因此应保证主体结构具有足够的刚度和强度，确保结构不产生大变形或受拉破坏。

综合以上各点，本工程定义了拉索的预拉力 P、挠度 f、温度 T、拉索抗拉强度值 F_p、拉索直径 ϕ 等设计参数，方便后续的参数化建模及结构设计。所创建的部分参数及其值见表 3.1-1。

表 3.1-1　单层平面索网点支式玻璃幕墙设计参数

设计参数	参数值
拉索直径 ϕ/mm	26
钢拉索弹性模量 E_1/（N/m²）	1.25×10^{11}
Q235 钢材弹性模量 E_2/（N/m²）	2.06×10^{11}
拉索先膨胀系数 aspz（1/［C］）	1.59×10^{-5}
拉索预应力 P/N	200000
拉索抗拉强度值 F_p/N	1860×10^{6}
最低温度 T/℃	−35
最高层风荷载 WL9/（N/m²）	1.6×10^{3}

（2）参数化 BIM 模型的建立　建立 BIM 模型可以先创建项目级的 BIM 族库，然后将在 CAD 中创建的模型中心轴线以体量的形式导入 Revit 软件中，再将创建好的节点族及自适应构件族插入到模型相应位置，完成 BIM 模型的建立。

族是构成 BIM 模型的基本元素，模型中的图元均由各种族及其类型构成。该索网幕墙工程创建了初始设计参数的构件族及节点族，为幕墙的参数化设计提供基础。所创建的耳板族、拉索族、驳接头族如图 3.1-3 ~ 图 3.1-5 所示。

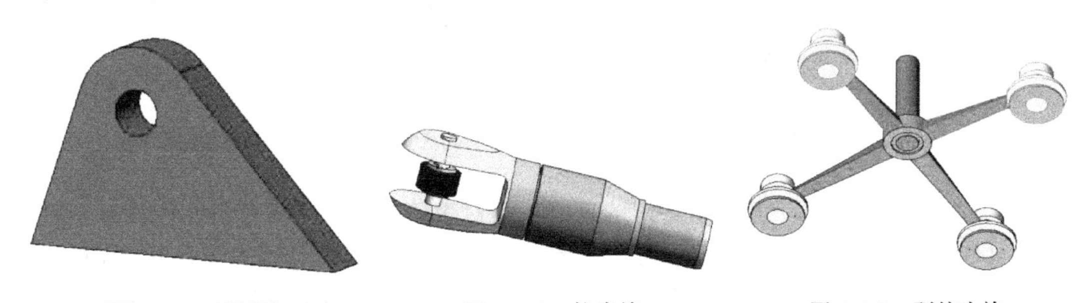

图 3.1-3　耳板族　　图 3.1-4　拉索族　　图 3.1-5　驳接头族

对于预应力拉索来说，拉索的长度严重影响预应力的施加效果，不精确的长度会造成预应力损失，因此准确的定位非常关键。CAD 与 Revit 软件的相互交接为模型的定位提供了便利条件，通过在 CAD 中建立模型中心线，然后导入 Revit 中的方法，实现了模型的快速定位。导入的轴线体量如图 3.1-6 所示。

根据导入的模型体量，将族库运用到模型相应节点上即完成了参数化 BIM 模型的建立。该项目的 BIM 模型整体图和部分详图如图 3.1-7 ~ 图 3.1-10 所示。

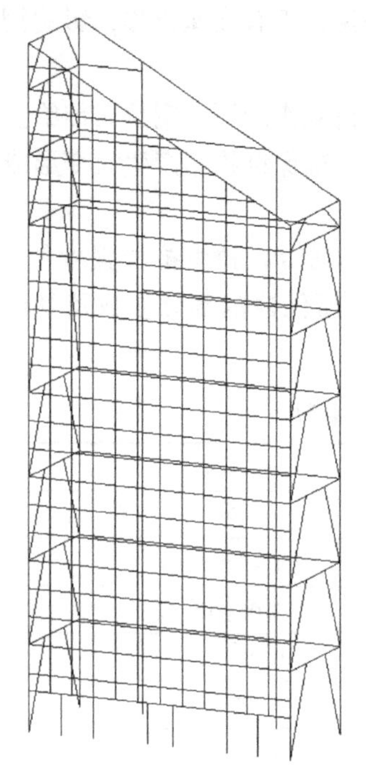

图 3.1-6　Revit 中导入的轴线体量

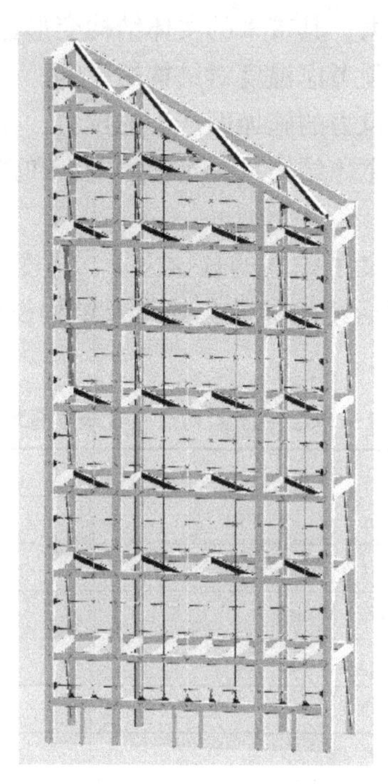

图 3.1-7　幕墙整体模型

图 3.1-8　幕墙立面图

图 3.1-9　幕墙驳接爪

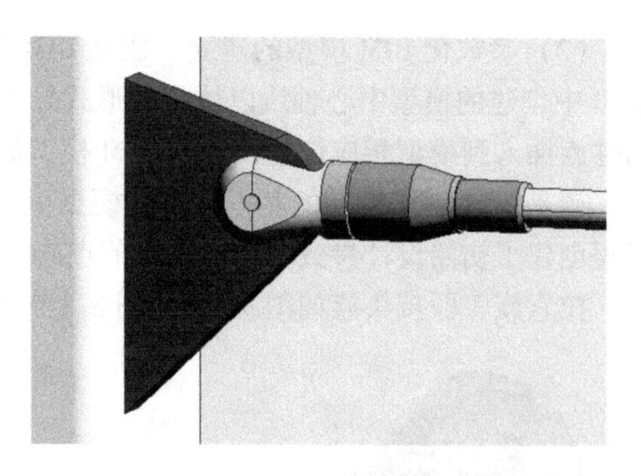

图 3.1-10　拉索与耳板连接示意图

（3）建立参数化有限元模型　传统的幕墙工程对玻璃在立面上的分格往往没有推敲其与结构梁柱的关系，而是主观地随意划分，导致的问题很多，如因幕墙的开启窗靠在柱面上造成实际上无法使用。利用参数化 BIM 模型可以通过修改参数值的方法轻松建立不同玻璃分格方案的模型，将建筑效果直观地展示给业主，从而选择最优的玻璃分格方案。

结合索网幕墙整体受力特点、工厂现有玻璃规格、建筑立面效果及内部使用功能等因素，最终确定玻璃尺寸为 1.5m×（1.4 ~ 1.8）m，玻璃分格效果如图 3.1-11 所示。

（4）结构有限元计算　利用开发的数据接口将 BIM 模型以数据格式导入有限元分析软件 ANSYS 中，有限元模型如图 3. 1-12 所示。

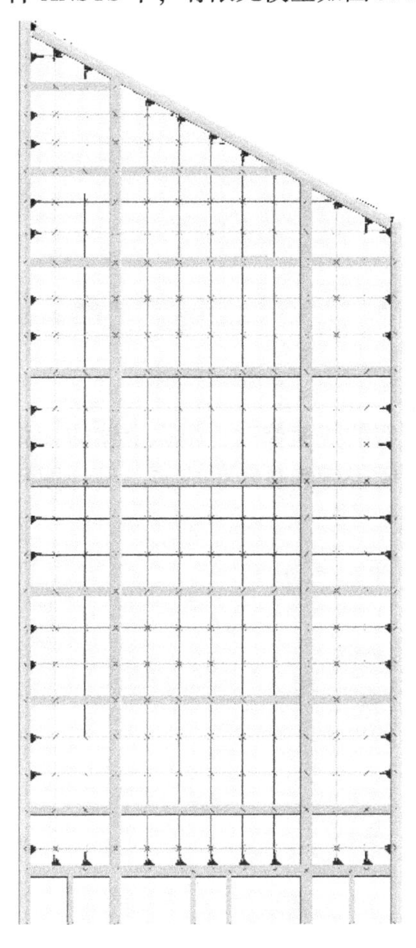

图 3. 1-11　玻璃分格效果

图 3. 1-12　玻璃幕墙 ANSYS 模型

设计结果均满足设计要求并符合以往工程设计经验。钢框架、索网的应力云图及位移云图如图 3. 1-13 ~ 图 3. 1-16 所示。

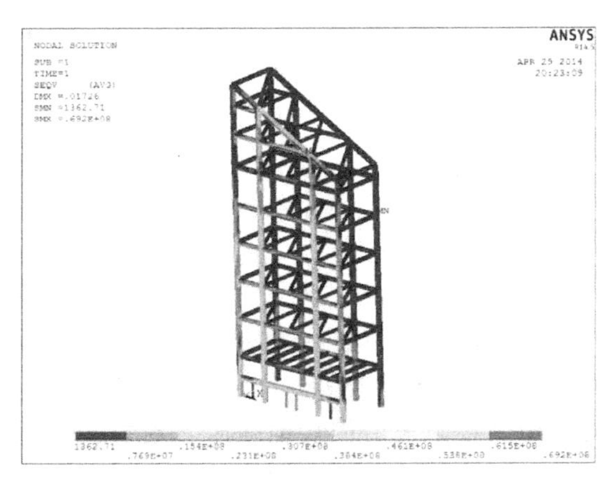

图 3. 1-13　钢框架应力云图

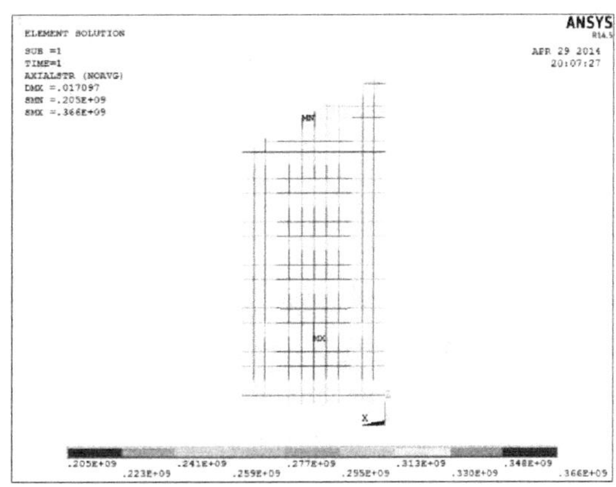

图 3. 1-14　索网应力云图

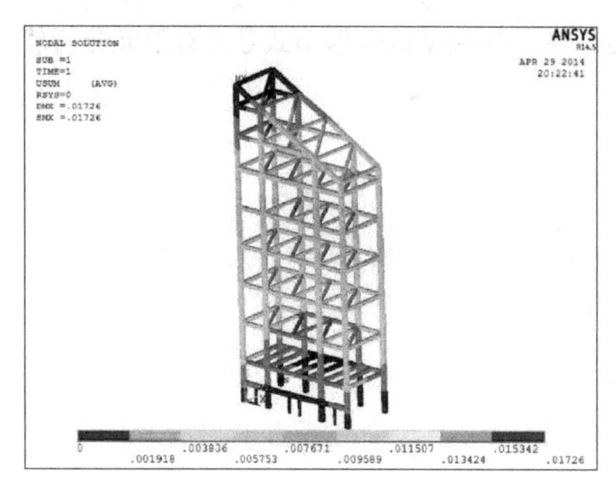

图 3. 1-15　钢框架位移云图

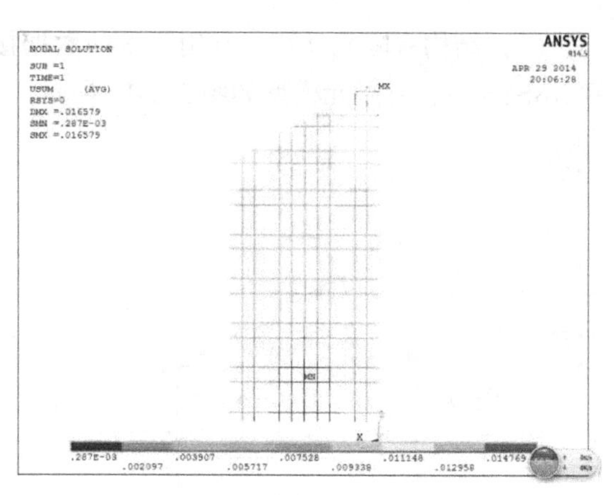

图 3. 1-16　索网位移云图

（5）设计结果后处理　BIM 模型的参数化可以实现模型的快速修改，根据上述的计算结果快速修改 BIM 模型，使模型与实际设计结果相吻合，便于后续自动生成施工设计图和深化设计等，BIM 模型参数值修改如图 3. 1-17 所示。

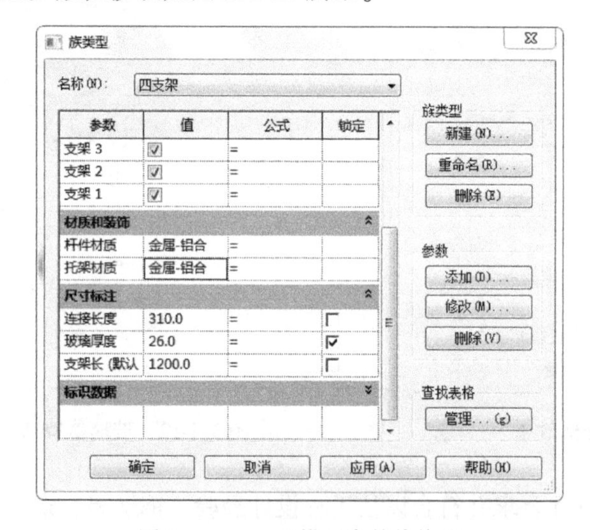

图 3. 1-17　BIM 模型参数值修改

3. 2　某钢结构复杂节点参数化设计 BIM 应用

3. 2. 1　导读

BIM 技术是一种多维的面向对象技术，替代以往 CAD 时代的二维图样，利用一个信息高度集成参数化的模型，改善项目设计质量，节省同一项目不同软件的建模时间，降低生成图样时的出错率，提高指导施工效率，完成对建筑全寿命周期的管理。

本案例以柔性索网结构为例，从参数化建模、节点计算等方面详细阐述了基于 BIM 参数化辅助节点深化设计的技术方案和工程应用。以 Grasshopper 可视化编程建模的方式参变节点形状，导出到 ANSYS 进行节点分析，不断优化以得到最终方案，再导入到 Revit 族编辑器中建立族库，导入之前建好的 Revit 项目进行 LOD 400 的模型搭建，所建立模型可作为工厂精细化制造和加工的依据，也可以指导现场的施工及应用。

3.2.2 项目中 BIM 的应用

参数化是 BIM 的一大优势之一，而将参数化发挥到极致的参数化辅助工具更是使设计锦上添花。高度参数化的模型不仅便于前期方案的比选，轻易地修改方案，及时地更新模型，而且在一定程度上实现优化设计。

1. 结构参数化建模

本案例以马鞍形索网结构的环索、脊索和谷索的索夹为例展开研究，谷索 Revit 族模型如图 3.2-1 所示。

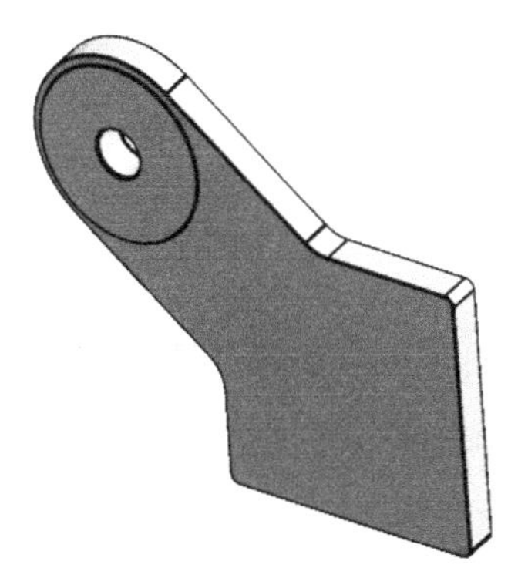

图 3.2-1　谷索 Revit 族模型

在 Grasshopper 中对环索索夹进行逻辑建模，参变其中重要设计参数和空间坐标及其空间角度，这样就可以通过既定的空间坐标尺寸来批量生成索夹。本工程中用到的变量有索夹长度、索面 1 边长、索面 2 边长、索夹定位坐标、平面 1 旋转角度、平面 2 旋转角度等。环索逻辑电池图及控制参数如图 3.2-2 ~ 图 3.2-3 所示。

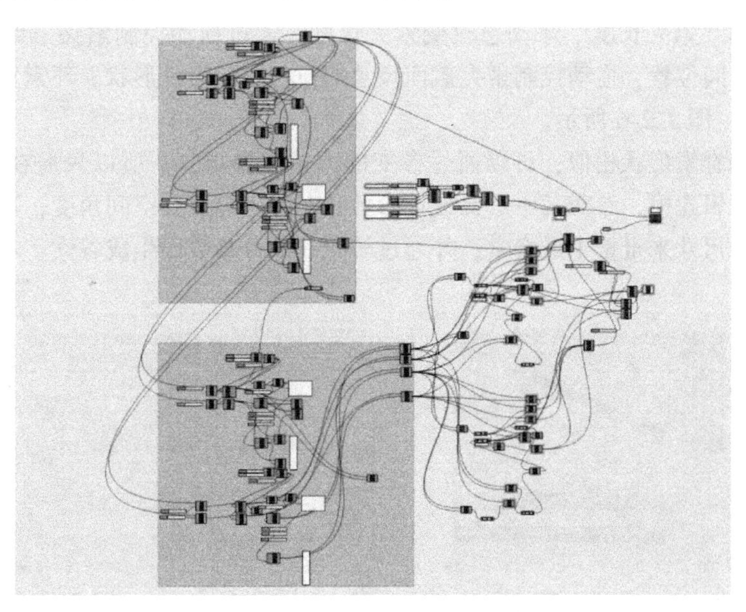

图 3.2-2　环索逻辑电池图

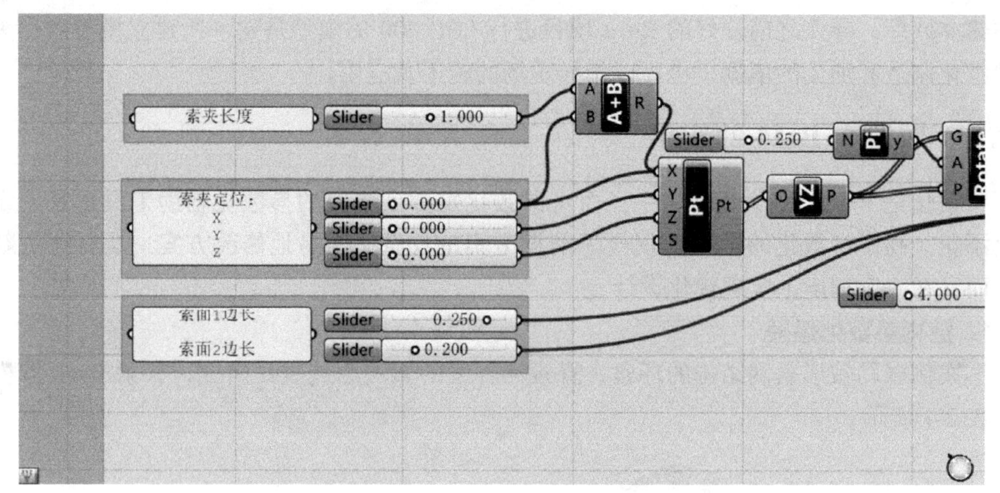

图 3.2-3　环索逻辑控制参数

环索索夹长度参变如图 3.2-4 所示。

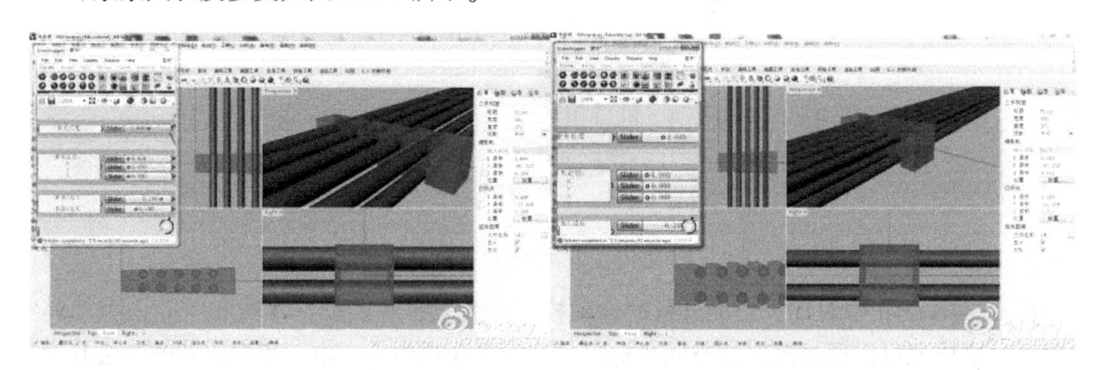

图 3.2-4　环索索夹长度参变

该索夹由于具有高度参数化，可以通过拖动相应拖杆改变设计参数，便于后期 CAE 的优化，通过拖动“索夹长度”来动态改变索夹长度，通过拖动控制索夹三维坐标的拉杆来动态改变索夹空间位置，拖动控制索夹截面尺寸的拉杆改变设计形状。环索索夹位置及形状参变如图 3.2-5 ~ 图 3.2-6 所示。

由于谷索和脊索形状相似，可以通过参变的方式转换得到，所以只需在 Grasshopper 中对其进行一次逻辑建模，参变其中重要设计参数和空间坐标及其空间角度，这样就可以通过既定的空间坐标尺寸来批量生成脊索；并通过转化一部分参数而生成谷索。本工程中用到的

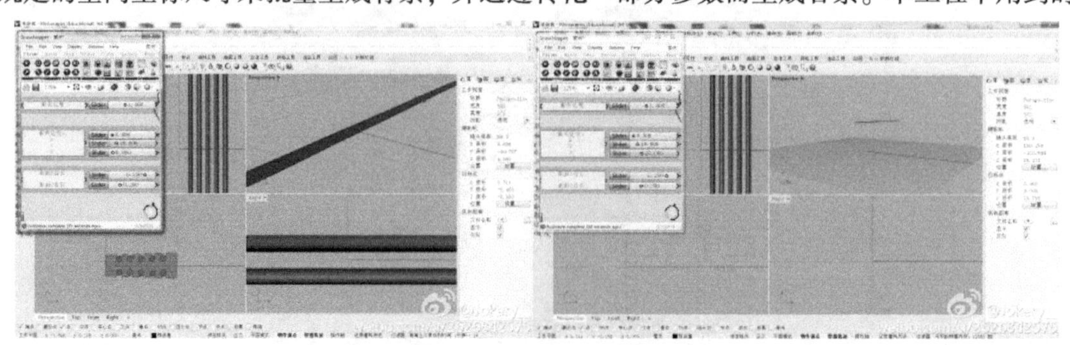

图 3.2-5　环索索夹位置参变

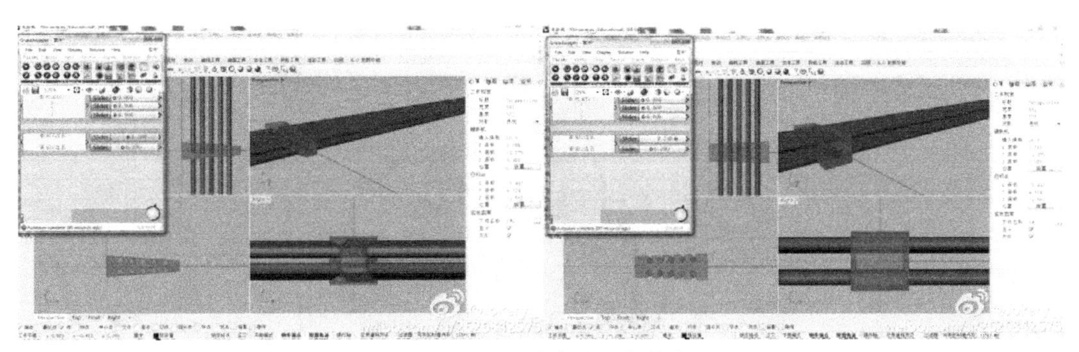

图 3.2-6 环索索夹形状参变

变量有长度 1、长度 2、倒角、折线定位 1、折线定位 2、圆周半径、厚度等。谷索逻辑电池图、逻辑模型图及逻辑控制参数如图 3.2-7 ~ 图 3.2-9 所示。

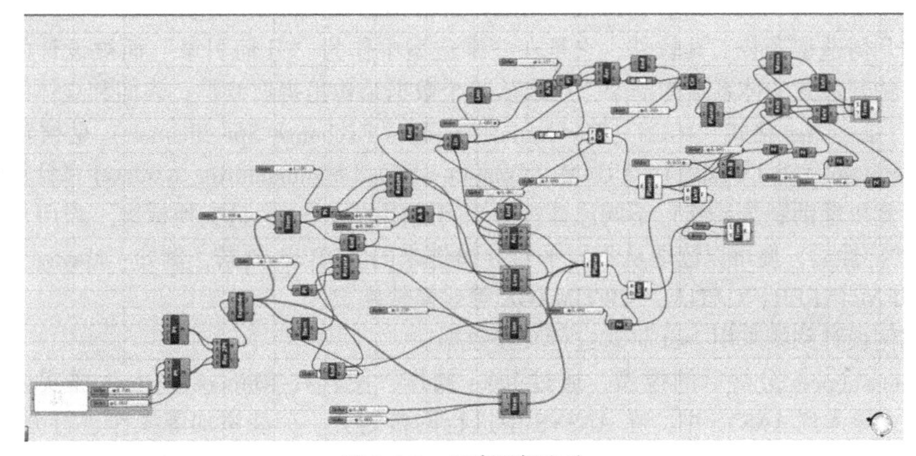

图 3.2-7 谷索逻辑电池

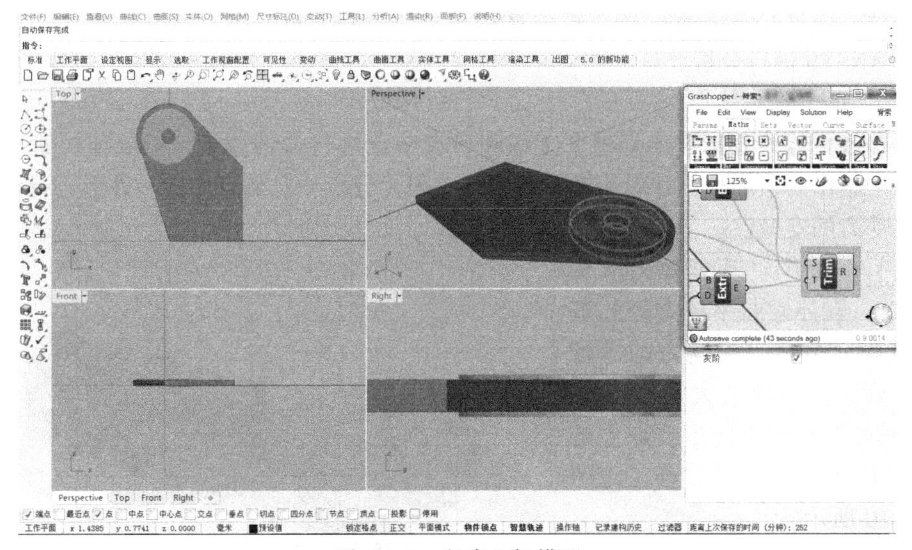

图 3.2-8 谷索逻辑模型

2. 数据的交互

在交互格式选择上，应该选择一个上下游软件均支持且实现度比较高的格式，这里有两种格式供选择：

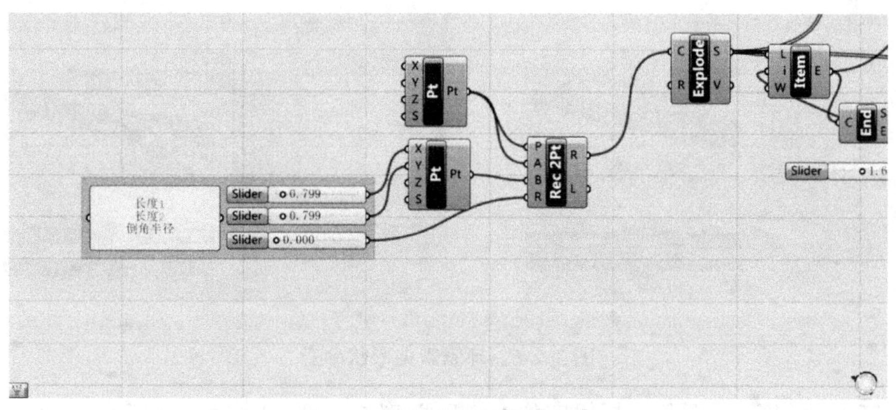

图 3.2-9　谷索逻辑控制参数

（1）.sat 格式　该格式基于 ACIS（Andy CharlesIan's System）平台。ACIS 是一款面向对象技术的几何造型套装工具软件，它是在三维造型中作为“几何引擎”而被设计的，并且提供了一种开放式的体系结构框架，用来从某个数据结构里提取线框、表面和立体的模型。

（2）.iges/.igs 格式　IGES（The Initial Graphics Exchange Specification）是被定义基于 CAD（Computer-Aided Design）及 CAM（Computer-Aided Manufacturing systems）（计算机辅助设计及计算机辅助制造系统）不同计算机系统间通用的 ANSI 信息交换标准。当用户使用了 IGES 格式特性后，便可以读取从不同平台导出进来的 NURBS 数据，例如：Maya、Rhinoceros、Pro/ENGINEER、CATIA、SOFTIMAGE 等建模软件。

本案例设计路线采用 .sat 格式进行交互数据。

将 Grasshopper 分析后的模型，通过 bake 操作，使其在 Rhinoceros 上生成实体，并通过 .sat格式导入到 ANSYS 中，在 ANSYS 中进行网格划分、荷载添加等操作进行分析运算。其方法类似于 CAD 建模导入。该步骤在数据传递上基本沿用老方法，改变的仅仅是一个建模工具而已。通过 Grasshopper 的逻辑运算器轻易地得到大量方案，选取具有代表性的方案分别导入 ANSYS 进行分析计算。

3. 节点的计算

采用参数化辅助 BIM 技术对整个工程和所有节点进行详细建模，以保证拉索下料长度及节点加工制作的精确性，并对关键节点进行有限元分析，对节点构造和外形进行优化，以保证节点受力的安全性。

（1）计算简图　环索拉力取最大值 5100t，取环索曲率最大处的节点进行有限元分析。根据力的平行四边形法则，并乘以放大系数 1.1、1.3，得到每根环索作用于节点上的垂直力为 1030kN。索夹节点三维图如图 3.2-10 所示。

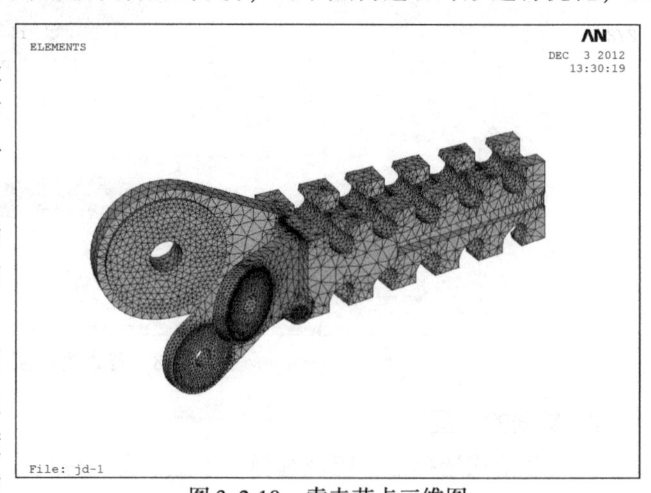

图 3.2-10　索夹节点三维图

（2）线弹性计算结果　从图 3.2-11 ~ 图 3.2-12 可以看出，节点的变形为 0.88mm，说明节点的刚度很好，铸钢节点与环索接触部分的最大等效应力均在200MPa以下，承载力能满足要求。

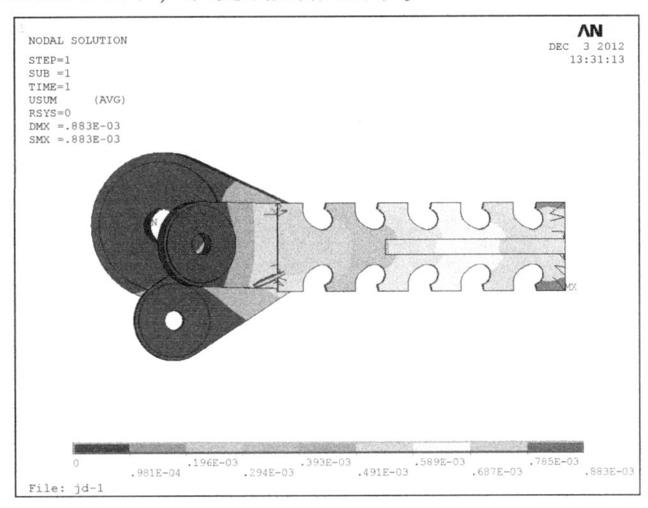

图3.2-11 位移云图（单位：m）

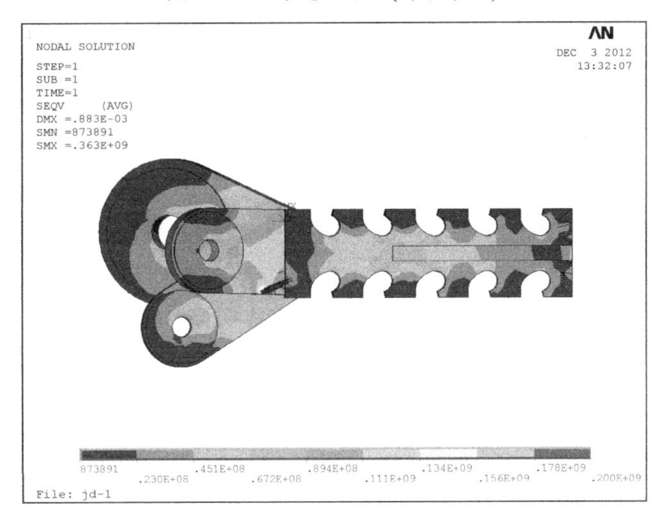

图3.2-12 应力云图（单位：Pa）

（3）弹塑性计算结果 根据《铸钢节点应用技术规程》的规定：用弹塑性有限元分析结果确定铸钢节点的承载力时，承载力设计值不应大于极限承载力的1/3。

根据以上要求，将铸钢节点所承受的荷载乘以3倍的放大系数，在计算过程中考虑几何非线性和材料非线性的影响，对铸钢节点的极限承载力进行分析。

结果如图3.2-13～图3.2-14所示。

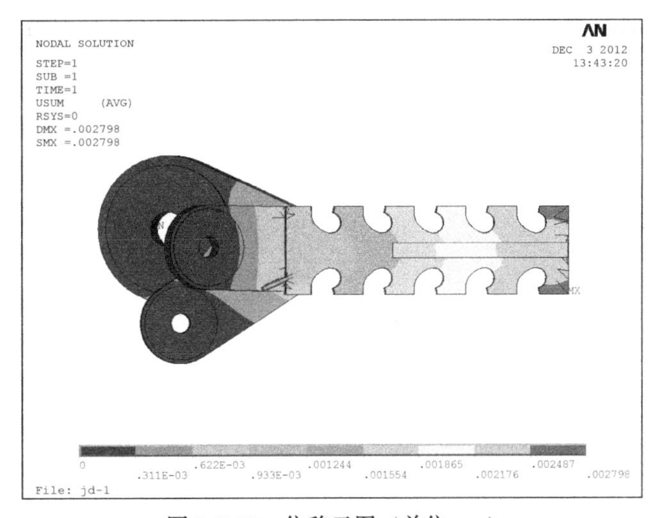

图3.2-13 位移云图（单位：m）

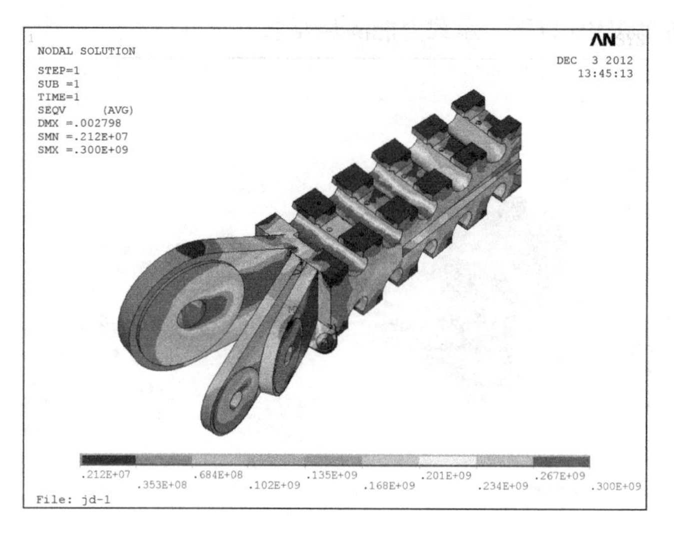

图 3.2-14 应力云图（单位：Pa）

从上图可以看出，节点的最大变形为 2.8mm，铸钢材质屈服强度取 300MPa，除应力云图上部分深色区域进入塑性外，节点的大部分区域仍处于弹性状态，因此，节点的极限承载力满足要求。

本章考试大纲

1. 了解各案例的特点。
2. 掌握基于 BIM 技术设计的步骤及流程。
3. 熟悉 BIM 在各项目的应用点。
4. 了解节点的设计要求。

第4章 施工单位BIM应用案例

4.1 某厂房项目 BIM 应用

4.1.1 导读

项目的综合管理就是确保对项目中涉及的各种要素进行正确科学的协调。工程信息的创建与补充贯穿于建设工程的全过程，包含各个工程阶段和各参与方。

骨科医疗器械产品产能扩张及总部基地建设项目 1#厂房位于大兴区生物医药基地，南至华佗路，西至春林大街，东临祥瑞大街。项目占地面积为 9757.5m^2，建筑总面积为 34781m^2，其中地上厂房建筑面积为 31767.44m^2，地下厂房建筑面积为 3013.56m^2。该项目分为南北两部分，南侧部分为现浇钢筋混凝土框架结构，北侧部分为钢结构。建筑层数为地上一层；地上北侧部分三层，局部四层；地上南侧部分五层，局部六层。

本案例探讨了工程项目综合管理的概念和基本原则，通过了解传统项目管理的不足和基于 BIM 项目管理的优势，提出了工程项目综合管理的方法，即沟通与协调。阐述了工程项目综合管理的内容，掌握工程项目综合管理的过程、项目计划的制订、实施和控制，以及应用 BIM 技术进行全过程项目管理的步骤。

4.1.2 项目中的 BIM 应用

1. 模型要求

（1）BIM 模型需能用于定义各方工作界面。

（2）BIM 模型需合理组织和规划，确保能被各方应用。

（3）BIM 模型应与项目实际一致，包含必要的钢结构构件数据，比如名称，构件编号，几何尺寸，材料规格，材质，横截面，节点类型等。

2. 传统项目管理存在的不足

（1）二维 CAD 设计图形象性差，二维图纸不方便各专业之间的协调沟通，传统方法不利于规范化和精细化管理。

（2）我国项目管理处于初级水平，参与各方没有对此有足够的重视。精细化管理需要细化到不同时间、构件、工序等，难以实现过程管理。

（3）项目全寿命没有系统管理，各阶段分离脱节。前期的开发管理、过程中的施工管理和后期运维管理的分离造成的弊病，如仅从各自的工作目标出发，而忽视了项目全寿命的整体利益。

（4）由多个不同的参与方从各自角度出发，对项目进行管理，组织实施，造成信息“孤岛”会影响相互间的信息交流，也就影响项目全寿命的信息管理等。因此我国的项目管理需要信息化技术弥补现有项目管理的不足，而 BIM 技术正符合目前的应用潮流。

3. 基于 BIM 技术的项目管理的优势

（1）基于 BIM 的项目管理 工程基础数据如量、价等，数据信息可随时查询调用，数据实现共 享，更重要的是增强了项目相关方的信息共享，促进更有效的互动。三维信息模型 BIM 的表达形式就更加直观、易读，从建设方、设计方、施工方、监理方、使用方等都能比较直观的掌握项目的全貌。降低了非专业人士对项目的理解难度，提升了不同专业间、不同参与方对项目的协同能力。

（2）风险前置 二维设计由于其本身设计手段的局限，错漏碰缺在所难免，人们更多的是根据以往项目的经验总结来进行弥补。而后期运维中这些“隐形风险”，往往更加难以被及时发现，风险 前置是 BIM 对项目管理最直接的优势。

（3）三维渲染动画 三维渲染动画给人以真实感和直接的视觉冲击。建好的 BIM 模型可以作为二次渲染开发的模型基础，大大提高了三维渲染效果的精度与效率，给业主更为直观的宣传介绍，提升中标几率。根据各项目的形象进度进行筛选汇总，可为领导层更充分的调配资源、进行决策创造条件。

4. 模型概况

使用基于 BIM 技术的 Revit 系列软件进行 BIM 模型的搭建，采用分部分项建模，确保模型整体化细致化，最终建立三维模型，如图 4.1-1 所示。

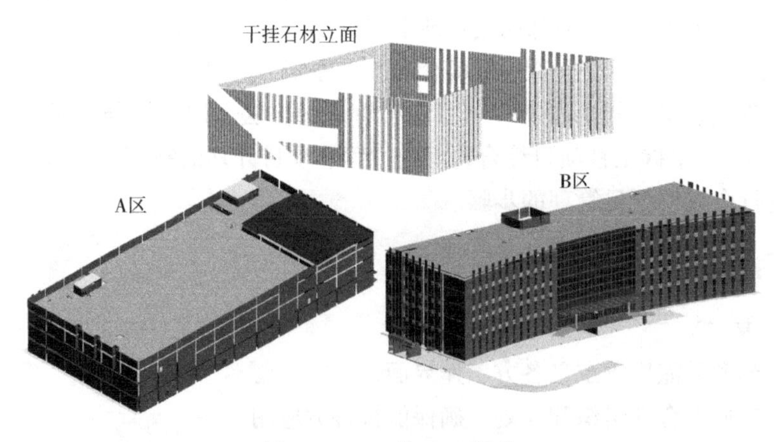

图 4.1.1　三维 BIM 模型

5. 工程项目综合管理的基本原则

（1）实现总目标是综合管理工作的准绳。

（2）沟通是工程项目综合管理的基本理念。

（3）保持工程项目各项工作的整体协调，有序运行。

6. BIM 模型的深化应用与综合管理

（1）BIM 模型深化应用

1）BIM 管理体系　BIM 管理文件建立；BIM 工作人员职责表；专业分包 BIM 小组进场要求；分包考核评分表；BIM 模型交付标准；BIM 模型交付时间表；BIM 会议制度。

2）BIM 辅助技术管理　BIM 辅助图纸会审：建模时发现图纸问题，碰撞检查发现图纸问题，图纸会审会议。BIM 技术辅助工程量统计：钢结构材料统计，混凝土材料统计，门窗数量统计，给水排水管材数量统计，电缆桥架、电器设备、末端点位数量统计，风管、阀门数量统计。数量统计表如图 4. 1-2 所示。

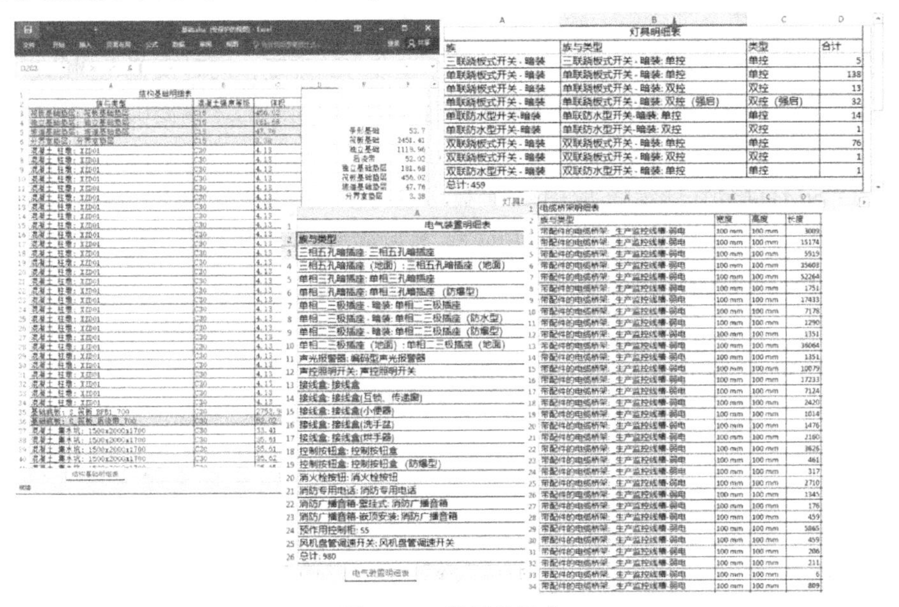

灯具明细表

族	族与类型	类型	合计
三联跷板式开关 - 暗装	三联跷板式开关 - 暗装: 单控	单控	5
单联跷板式开关 - 暗装	单联跷板式开关 - 暗装: 单控	单控	138
单联跷板式开关 - 暗装	单联跷板式开关 - 暗装: 双控	双控	13
单联跷板式开关 - 暗装	单联跷板式开关 - 暗装: 双控（强启）	双控（强启）	32
单联防水型开关-暗装	单联防水型开关-暗装: 单控	单控	14
单联防水型开关-暗装	单联防水型开关-暗装: 双控	双控	1
双联跷板式开关 - 暗装	双联跷板式开关 - 暗装: 单控	单控	76
双联跷板式开关 - 暗装	双联跷板式开关 - 暗装: 双控	双控	1
双联防水型开关 - 暗装	双联防水型开关 - 暗装: 单控	单控	1
总计: 459			

电气装置明细表

族与类型
三相五孔暗插座: 三相五孔暗插座
三相五孔暗插座（地面）: 三相五孔暗插座（地面）
单相三孔暗插座: 单相三孔暗插座
单相三孔暗插座: 单相三孔暗插座（防爆型）
单相二三极插座 - 暗装: 单相二三极插座
单相二三极插座 - 暗装: 单相二三极插座（防水型）
单相二三极插座 - 暗装: 单相二三极插座（防爆型）
单相二三极插座（地面）: 单相二三极插座（地面）
声光报警器: 编码型声光报警器
声控照明开关: 声控照明开关
接线盒: 接线盒
接线盒: 接线盒(互锁、传递窗)
接线盒: 接线盒(小便器)
接线盒: 接线盒(洗手盆)
接线盒: 接线盒(烘手器)
控制按钮盒: 控制按钮盒
控制按钮盒: 控制按钮盒（防爆型）
消火栓按钮: 消火栓按钮
消防专用电话: 消防专用电话
消防广播音箱-壁挂式: 消防广播音箱
消防广播音箱-嵌顶安装: 消防广播音箱
预作用控制柜: 55
风机盘管调速开关: 风机盘管调速开关
总计: 980

电缆桥架明细表

族与类型	宽度	高度	长度
带配件的电缆桥架: _生产监控线槽-弱电	100 mm	100 mm	3009
带配件的电缆桥架: _生产监控线槽-弱电	100 mm	100 mm	15174
带配件的电缆桥架: _生产监控线槽-弱电	100 mm	100 mm	5919
带配件的电缆桥架: _生产监控线槽-弱电	100 mm	100 mm	35603
带配件的电缆桥架: _生产监控线槽-弱电	100 mm	100 mm	52264
带配件的电缆桥架: _生产监控线槽-弱电	100 mm	100 mm	1751
带配件的电缆桥架: _生产监控线槽-弱电	100 mm	100 mm	17433
带配件的电缆桥架: _生产监控线槽-弱电	100 mm	100 mm	7178
带配件的电缆桥架: _生产监控线槽-弱电	100 mm	100 mm	1290
带配件的电缆桥架: _生产监控线槽-弱电	100 mm	100 mm	1351
带配件的电缆桥架: _生产监控线槽-弱电	100 mm	100 mm	36064
带配件的电缆桥架: _生产监控线槽-弱电	100 mm	100 mm	1351
带配件的电缆桥架: _生产监控线槽-弱电	100 mm	100 mm	10079
带配件的电缆桥架: _生产监控线槽-弱电	100 mm	100 mm	17233
带配件的电缆桥架: _生产监控线槽-弱电	100 mm	100 mm	7124
带配件的电缆桥架: _生产监控线槽-弱电	100 mm	100 mm	2420
带配件的电缆桥架: _生产监控线槽-弱电	100 mm	100 mm	1014
带配件的电缆桥架: _生产监控线槽-弱电	100 mm	100 mm	1476
带配件的电缆桥架: _生产监控线槽-弱电	100 mm	100 mm	2160
带配件的电缆桥架: _生产监控线槽-弱电	100 mm	100 mm	3626
带配件的电缆桥架: _生产监控线槽-弱电	100 mm	100 mm	461
带配件的电缆桥架: _生产监控线槽-弱电	100 mm	100 mm	317
带配件的电缆桥架: _生产监控线槽-弱电	100 mm	100 mm	2710
带配件的电缆桥架: _生产监控线槽-弱电	100 mm	100 mm	1345
带配件的电缆桥架: _生产监控线槽-弱电	100 mm	100 mm	176
带配件的电缆桥架: _生产监控线槽-弱电	100 mm	100 mm	459
带配件的电缆桥架: _生产监控线槽-弱电	100 mm	100 mm	5865
带配件的电缆桥架: _生产监控线槽-弱电	100 mm	100 mm	459
带配件的电缆桥架: _生产监控线槽-弱电	100 mm	100 mm	206
带配件的电缆桥架: _生产监控线槽-弱电	100 mm	100 mm	211
带配件的电缆桥架: _生产监控线槽-弱电	100 mm	100 mm	6
带配件的电缆桥架: _生产监控线槽-弱电	100 mm	100 mm	809

图 4. 1-2　数量统计表

BIM 辅助钢结构深化设计：导出 IFC 模型，简化钢结构模型，钢结构协同设计。

BIM 辅助机电深化设计：碰撞检查，碰撞优化，净高协调、优化，工序模拟，漫游检查。漫游检查如图 4. 1-3 所示。

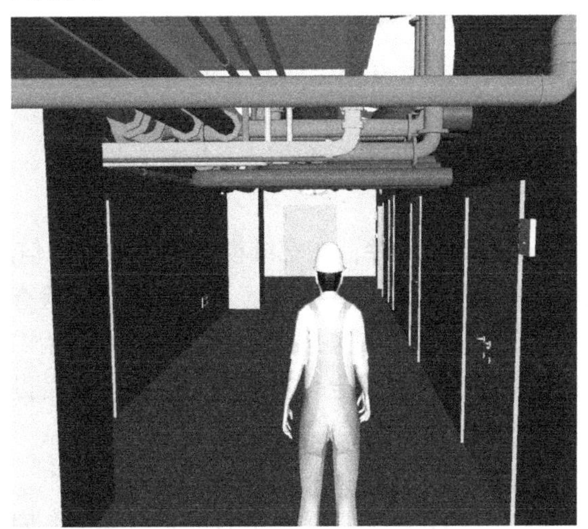

图 4. 1-3　漫游检查

3）轻量化展示

轻量化应用初衷：项目体量大，不同专业之间协同不便;）硬件设施限制各方（建设方、设计方、施工方等）之间的沟通；一线人员培训效率低下。在完成轻量化处理之后：用户体验以及实践效率大大提升，在满足体验的同时，极大程度的节约成本（包括硬件成本、时间成本、人力资源成本）。

模型轻量化的应用特点（便捷的分享方式）：只需要将信息发布，就可以通过该链接实现在各种终端查看模型。同时大大降低了硬件配置，降低模型在使用阶段对电脑主机的配置要求，现场的施工人员在移动终端上即可查看构建信息。

BIM 模型是一个集合了建筑大数据的文件，轻量化后的表现形式是可视化的多维度、多用途、多功能的计算机图形模型文件，降低了各方参与的难度，同时模型无损的进行轻量化处理，可以根据需求定制显示的信息，为后期建筑全生命周期的运维提供载体和数据支持。

（2）项目综合管理

利用 BIM 进行综合管理步骤 应用 BIM 技术进行全过程项目管理的步骤：招标、采购、合同管理，成本控制，风险管理。借助 BIM 技术和常用的项目管理理念，项目工程师能够编制招标采购计划和相关的合同，并进行有效的成本控制和风险管理。

1）造价管理　BIM 模型能够自动生成材料和设备明细表，为造价人员编制工程量清单提供依据。目前 Revit 等 BIM 软件在造价方面的功能尚有待完善，与广联达等造价软件也无法有效对接。BIM 在造价管理领域的发展空间和市场潜力很大。

2）设计管理。

结构设计：Revit 目前与 PKPM 和 Midas 尚无法实现数据互换，因此需要借助国外的软件进行结构分析，如 Etabs，SAP2000 等。但是这些软件的计算方法不符合中国规范，需根据中国规范进行校核。

专业协同，碰撞检查：模型数据以 DWF 格式传给 Navisworks Manage 软件，对 BIM 模型的建筑构件、结构构件、设备、管线进行综合，并进行软碰撞，硬碰撞和净空检查，可以帮助业主出如下图纸：

a）综合管线图（经过碰撞检查和设计修改，消除了相应错误以后）。

b）综合结构留洞图（预埋套管图）。

c）碰撞检查侦错报告和建议改进方案，能有效提高设计阶段各专业之间的协同，减少碰撞的产生，提高效率。

d）效果图、漫游动画、建筑性能与环境分析、人流疏散分析、室外空间舒适度和行人风分析。

3）施工管理　借助 Navisworks 软件，在三维模型中添加时间信息，进行 4D 施工模拟，将建筑模型与现场的设施、机械、设备、管线等信息加以整合，检查空间与时间，空间与时间之间是否冲突，以便于在施工开始之前就能够发现施工中可能出现的问题，进行提前处理。也能作为施工的可行性指导，帮助确定合理的施工方案、人员设备配置方案等。在模型中加入造价信息，可以进行 5D 模拟，实现成本控制。

7. 综合管理框架

工程项目综合管理是把工程项目各阶段工作的具体目标和任务同管理目标结合在一起进行的管理。工程项目综合管理的过程是按计划实施的动态管理过程，包括项目计划的制订、项目计划的实施和项目计划的变更控制。

4.1.3　项目应用总结

BIM 技术成果在项目中得以成功应用。通过我们阶段性地对检查信息进行分析，对质量发展趋势、成本管理效果进行评价后发现，使用了“建筑信息化模型 BIM”的项目，综合管网施工质量得到了明显提高，工程进度成本等方面得到了有效控制，提升了公司社会形象，增加了建筑产品品牌附加值。

通过对 BIM 技术的使用，大大提高了综合管网施工的一次成型率，管网工程施工质量得以保障，管网布置合理美观，得到了甲方、监理等的肯定和好评，更对项目实施的全过程良好运行有着积极的促进作用。根据现场项目提供的对比分析结果可知，企业实现了减少返工率，减少材料浪费，减少人工费，提高工程效率，节约了成本。BIM 技术的成功推广应用，也使之逐步成为企业的核心技术之一。

4.2 某项目机电深化设计阶段的 BIM 应用

4.2.1 导读

深化设计是指在工程实施过程中对招标图纸或原施工图的补充与完善，使之成为可以在现场实施的施工图。

一张完美的深化设计图纸可以将设计师的设计理念、设计意图在施工过程中得到充分体现；并在满足甲方需求的前提下，使施工图纸更加符合现场实际情况。深化设计也是施工单位的施工理念在设计阶段的延伸。深化设计在现场实施的过程，是为了在满足功能的前提下降低成本，为企业创造更多利润。

本项目位于某市教育园内，建设内容包括基础实验实训中心、留学生与教师公寓两座建筑。总建筑面积为 51300m^2，其中基础实验实训中心建筑面积为 19300m^2，留学生与教师公寓建筑面积为 32000 m^2。项目鸟瞰图如图 4.2-1 所示。本案例主要介绍项目机电深化设计阶段的 BIM 应用，包括给水排水系统、供电系统、空调通风系统、弱电系统、消防系统、智能系统六个方面。结合本项目，先要熟悉机电深化的设计要求、设计技术规范，了解机电深化具体步骤，以及基于 BIM 深化设计的准则，指导机电安装成为真正可实施的方案，使 BIM 深化设计技术达到施工项目管理要求。

图 4.2-1 项目鸟瞰图

4.2.2 项目中的 BIM 应用

1. 设计阶段 BIM 工作目标

在设计阶段采用 BIM 设计，通过运用 BIM 技术解决在设计阶段二维图纸未发现的问题，通过三维可视化等技术实现设计问题的发现与解决。同时运用 BIM 技术出具相应工程量清单，为概算部门提供工程量等信息，完善概算精确度及精准度，规避实施阶段中二次变更数量及超概算情况的出现。

2. 设计阶段 BIM 工作内容

BIM 应用及总包团队专业信息见表 4.2-1。

表 4.2-1 BIM 应用及总包团队专业信息

阶段	BIM 应用内容	EPC/BIM 总包团队专业信息					
		建筑	结构	给水排水	暖通	电气	后期
设计阶段	需求调研，编制设计阶段 BIM 应用清单	●	●	●	●	●	
	搭建项目周边现状模型	●	●	●	●	●	
	方案规划审批后，根据设计进度同步搭建 BIM 设计模型	●	●	●	●	●	
	配合设计完成第一阶段管线综合（非零碰撞、主要管线路由位置的综合）			●	●	●	
	提供吊顶标高报告、图纸检查报告、碰撞检测与分析报告			●	●	●	
	模型校审提出功能及空间、结构体系、机电系统等设计优化建议	●	●	●	●	●	
	提供 BIM 工程量清单	●	●	●	●	●	
	搭建施工场地布置三维模型						●
	提供 NW 漫游成果文件或 FUZRO 漫游成果文件	●	●	●	●	●	●

注：●表示该项工作中包含该专业，灰底色栏表示可以交付的 BIM 成果；BIM 模型信息应与二维设计保持一致，如不一致应以二维图纸为准。

3. 设计阶段控制措施

（1）项目进度管理措施　各 BIM 团队接到图纸后，合理安排人员时间，制订日工作安排进度计划表，制订统一规范的建模标准和模型交换标准，制订模型维护方案，BIM 项目经理每日进行工作进度验收。定期组织会议，进行内部模型审查。

（2）图纸与设计文件管理措施　总承包 BIM 工作室从扩大初步设计阶段到施工图阶段，伴随设计进行 BIM 模型搭建。为保证模型与最新版图纸一致性，需对从项目设计经理处接收的图纸及设计材料进行信息录入，包括记录各专业图纸版本、设计文件收发日期等。

（3）设计问题反馈措施　总承包 BIM 对模型进行碰撞检查，空间调整，反馈图纸问题，提供参考解决方案，并出具相应的成果报告，及时反馈给项目设计经理。还需组织专题会议，组织项目技术团队分析设计合理性。

4. 设计阶段 BIM 成果交付标准

BIM 应用交付成果主要有以下几类方式：

（1）模型 模型按照统一建模标准，反映设计意图或施工意图的三维成果，该成果应附相应的构件信息，该阶段最终模型为施工图模型。

（2）文档 设计阶段 BIM 工作的报告内容，应包括：

1）BIM 工作计划报告。

2）BIM 相关模型文件（含模型信息）。

3）BIM 可视化汇报资料，包括但不限于效果图、漫游动画、浏览模型等。

4）局部机电管线综合 BIM 模型成果。

（3）统计表格 统计表格包括《门窗统计表》及《幕墙统计表》等，具体内容由总承包方 BIM 工作室及业主讨论决定。

（4）交付成果 模拟动画、视频。模拟动画、视频要求以 WMV 或 AVI 格式交付，原始分辨率为 1920×1080，帧率不少于 15 帧/秒，重要内容配以字幕说明。内容时长应以充分说明所表达内容为准。

4.2.3 BIM 技术应用

1. 规划设计阶段

（1）场地环境分析 采用无人机航拍技术，可在规划设计阶段更好地了解掌握现场的地形、景观、交通、水系、植被等方面的技术资料，为场地环境分析提供技术支持。无人机航拍图如图 4.2-2 所示。

图 4.2-2 无人机航拍图

（2）规划方案设计 根据意向方案对建筑物进行太阳辐射模拟、场地风环境模型，确保方案的合理性。

内庭院的设计为全年建筑室外场地获取良好的太阳辐射提供了有利条件，从场地太阳辐射结果可以看出，冬季内庭院也具有较好的太阳辐射；场地风环境满足绿色建筑要求；由分析模拟可知在夏季及过渡季不会出现大面积无风区和涡旋。太阳辐射模拟和风环境模拟如图 4.2-3 所示。

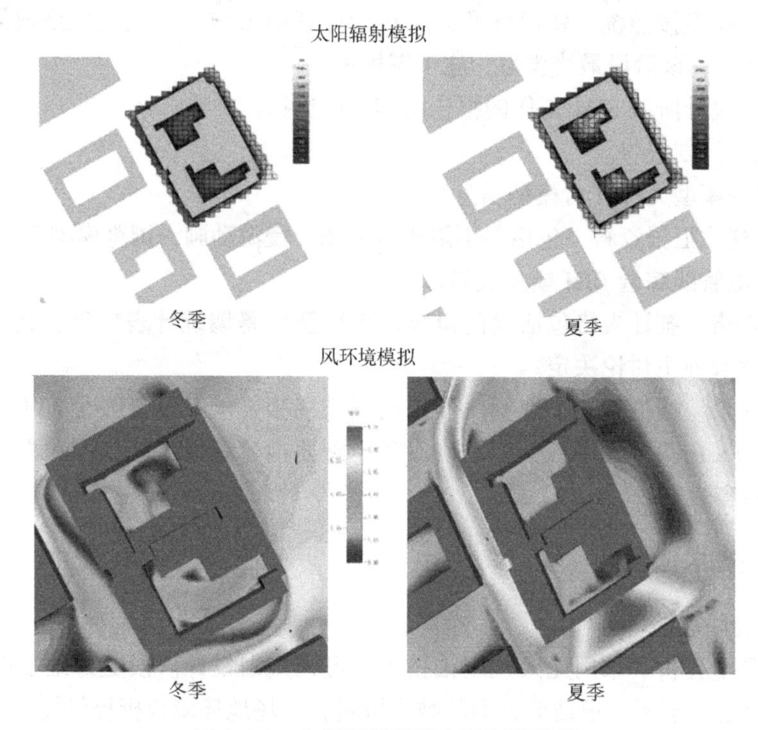

图 4.2-3　太阳辐射模拟和风环境模拟

（3）室外管网辅助设计　依据校方提供的整个校区（71000m²）的室外管网现状资料，绘制出整个校区的室外管网现状 BIM 模型，为室外管网设计提供技术支持。室外管网辅助设计如图 4.2-4 所示。

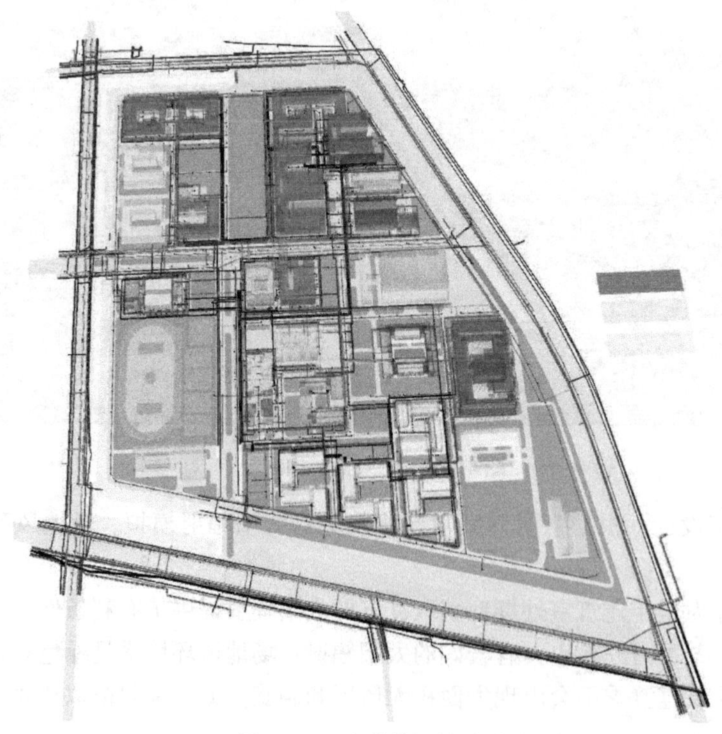

图 4.2-4　室外管网辅助设计

2. 方案设计阶段

(1) 自然通风分析 通过BIM模型统计计算，本项目建筑外窗可开启面积与地面面积比例均可达到5%以上，可满足自然通风要求，且经室内通风模拟结果可知，本建筑布局与空间组织可实现优化室内自然通风效果。自然通风分析如图4.2-5所示。

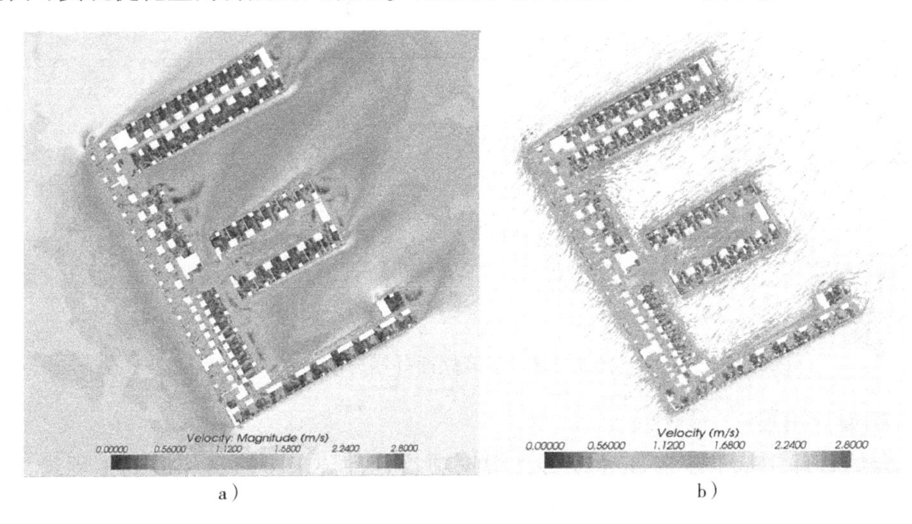

图4.2-5 自然通风分析

a) 室内通风分析 b) 室内通风矢量图

(2) 室内采光分析 对方案进行室内采光分析，比选最优方案，由模拟结果可知，本建筑除一层食堂部分无法达到要求外，其他主要功能房间均满足采光系数要求。室内采光分析如图4.2-6所示。

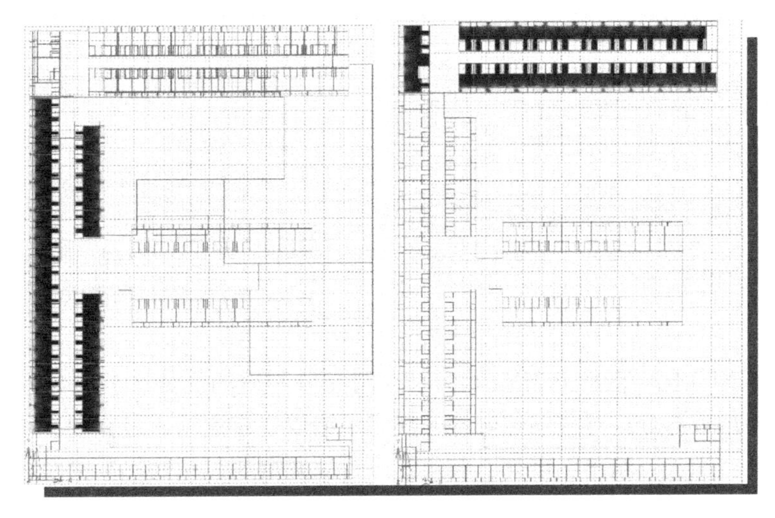

图4.2-6 室内采光分析

(3) 建筑立面外压分析 结合绿色建筑分析，论证开启外窗室内外表面的风压差大于0.5Pa时，需判断建筑内外表面风压。由夏季和过渡季模拟结果可知，建筑外窗外表面风压大于0.5Pa或小于-0.5Pa的面积大于50%，可达到标准要求。建筑立面外压分析如图4.2-7所示。

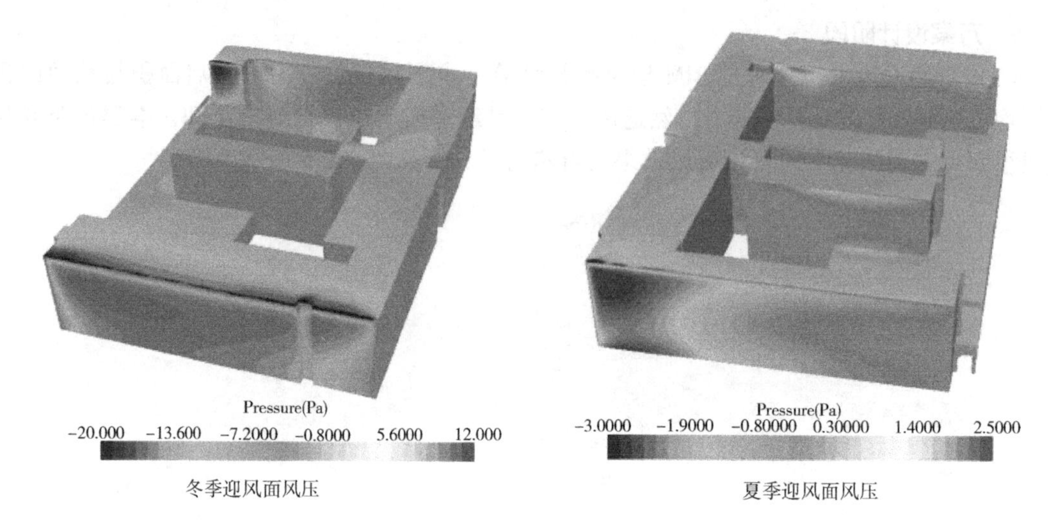

图 4. 2-7 建筑立面外压分析

3. 扩初设计阶段

（1）合约管理 基于已有 BIM 模型，根据项目管理要求，出具相应的工程量清单计价表，为概算部门提供工程量等信息，完善概算精确度及精准度。合约管理如图 4. 2-8 所示。

A区工程量清单

类别	材质	体积（m³）	面积（m²）	长度（m）
结构梁	C30	550.37		
结构柱	C30	99.86		
	C40	225.13		
	C50	194.86		
结构板	C30	441.71		
结构墙	C30	41.83		
	C40	116.9		
	C50	89.81		
混凝土量总计		1760.47		

C区工程量清单

类别	材质	体积（m³）	面积（m²）	长度（m）
结构梁	C30	715.94		
结构柱	C30	118.53		
	C40	207.14		
	C50	246.21		
结构板	C30	683.14		
结构墙	C30	65.84		
	C40	123.55		
	C50	136.08		
混凝土量总计		2296.43		

中德应用技术大学BIM工程量清单（扩初阶段）

图 4. 2-8 合约管理

（2）空间利用优化 借助 BIM 技术，对空间充分利用的优势十分明显，对一些二维设计中容易忽略的细节部分进行精细化设计，规避了错误，避免施工过程中出现问题，从而提高设计质量。对空间进行精细化设计，对建筑进行反复剖切，从而提高空间利用率。空间利用优化如图 4. 2-9 所示。

（3）专业协同优化 在设计阶段初期对走廊等管线密集位置进行管线综合，预估及分配吊顶空间。

传统绘图模式为各设备专业分开设计，会审时难以发现全部碰撞点，遗留大量问题到施工阶段。采用 BIM 方式，各专业协同设计，改变传统设计流程，提前进行管线综合，设计过程中及时发现并避免交叉碰撞，减少后期工作量。管线综合如图 4. 2-10 所示。

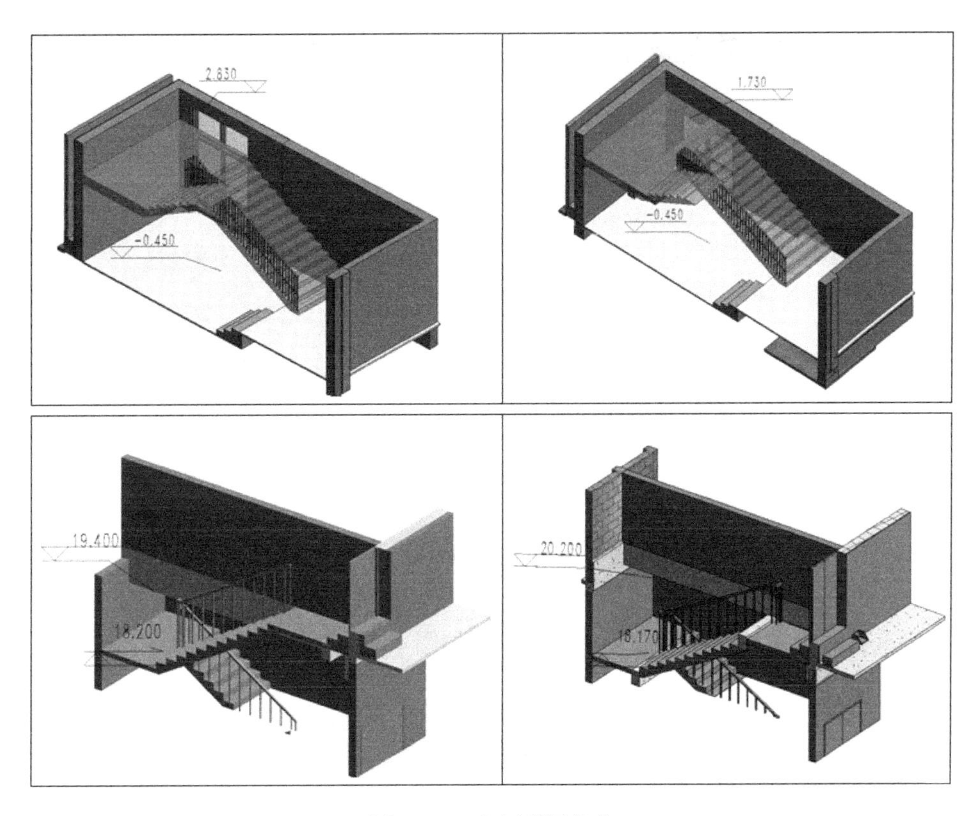

图 4.2-9　空间利用优化

图 4.2-10　管线综合

4. 施工图设计阶段

（1）企业标准设置　根据 EPC 工程总承包单位制图标准规范的要求，对 Revit 默认样板文件的标高样式、尺寸标注样式、文字样式、线型线宽样式、对象样式等进行修改深化，制订了 EPC 工程总承包单位的 BIM 企业标准。企业标准设置如图 4.2-11 所示。

（2）施工图成果　对图纸表述不清或涉及跨层、升降板等复杂区域的问题，BIM 模型的三维显示较二维图更能清晰地把握实际情况。基于模型讨论问题，可以实时测量模型，更

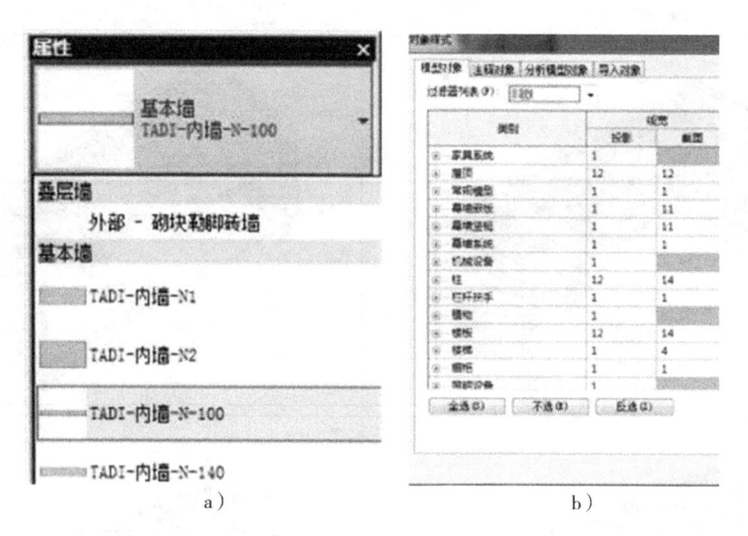

图 4.2-11　企业标准设置

a）系统族标准化　b）对象样式标准化

精确掌握建筑物的尺寸和空间信息。施工图成果如图 4.2-12 所示。

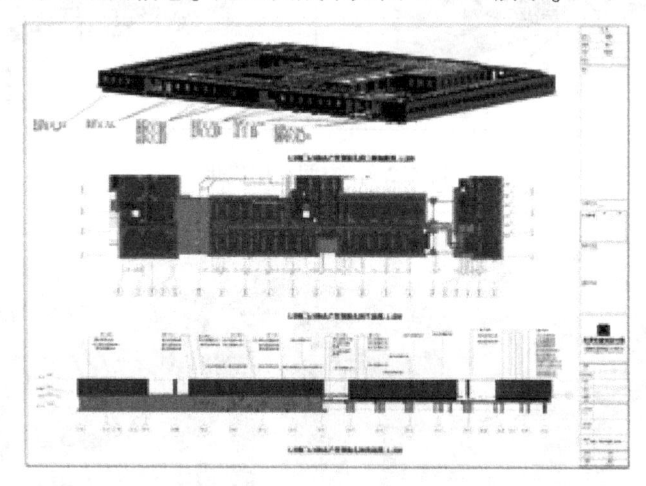

图 4.2-12　施工图成果

5. 施工阶段

（1）设计模型拆分　施工阶段继承设计阶段 BIM 模型数据，按照施工建设的需求对模型进行整理、拆分、深化，梳理施工所需的模型资源。设计模型拆分如图 4.2-13 所示。

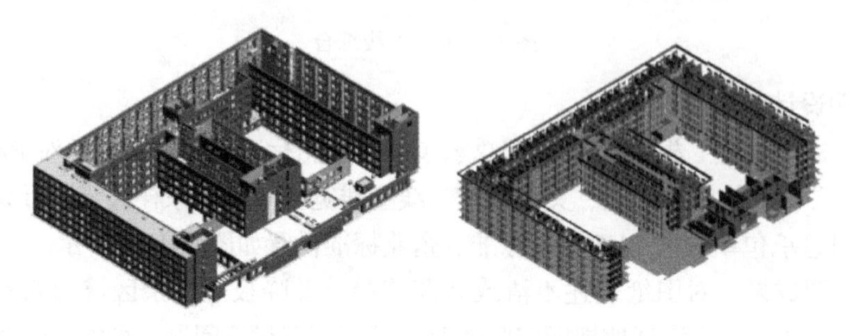

图 4.2-13　设计模型拆分

（2）施工模型输入　为满足建设过程的精确模拟需求，在 BIM 模型中补充施工建设所需的附属构件。施工模型输入如图 4. 2-14 所示。

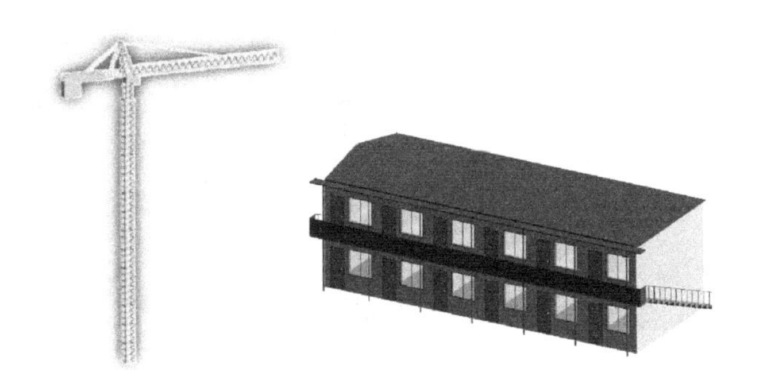

图 4. 2-14　施工模型输入

（3）设计模型调用　利用设计阶段 BIM 模型数据，按照施工建设实际情况，收集图纸数据等技术资料，对模型进行修改、深化，最终形成竣工 BIM 模型。设计模型调用如图 4. 2-15所示。

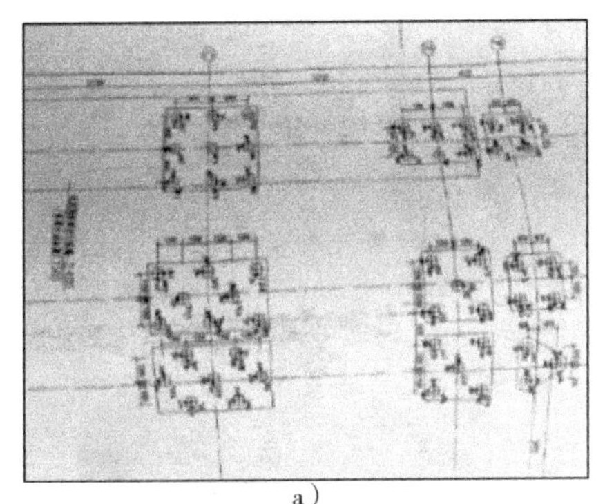

a）

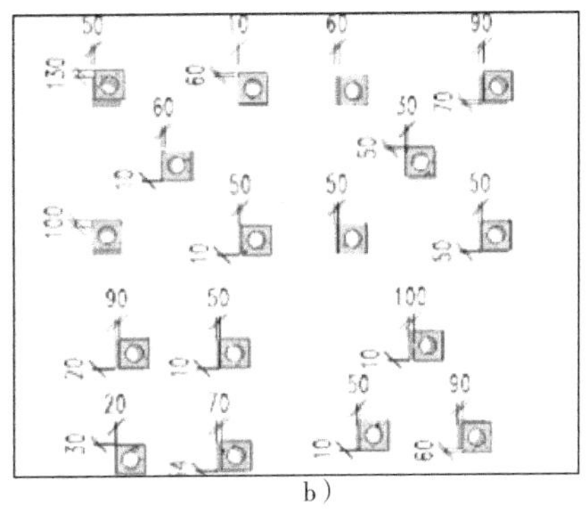

b）

图 4. 2-15　设计模型调用

a）桩位偏移图纸　b）桩模型修改

6. 施工方案设计

（1）施工难点分析。综合分析本项目施工难点，包括质量、安全、进度、成本等各方面。

1）工程施工质量要求高，应加强总包质量管控，确保质量精品工程。

2）如何有效控制基础、地下室、屋面、卫生间及外墙的防水质量。

3）如何有效控制本工程高支模施工质量。

4）施工现场与生产生活区域交叉问题。

5）本工程位于学校内部，如何采取有效措施减少对师生正常教学和日常生活的影响以及如何防止施工人员对学生的干扰。

6）本工程体量大、任务紧，制订施工进度计划，确保工程关键线路和关键节点顺利完成。

7）合理控制项目投资及成本要求高。

根据本项目施工难点，结合 BIM 技术，提出解决方案。

（2）施工方案模拟。运用 BIM 技术的三维可视化特点，对施工准备、交底及合理性分析。如图 4. 2-16 所示。

图 4. 2-16　施工方案模拟

（3）初拟施工方案　利用 BIM 模型模拟施工进度方案，并结合成本控制进行对比，寻找最佳的施工进度计划，以便更严密地组织施工，缩短施工周期，降低资金成本，节约造价。模拟施工进度方案如图 4. 2-17 所示。

图 4. 2-17　模拟施工进度方案

7. 施工方案优化

（1）复杂难点模拟　利用 BIM 模型模拟高支模搭建过程，进行技术施工交底，使交底的效率得到了提升，也能更好地指导施工。模型模拟高支模搭建过程如图 4. 2-18 所示。

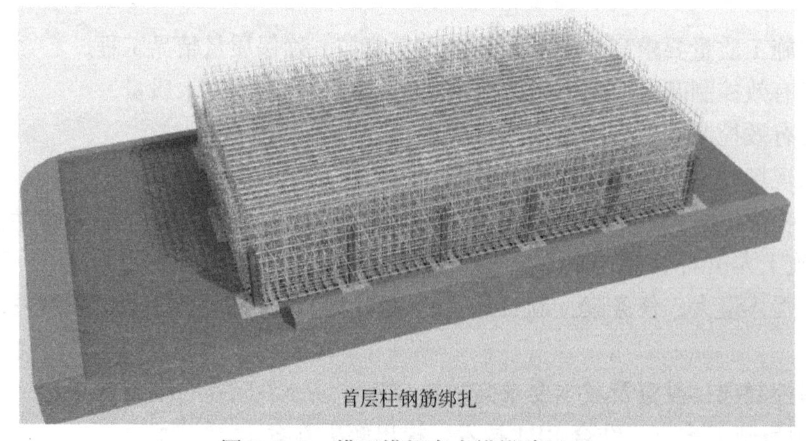

图 4. 2-18　模型模拟高支模搭建过程

管线综合贯穿设计和深化设计全过程，通过BIM进行管线综合协调和讨论，并找到了BIM工作量增加和BIM价值最大化之间的平衡点。逐步优化管线综合管理过程，提高管线综合效果。如图4.2-19所示。

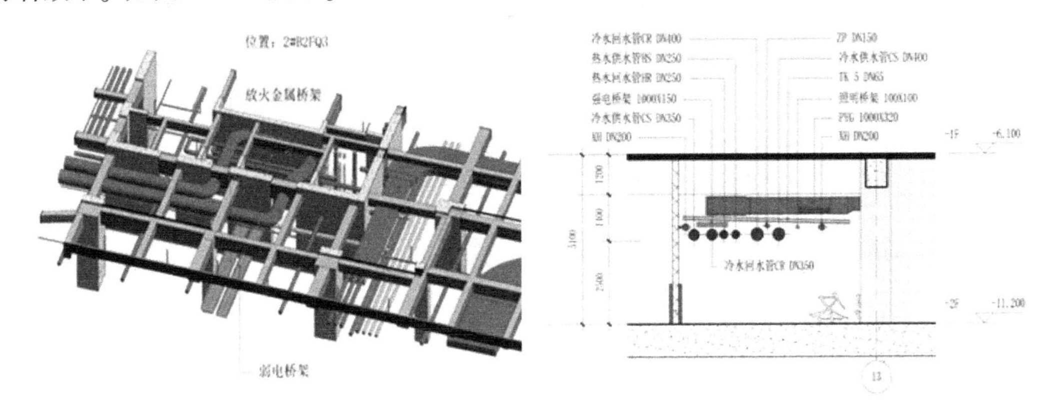

图4.2-19　优化管线综合

（2）施工安全优化　在BIM模型中加入安全防护策略方案，使模型对施工节点指导更精细。施工节点优化如图4.2-20所示。

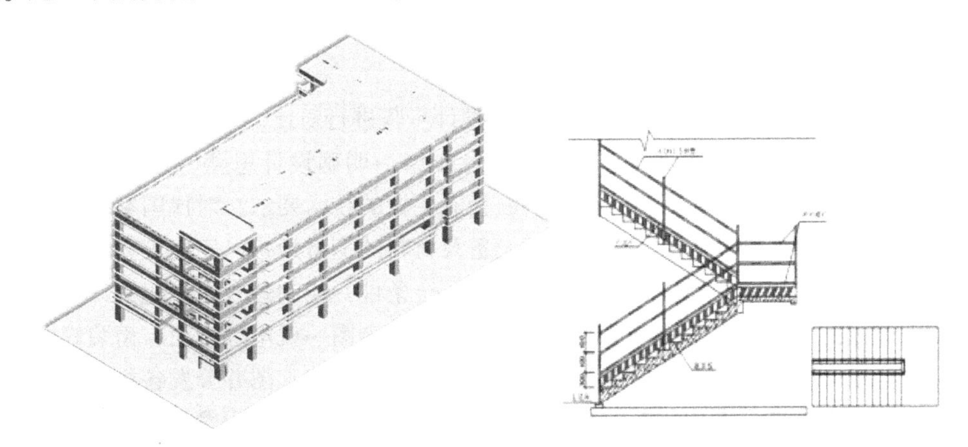

图4.2-20　施工节点优化

（3）BIM 5D管控　本项目搭建的BIM 5D平台，实现成本、进度、质量安全可视化管控，BIM模型多端口浏览，及时准确定位施工问题点，提高解决问题的效率。

基于BIM 5D平台的进度管理，采用分区、分段的进度计划管控模式，保持与现场实际进度的一致性与匹配性，并及时对出现延迟的进度进行不同颜色的预警。

解决了项目部依靠纸质版实施查阅进度计划执行情况的工作方式，依托每周生产例会等方式，将本周实际完成情况与计划完成情况运维三维可视化方式进行演示，增强了项目部对进度计划的认识。

自BIM 5D管理平台进度计划管控上线以来，为项目部完成进度计划预警4次，发生在基坑及主体结构施工阶段，主要导致施工滞后的原因分别由于施工现场天气变化及现场劳动力短缺。

在质量、安全方面，采用BIM 5D协同平台，解决现场质量安全等问题，实时上传至云平台，进行汇总和跟踪，形成永久性记录，然后每周在BIM周报上进行通报，让所有问题具有可追溯性。BIM5D 管控如图 4.2-21 所示。

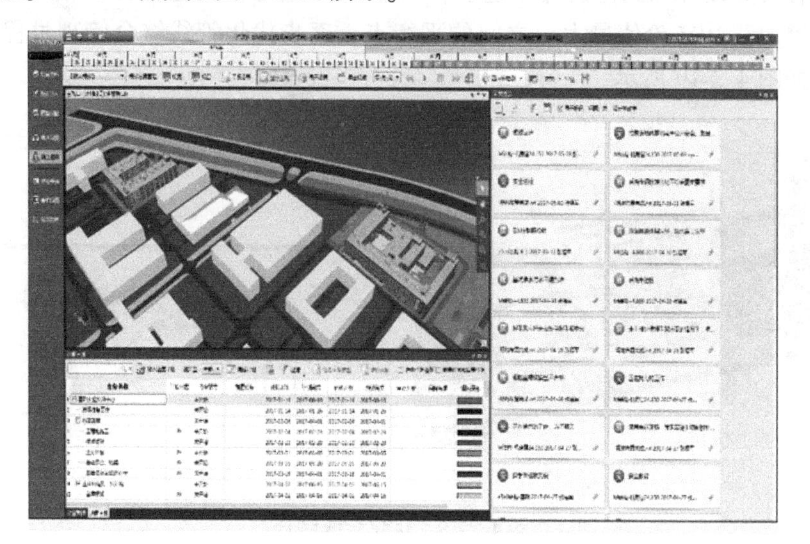

图 4.2-21 BIM5D 管控

4.2.4 机电深化设计

1. 机电专业深化设计步骤

将传统机电深化设计步骤与 BIM 机电深化设计步骤进行对比。

（1）传统机电深化设计步骤　成立深化设计小组→明确设计思路→收集设计参数→熟悉建筑图、精装修图以及功能区划分布置→领会业主方的技术要求，对比国家设计及施工规范标准，不违背国家强制性标准，了解关键设备及材料的型号规格、安装工艺要求等→提出深化设计大纲→各专业互相提供设计参数并提出配合条件→绘制各专业深化设计图纸→各专业深化图纸送业主和顾问审批→审批通过后绘制机电综合图→机电综合图与精装修图核对无误后送业主和顾问审核→原设计单位批准→审批通过后打印施工图并分发各相关专业施工班组→对现场施工人员进行设计和施工交底→配合施工及对施工过程中发现的问题及时反馈和修改图纸→绘制竣工图。

（2）BIM 机电深化设计步骤　成立深化设计小组→明确设计思路→收集设计参数→熟悉建筑图、精装修图以及功能区划分布置→领会业主方的技术要求，对比国家设计及施工规范标准，不违背国家强制性标准，了解关键设备及材料的型号规格、安装工艺要求等→明确及统一各专业的绘图标准和图层、颜色及深化程度→提出深化设计大纲→各专业互相提供设计参数并提出配合条件→绘制各专业深化设计模型→将各专业深化模型出的碰撞报告及安装所需的区域净高分析送业主和顾问审批→审批通过后修改机电综合模型→机电综合模型与精装修图（土建、结构模型）核对无误后送业主和顾问审核→原设计单位批准→审批通过后生成施工模型并分发各相关专业施工班组→对现场施工人员进行机电深化设计模型展示和施工工艺技术交底→配合施工及对施工过程中发现的问题及时反馈并修改模型→绘制竣工模型。

2. 机电深化设计在施工阶段的应用

1）机电深化施工模型安装区域净高分析以及机电各专业与土建专业碰撞报告。

2）现场设备管线查漏补缺。

3）通过机电深化设计，对设计方案的构造方式、工艺做法和工序安排进行优化，使深化设计后出具的模型完全具备可实施性，满足施工单位能按模型施工的严格要求。

4）通过机电深化设计，充分详细地对复杂节点、剖面进行优化补充，对工程量清单中未包括的施工内容进行查漏补缺，准确调整施工预算。

5）通过对机电深化设计的补充、完善及优化，进一步明确机电与装饰、土建和幕墙等其他专业各自的工作面，明确彼此可能交叉施工的内容，为各专业顺利配合施工创造有利条件。

4.3 国展中心项目设计阶段 BIM 应用

4.3.1 导读

在 BIM 设计过程中，在不同专业使用各自 BIM 软件，BIM 模型信息经由 IFC 和其他流通性高的文件格式，可分别在建筑设计、建筑施工、建筑管理三个阶段被相互整合、交换，进行协同作业。采用之 BIM 估价模式，可大幅缩减计算时间及协助达成较佳之准确性。

本项目立足环渤海、辐射东北亚、面向全世界，力争建成具有持续领先能力的会展综合体，为推动某经济中心建设和优化我国会展业战略发展布局服务。

本项目定位以重型工业展为特色的大型国际一流会展综合体，建设地点位于某津南区，规划总用地面积为 105.18 公顷，总建筑面积约为 80 万 m^2，其中展馆区建筑面积约为 45 万 m^2，综合配套区建筑面积约为 35 万 m^2，项目展馆区最大高度为 35m，综合配套区最大高度为 136 m。会展综合体效果图如图 4.3-1 所示。

图 4.3-1 会展综合体效果图

4.3.2 项目 BIM 应用目标

本项目应用目标由参建各单位自主提出，得到了业主方的高度重视，由业主方进行了项目总体统筹，拟建立从建筑设计到施工建造的一体化 BIM 模型，最大限度地提高设计质量，降低施工风险，减少工程变更，更科学地指导工程施工，有效地对工程管理目标进行控制，为工程的顺利实施提供有力的技术保障，并为后期 BIM 运维奠定基础。

为了更好地推动 BIM 技术在项目各参建单位、各阶段之间的协同应用，组织搭建了基于 BIM 的项目管理平台，以多方 BIM 模型数据的协同管理为核心，实现 BIM 数据的规范、有序管理，提高工作效率和协作能力。

通过 BIM 在该项目设计、施工过程中的应用，促进项目多个参与方的协作，消除预算外变更费用；同时以多方 BIM 模型数据的协同管理为核心，以计划管理为主线，实现工程建设过程数据和结果数据的规范、有序，并利用 BIM 模型方便、直观地为业主提供决策数据，辅助业主提升项目整体管理水平，获取 BIM 的最大应用价值。

4.3.3 BIM 设计范围

根据 BIM 总体规划的要求，本项目设计阶段全面采用 BIM 技术，BIM 应用范围包括建筑、结构、给水排水、暖通、电气、基坑支护等专业。

该项目包括综合配套区、地下车库及锅炉房三个部分。拟建建筑面积为 32.69 万 m^2，其中综合配套区建筑面积为 27.57 万 m^2，地下 2 层，地上裙房 5 层，塔楼为 28 层和 18 层。其中高塔檐口高度为 136.2m，楼面高度为 127.6m；低塔檐口高度为 93.2m，楼面高度为 84.6m，地下层为汽车库、设备及后勤服务用房。地上部分 A 区 1 ~5 层为会展接待用房及会议中心，塔楼 1 为单元式客房，塔楼 2 为客房。中间区域为东入口大厅，通过架空连廊与西侧会展中心相连。B 区 1 ~5 层为会展接待用房，塔楼 3.4 均为管理办公。地下车库建筑面积为 4.87 万 m^2，地下一层有部分设备用房，兼顾人防建设需求。锅炉房建筑面积为 2500 m^2，为单层建筑。工程平面图如图 4.3-2 所示。

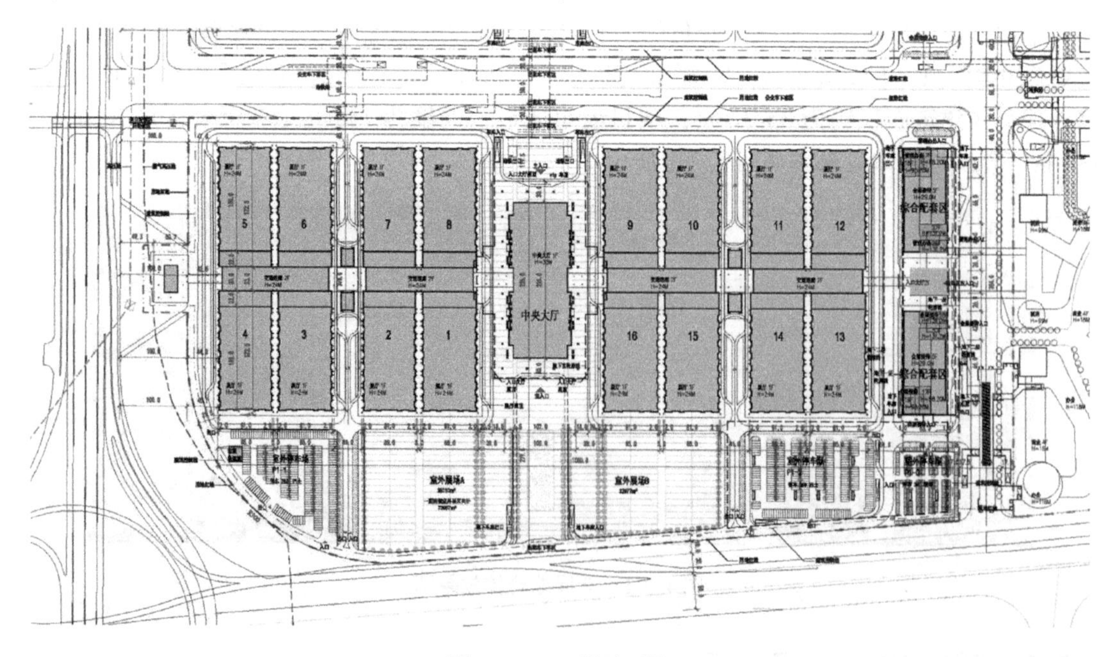

图 4.3-2　工程平面图

4.3.4 工程特点和难点

1）本工程规模巨大，单体面积大，设计与模型搭建工作量大，而且涉及的专业众多，协调和模型审核的工作量巨大。

2）参建企业众多，信息量大，沟通成本高。本项目的方案由德国的方案公司主导完成，因此在设计阶段施工图设计团队必须长期和德方进行紧密有效的沟通。

3）两个 BIM 团队合作完成本项目的 BIM 实施工作，且设计周期较短，加大了 BIM 技术实施的难度。

4）参建单位的需求各异，存在众多不确定改动因素。

5）该体量项目中无同等的成熟 BIM 项目案例作为参考。

4.3.5 BIM 组织架构及职责分工

1. BIM 组织架构

人员的组织是项目成功的关键因素之一，人员的组织与管理影响项目的实施速度、实施质量，甚至会影响项目实施的成败。因此，项目启动时首先要建立合理的组织结构与模式。组织结构与模式如图 4.3-3 所示。

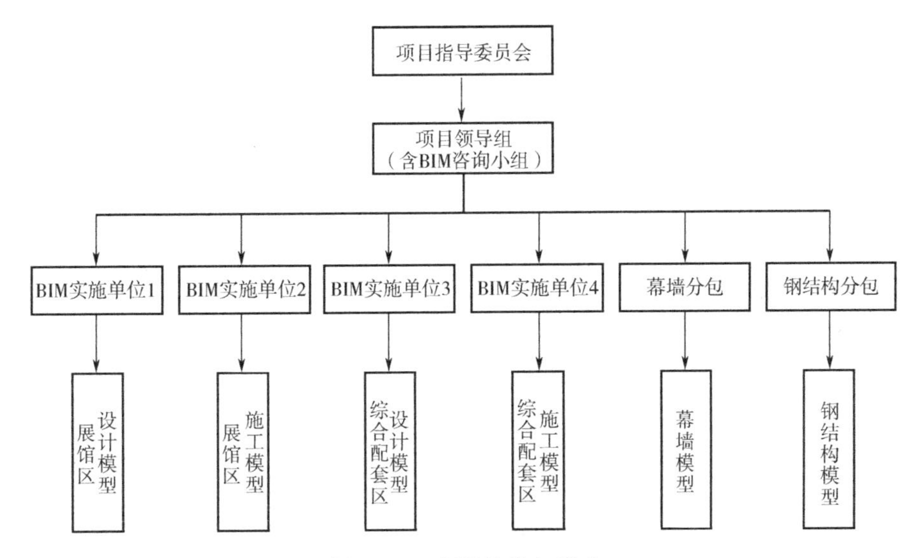

图 4.3-3　组织结构与模式

2. 职责详细分工

BIM 服务内容与职责分工见表 4.3-1 和表 4.3-2。

表 4.3-1　策划阶段 BIM 实施方案策划内容与职责分工

BIM 项目实施	工作内容	项目领导组	实施组			
			BIM 总承包小组	设计方	监理方	施工方
BIM 实施方案初步方案	提供 BIM 项目实施的必要资料		P			
	提供 BIM 项目实施的建议		P			
	讨论 BIM 项目实施的范围和深度	S	P	A	A	A
	讨论 BIM 项目实施在整体流程中的位置	S	P	A	A	A
	成果文件					
	BIM 实施初步方案	R	P	A	A	A

（续）

BIM 项目实施	工作内容	项目领导组	实施组			
			BIM 总承包小组	设计方	监理方	施工方
BIM 实施方案详细策划	确定 BIM 项目实施的范围和深度	S	P	A	A	A
	确定 BIM 项目实施在整体流程中的位置	S	P	A	A	A
	确定 BIM 项目的实施接口	S	P	A	A	A
	成果文件					
	BIM 实施方案	R	P	A	A	A

注：P 代表执行主要责任，S 代表协办次要责任，R 代表审核，A 代表需要时参与。

表 4.3-2　设计阶段 BIM 实施方案策划内容与职责分工

BIM 项目实施	工作内容	项目领导组	实施组			
			顾问咨询方	设计模型方	监理方	施工方
设计阶段建模及模型更新	按照设计施工图建立全专业 BIM 模型		A	P		
	在设计过程中，根据碰撞检查结果，更新模型		A	P		
	工作成果					
	基础模型		R	P		
	NW 生成的碰撞报告		R	P		
	各阶段更新模型		R	P		
深化设计 BIM 复核	在施工深化设计阶段，由承包商建立幕墙、钢结构、机电等专业深化设计 BIM 模型，并对这些深化设计内容在 BIM 中并进行复核，查找碰撞等冲突问题		A/R	R/O	A	P/I
	各施工单位将根据调整后的深化设计方案，并在得到业主确认后，在 BIM 模型中做同步更新，以保证 BIM 模型真实反映深化设计方案调整的结果		A/R	R/O	A	P/I
	工作成果					
	经过 BIM 模型复核的深化设计，图纸及模型		A/R	R/O	A	P/I
	全程变更 BIM 模型复核					
	工作内容					
	将变更输入到 BIM 模型，采用 BIM 技术进行复核，进行相关专业碰撞检查，保证变更设计与原设计能合理结合		A	P/I/O	A	A/I
	变更设计得到业主最终确认后，在 BIM 模型做同步更新		A	P/I/O	A	A/I
	工作成果					
	完成的模型、相应的碰撞检查报告。		A/R	P/I/O	R	O
	经过 BIM 模型复核的模型		R	P/I/O	R	O

注：P 代表执行主要责任，S 代表协办次要责任，R 代表审核，A 代表需要时参与，I 代表提供输入信息，O 代表确认输出信息。

4.3.6 BIM 技术应用

本项目以利用 BIM 技术提升项目管理层次为目标，沿 BIM 技术服务（BIM 咨询、建模和应用等）和 BIM 综合应用平台设计开发两条主线，展开 BIM 技术在项目设计阶段、施工阶段以及运维阶段的 BIM 多维度应用。

1. 制订 BIM 信息模型的标准

BIM 管理规范由对各参建方在 BIM 实施过程的各种要求准则构成，例如 BIM 实施系统规划流程图，BIM 应用策略，项目相关方的 BIM 责界定，各参与方 BIM 应用标准，各参与方在项目中的 BIM 工作流定义，各参与方 BIM 的信息交付手册（IDM），各阶段的模型深度标准，LOD 定义文件，LOD 阶段控制文件，BIM 相关工作和进度的划分，图纸和 BIM 数据的审核/确认流程，实施过程中流程文档格式模板，数据交流方式，数据交换的频率和形式，不同阶段编码对应规则，主要软件工具在关键应用的使用指南，专业术语与条文解释等。

BIM 管理规范的制订目的是要求各参与方按照统一的准则实施 BIM 应用，在同一个项目上各方不会由于规则不明而导致后期 BIM 应用杂乱无章。

2. 明确 BIM 模型精度标准

1）建筑专业各阶段 LOD 精度要求见表 4.3-3。

表 4.3-3 建筑专业各阶段 LOD 精度要求

建筑专业	初设阶段	施工图阶段	施工阶段	BIM 工作交付
	LOD	LOD	LOD	LOD
场地	200	300	300	300
墙	200	300	300	300
散水	200	200	200	200
幕墙	200	300	400	400
建筑柱	200	300	300	300
门窗	200	300	400	400
屋顶	200	300	300	300
楼板	200	300	300	300
天 花 板	200	300	300	300
楼梯（含坡道、台阶）	200	300	300	300
电梯（直梯）	200	300	400	400
家具	200	300	400	400

2）结构专业各阶段 LOD 精度要求见表 4.3-4。

表 4.3-4 结构专业各阶段 LOD 精度要求

结构专业	初设阶段	施工图阶段	施工阶段	BIM 工作交付
	LOD	LOD	LOD	LOD
板	200	300	300	300
梁	200	300	300	300

（续）

结构专业	初设阶段	施工图阶段	施工阶段	BIM 工作交付
	LOD	LOD	LOD	LOD
柱	200	300	300	300
梁柱节点	200	300	300	300
墙	200	300	300	300
预埋及吊环	200	300	300	300
基础	200	300	300	300
基坑工程	200	300	300	300
柱	200	300	300	300
桁架	200	300	300	300
梁	200	300	300	300
柱脚	200	300	300	300

3）给水排水专业各阶段 LOD 精度要求见表 4.3-5。

表 4.3-5　给水排水专业各阶段 LOD 精度要求

给水排水专业	初设阶段	施工图阶段	施工阶段	BIM 工作交付
	LOD	LOD	LOD	LOD
管道	200	300	300	300
阀门	200	300	400	400
附件	200	300	300	300
仪表	200	300	400	400
卫生器具	200	300	400	400
设备	200	300	400	400

4）暖通专业各阶段 LOD 精度要求见表 4.3-6。

表 4.3-6　暖通专业各阶段 LOD 精度要求

暖通专业		初设阶段	施工图阶段	施工阶段	BIM 工作交付
		LOD	LOD	LOD	LOD
暖通风系统	风管道	200	300	300	300
	管件	200	300	300	300
	附件	200	300	300	300
	末端	200	300	300	300
	阀门	100	300	400	400
	机械设备	100	300	400	500

（续）

暖通专业		初设阶段	施工图阶段	施工阶段	BIM 工作交付
		LOD	LOD	LOD	LOD
暖通水系统	水管道	200	300	300	300
	管件	200	300	300	300
	附件	200	300	300	300
	阀门	100	300	400	400
	设备	100	300	400	500
	仪表	100	300	400	400

5）电气专业各阶段 LOD 精度要求见表 4.3-7。

表 4.3-7　电气专业各阶段 LOD 精度要求

电 气 专 业		初设阶段	施工图阶段	施工阶段	BIM 工作交付
		LOD	LOD	LOD	LOD
供配电系统（强电）	母线	200	300	400	400
	配电箱	200	300	400	400
	电度表	200	300	400	400
	变、配电站内设备	200	300	500	500
照明系统（强电）	照明	200	300	400	400
	开关插座	200	300	400	400
线路敷设及防雷接地（强电）	避雷设备	200	300	400	400
	桥架	200	300	400	400
	接线	200	300	400	400
火灾报警及联动控制系统（弱电）	探测器	200	300	400	400
	按钮	200	300	400	400
	火灾报警电话设备	200	300	500	500
	火灾报警设备	200	300	500	500
桥架线槽（弱电）	桥架	200	300	400	400
	线槽	200	300	400	400
通信网络系统（弱电）	插座	200	300	400	400
弱电机房（弱电）	机房内设备	200	300	500	500
其他系统设备（弱电）	广播设备	200	300	500	500
	监控设备	200	300	500	500
	安防设备	200	300	500	500

3. 全专业模型搭建

根据设计图纸和 BIM 建模标准要求，运用 Revit 软件建立建筑、结构、机电（包含给水排水、消防、暖通、电气等）等全专业模型，如图 4.3-4 ~ 图 4.3-6 所示，确保模型正确后将各专业模型进行整合，发现设计图纸问题，有效地减少了设计图纸的错漏碰缺问题，再将模型导入到平台进行轻量化处理以后，以三维 BIM 模型为中心，关联项目建设全过程相关信息，实现信息的可视化。

图 4.3-4　建筑专业三维 BIM 模型

图 4.3-5　结构专业三维 BIM 模型

图 4.3-6　机电专业三维 BIM 模型

4. 设计碰撞检查与配合深化设计

将建筑、结构专业设计模型、整合后的整体设计模型导入碰撞检查工具，进行碰撞检查分析，发现设计碰撞问题及时进行反馈，按期提交检查报告，并参加各专业深化会议。将变更数据输入到BIM模型，采用BIM技术进行复核，进行相关专业碰撞检查，保证设计变更与原设计能合理结合。设计变更得到业主最终确认后，在BIM模型中做同步更新。

积极配合甲方、施工单位进行优化设计，及时提供研究模型、核查报告及碰撞报告。其中常见的配合要求列举如下：

1）在整个项目过程中配合甲方进行建筑面积的监测，实时反映各类设计变化对于建筑面积的影响。

2）施工图设计过程中，配合设计人员进行立面板块的优化分析。

3）对于设计院提供的施工图进行必要的CAD图纸的整理，以便完成建模工作。

4）配合模型对施工单位进行设计交底。

5）在大型设备招标过程中对各个投标方的产品参数、图纸、模型进行碰撞分析，并及时提供核查报告与碰撞报告。管线碰撞分析如图4.3-7所示。

图4.3-7 管线碰撞分析

5. 建立3D信息模型，对机电管线的综合布置进行方案性研究

建模范围是机电全专业，包括空调、采暖、给水排水、雨水、消防、强电、弱电、燃气、市政。模型与服务内容列举如下：

(1) 管线 直径大于等于15mm的各机电专业管线（包括必要的预埋管线）、设备机房内的管线、阀门、管道支吊架、管线的坡度、管道的保温；对各种管线/管井/吊装孔等竖向空间贯通性进行核查。

(2) 各类机电末端举例 灯具、烟感、温感、喷淋、风口、喇叭、灯具、温控器、计量仪表、开关、插座、消防控制器、安全出口指示、阀门、摄像监控点、消火栓、排烟口、正压送风口、风机盘管等。

(3) 构建机电设备及末端的零件库（提供甲方通用格式文件和数据库） 此零件库充分反映机电设备及末端的特征。

(4) 市政 搭建与项目有关的市政管线、阀门、市政井等模型。

(5) 机电深化图纸配合 对各机电深化图纸/机电分包商的BIM模型进行汇总管理，并进行跨专业碰撞检验：机电管线综合图、管井大样图、机电预留预埋图、土建预留洞图、弱电深化图、消防深化图、变配电室深化图、中水深化图。

（6）机电设备招标服务　配合甲方对大型机电设备招标（制冷机、冷却塔、新风热回收机组、电梯等）进行多方案不同设备尺寸建模比选。

（7）模型更新　机电设备定标后，根据甲方选定设备更新模型，包括设备基础、设备布置及管线的连接。建模范围如图 4. 3-8 所示。

图 4. 3-8　建模范围

6. 3D 打印建造技术

3D 打印建造技术是借助 3D 打印数字化理念通过配套的机械设备实现建筑构件成型的一种新技术。我们将国展中心项目入口处大厅树状结构导入到软件中分解、切片，然后导入 3D 打印机中打印实体微缩模型，相较于 BIM 可视化而言，利用实体模型进行现场施工交底，更加详细生动，富有趣味性。入口大厅 3D 打印模型如图 4. 3-9 所示。

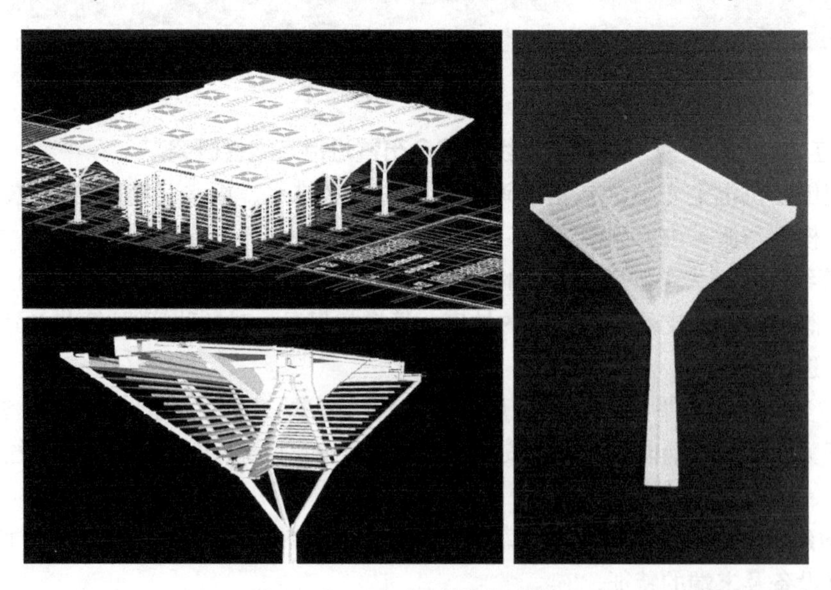

图 4. 3-9　入口大厅 3D 打印模型

7. 人员疏散模拟

场馆建筑具有人流量大、人身安全保障高等特点，通过建立建筑物 BIM 模型，将模型导入专业的逃生分析软件中，并通过对各类不同人群逃生能力进行设置，模拟整个建筑物在紧急情况下的人流疏散情况；也可以模拟各种预先设置的疏散方案，通过模拟结果优化疏散方案，最后得到最佳疏散方案，在安全方面为设计方案的优化比选提供支持。

8. 利用 BIM 模型进行投资估算和可视化展现

利用 BIM 模型可更为快速准确地进行投资估算与方案比选。采用在 BIM 模型中存在的经济、技术、物料等大量信息，直接汇总进行项目建设各个阶段的投资估算，帮助业主在项目前期合理安排投资计划，同时有利于防止估算的精度较差、预算超概算很多、决算超预算的情况。

模型可直接、方便地进行可视化展现，方便各方了解项目的设计信息。

4.3.7 BIM 应用软件

BIM 应用软件见表 4.3-8。

表 4.3-8 BIM 应用软件

任务	软件工具	文件格式	备注
建筑模型	AutodeskRevit Architecture 2014	RVT	
结构模型	AutodeskRevit Structure 2014	RVT	
模型漫游	AutodeskNavisworks 2014	NWD	
展示动画	Lumion，Autodesk 3ds Max	AVI	指定内容的视频文件
模型整合	Navisworks	NWD	整合软件 Navisworks
钢结构	Tekla Structures，REVIT	STD/DXF	
机电	MagiCAD　Revit MEP	DGN/DXF	
幕墙	CATIA，Revit	CGR/RVT	
多参与方 BIM 管理平台	定制开发		结合项目进行开发

4.3.8 项目 BIM 应用总结

在项目设计阶段，BIM 使建筑师们不再受限于使用传统的二维图纸来表达一个空间的三维复杂形态，从而极大地拓展了三维复杂形态的可实施性。其次，BIM 使设计修改更容易。只要对项目做出更改，由此产生的所有结果都会在整个项目中自动协同，各个视图中的平、立、剖面图自动修改。BIM 使建筑、结构、给水排水、空调、电气等各个专业基于同一个模型进行工作，从而使真正意义上的三维集成协同设计成为可能。建筑信息模型可以集成各专业设计，能完美地适合可持续设计，能够进行复杂的设计评价和分析，在关键问题上支持可持续设计的发展。此外，由于 BIM 提供了完整的设计信息，达到必要的详细度和可信度，能在设计阶段的前期完成能源分析，使常规分析成为可能。建筑师可以直接在设计的早期，对多种设计能源的效率进行比较，及时得到建筑能源效能的结果。

建筑信息模型是通过三维数字模型对项目的设计、建造及运营管理过程进行的模拟，所创建的模型包含了项目从规划设计到施工运营直至报废全寿命周期的信息。然而 BIM 应用的整体价值需要细化到每个阶段的各个环节才能最终体现，设计阶段作为 BIM 应用的前期，也是 BIM 应用于项目全生命周期的基础。根据应用经验，采用 BIM 技术，各专业各阶段设计深度提高 5% ~15% 不等，如果按照常规设计变更量 3% 考虑，考虑设计自发和现场工程预控 2%，还有 1% 通过 BIM 技术解决，其价值将是非常可观的。

4.4 某钢网架结构深化设计阶段 BIM 应用

4.4.1 导读

近些年各类钢结构厂房层出不穷，网架结构因为其整体性好、空间刚度大、结构稳定等优点而受到广泛的欢迎，但由于其结构特点，网架结构的施工过程需要十分注意，传统的施工技术存在生产效率低下的问题，因技术交底出现遗漏、构件碰撞等问题造成的返工时有发生，导致了劳动力和原材料的浪费。基于以上原因，引入 BIM 施工技术，对工程进行直观的施工管理，以实现现场施工的三维可视化、可控化、智能精细化，达到强化施工质量、降低施工成本的目的。建立基于 BIM 技术的建筑虚拟模型，与时间、成本相结合，可完成施工场地布置、施工深化设计、施工动态模拟和施工算量等技术。

本案例就某网架结构，建立相应的 BIM 模型，利用 BIM 技术，进行施工场地布置模拟，并对施工过程中格构柱安装以及网架安装阶段进行模拟，利用 BIM 技术对网架结构进行深化设计，真正意义上实现利用三维模型指导施工，避免二次返工，大大减少了施工时间，降低了材料费用。

该网架面积为 3009m²，屋面采用正放四角锥螺栓球网架，柱子采用桁架式结构柱，网架尺寸为 3924mm × 3628mm，跨度为 51m × 32m、51m × 25.5m，根据本工程的结构特点划分 2 个施工区，即屋顶 A 网架安装区和屋顶 B 网架安装区。网架施工分区如图 4.4-1 所示。

图 4.4-1　网架施工分区

4.4.2 BIM应用内容

基于某钢结构网架，利用BIM技术，建立精细化三维模型，并对模型中各种构件赋予几何信息与非几何信息，利用虚拟现实技术，进行施工场地布置，并对工程进行直观、简单易懂的施工模拟，指导施工人员进行施工。经实际结果证明，BIM技术的引入起到了强化施工质量、缩短施工时间以及降低施工成本的作用。

1. 施工场地布置

对于该网架结构施工，通过BIM技术解决现场施工场地平面布置问题，解决现场场地划分问题，按施工图规划出施工平面布置，搭建各种临时设施，按安全文明施工方案的要求进行修整和装饰，临时施工用水、用电、道路按施工要求标准完成。为使现场使用合理，施工平面布置应有条理，尽量减少占用施工用地，使平面布置紧凑合理，同时做到场地整齐清洁，道路畅通，符合防火安全及文明施工的要求。施工过程中避免多个工种在同一场地，同一区域进行施工而相互牵制、相互干扰。施工现场设专人负责管理，使各项材料、机具等按已审定的现场施工平面布置图的位置堆放。

基于建立的BIM三维模型，可以对施工场地进行布置，合理安排塔式起重机、库房、加工场地和生活区等的位置。通过与业主的沟通协调，对施工场地进行优化，选择最优施工路线。网架结构安装阶段场地布置如图4.4-2所示。

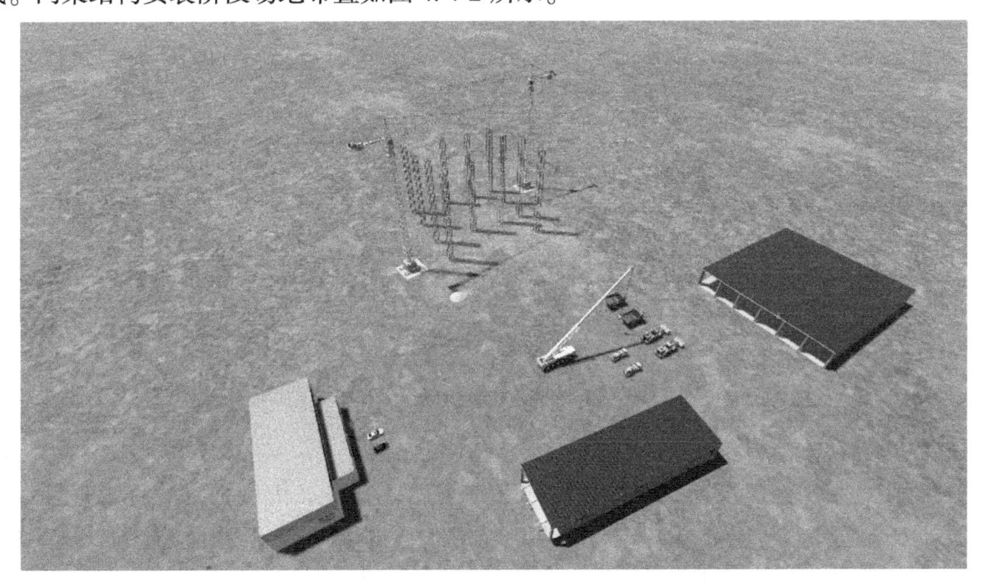

图4.4-2 网架结构安装阶段场地布置

2. 基于BIM技术的深化设计

利用BIM技术对该网架结构进行深化设计的过程如图4.4-3所示。

针对该网架结构，一些复杂节点的安装往往比较繁琐，容易出现问题，利用BIM技术，对网架的复杂节点进行深化设计，提前对重要部位的安装进行动态展示、施工方案预演和比选，实现了三维指导施工，从而更加直观地传递施工意图，避免二次返工。利用BIM技术进行深化的网架支座如图4.4-4所示。

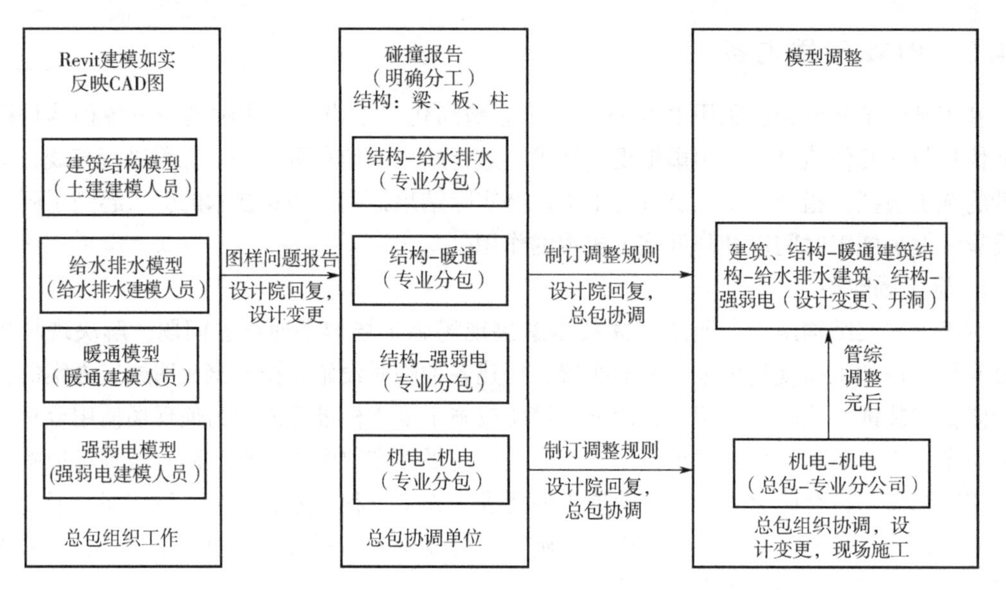

图 4.4-3　BIM 深化设计工作流程示意图

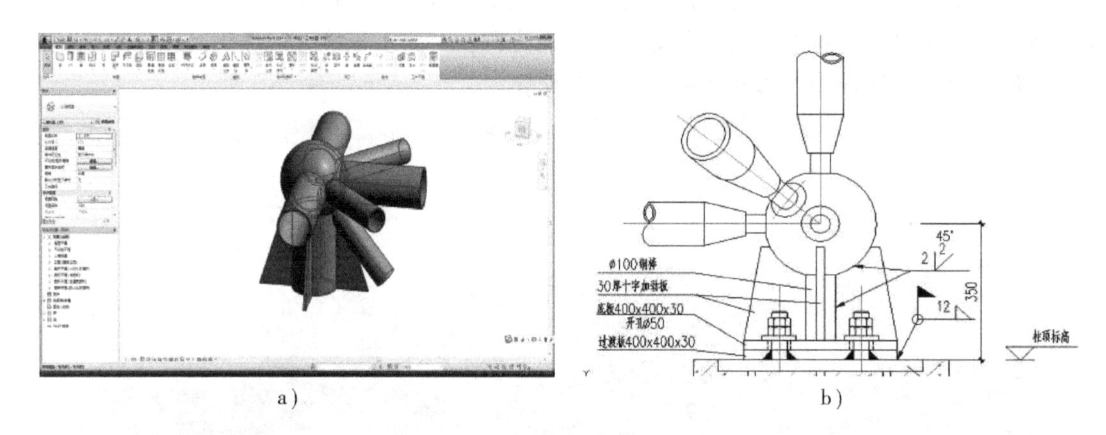

图 4.4-4　深化设计网架支座图

a）Revit 网架支座三维模型　b）Revit 网架支座深化设计施工图

3. 钢网架施工动态模拟

根据拟定的最优施工现场布置和最优施工方案，将 Project 编制而成的施工进度计划与施工现场 3D 模型集成一体，引入时间维度，对工程主体结构施工过程进行 4D 施工模拟。通过 4D 施工模拟，可以使设备材料进场、劳动力配置、机械排班等各项工作安排得更加经济合理，从而加强了对施工进度、施工质量的控制。本工程针对主体结构施工过程，展示重要施工环节动画，利用已完成 BIM 模型进行动态施工方案模拟，对比分析不同施工方案的可行性，提供可视化现场各阶段平面布置及分析，并根据甲方指令进行动态调整。施工进度网络计划图如图 4.4-5 所示。

利用 BIM 技术，对网架的安装过程进行模拟，部分模拟过程如图 4.4-6 ~ 图 4.4-10 所示。

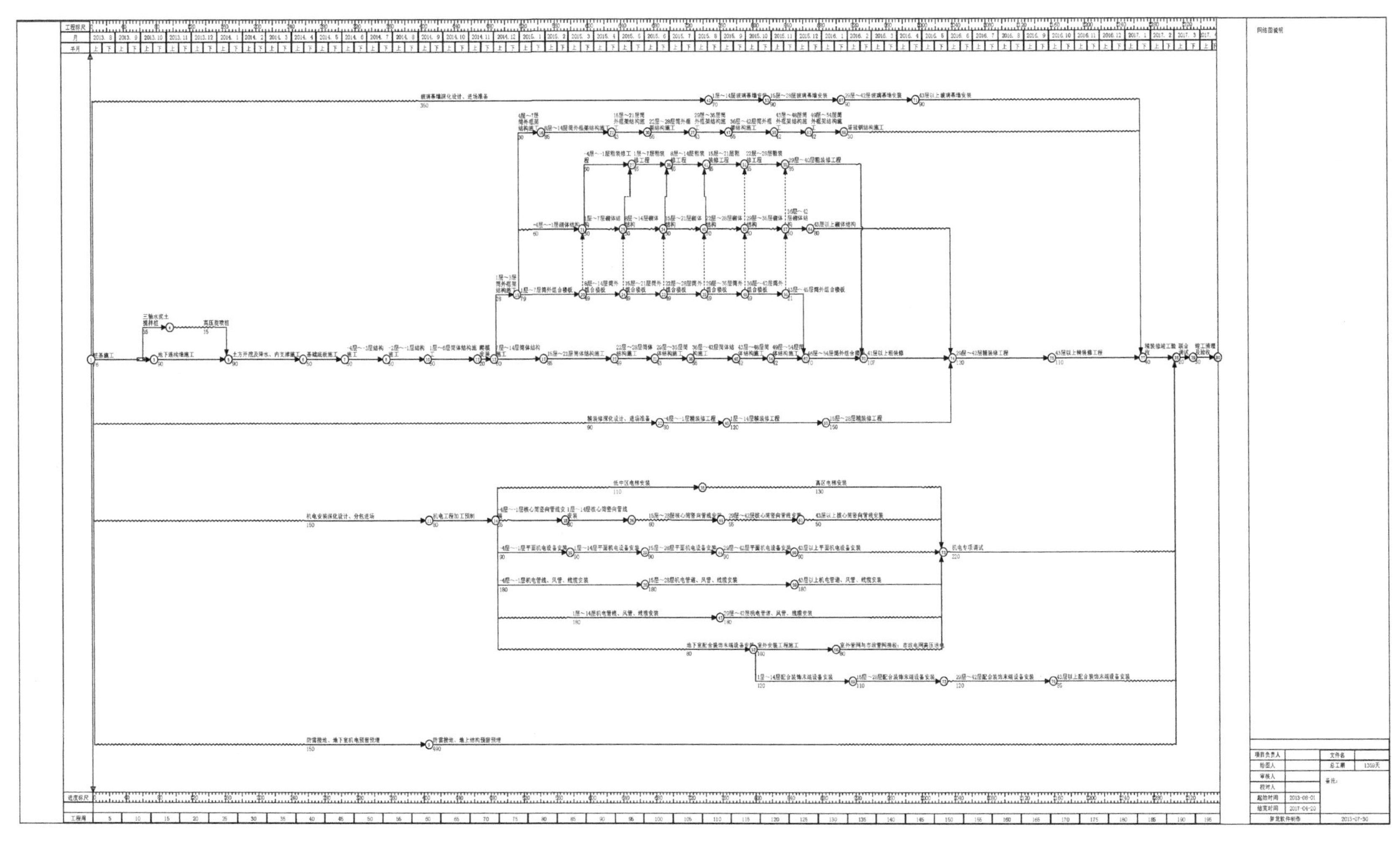

图4.4-5 施工进度网络计划图

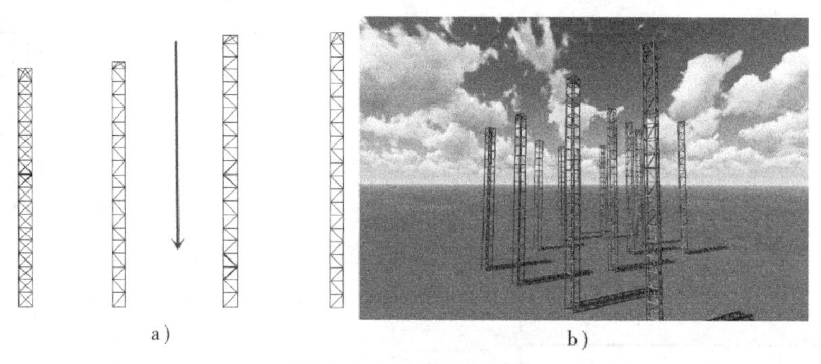

图 4.4-6　格构柱安装

a）CAD 图　b）三维模拟图

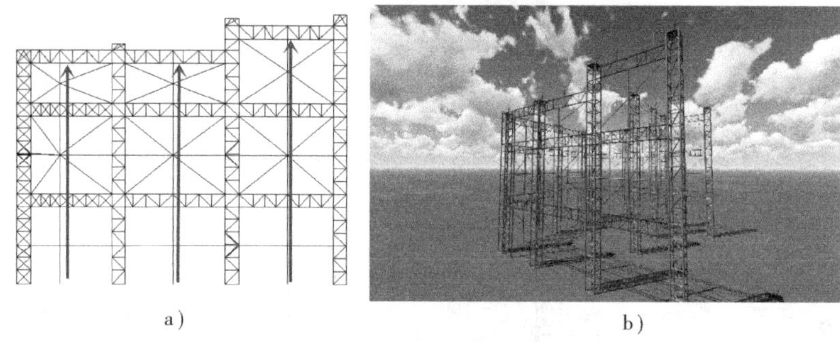

图 4.4-7　格构柱附属构件安装

a）CAD 图　b）三维模拟图

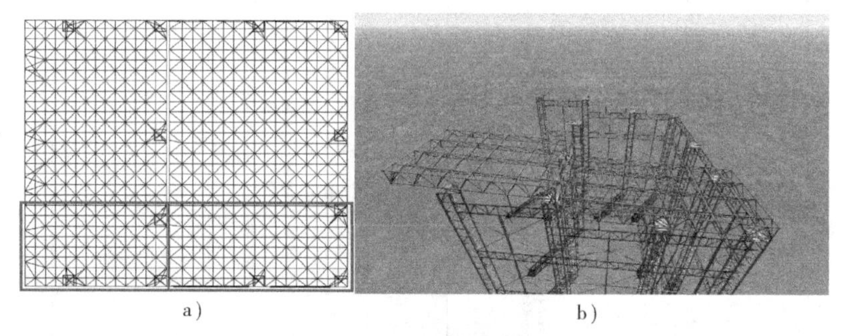

图 4.4-8　屋顶网架局部吊装

a）CAD 图　b）三维模拟图

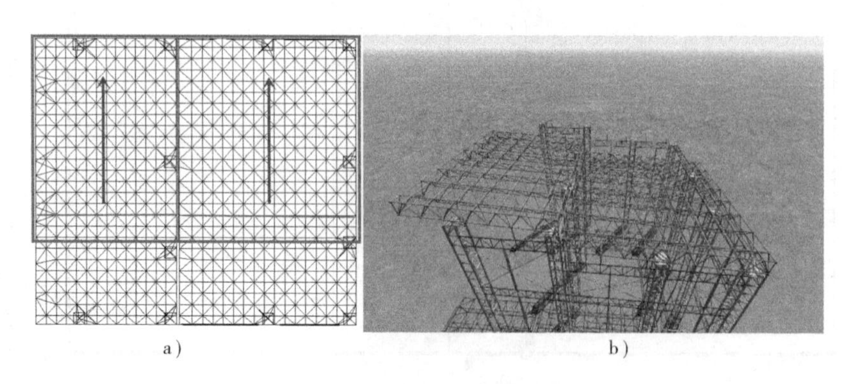

图 4.4-9　屋顶网架高处拼装

a）CAD 图　b）三维模拟图

a) b)

图 4. 4-10 整体模型

a) 实际效果图 b) 三维模拟图

4. 协同工作平台

本工程体量大、功能复杂，将会引入机具、水电、装修、钢构、幕墙等多个分包单位，在基于 BIM 的分包管理方面，既要考虑到图样深化的精准度，又要考虑到各个专业之间的工序搭接。可将各专业的深化结果直接反映到 BIM 模型当中，搭建全专业 BIM 模型，并由总包单位组织各专业汇总各自模型中发现的图样问题，形成图样问题报告，统一由设计院进行解答，完善施工模型。通过全专业施工模型可以直观明确地反映出深化结果，并能展示出各工序间的搭接节点，从而整体考虑施工过程中的各种问题。该工程的协同工作流程示意图如图 4. 4-11 所示。

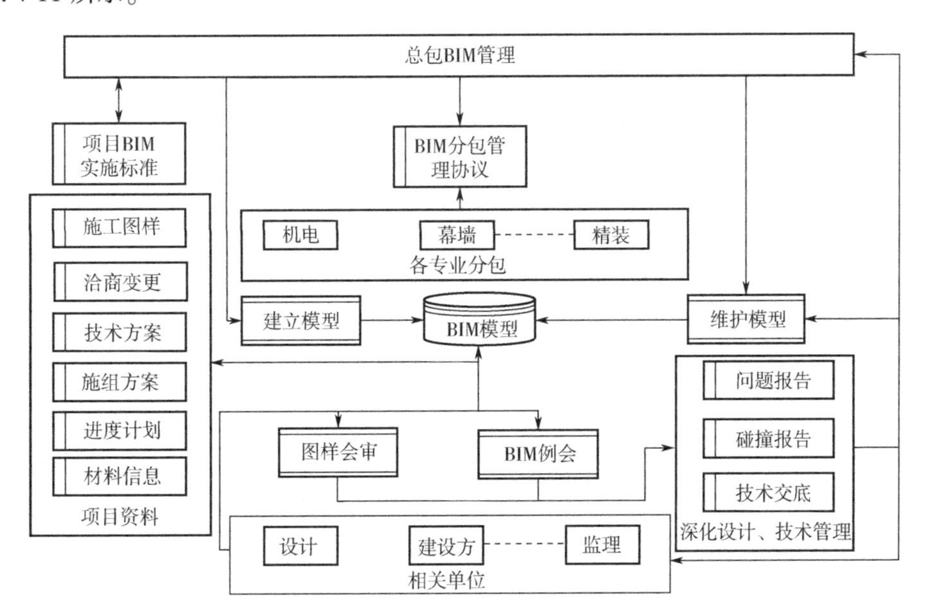

图 4. 4-11 协同工作流程示意图

5. BIM 竣工模型交付协同平台

工程竣工阶段需要统计结构、安装、工艺设备、财务、计划、安全、工业卫生、环保设施、消防设施等各方资料。传统的纸质档案在反复利用过程中容易磨损、原件遗失风险大，已不能满足用户需要。本工程在施工过程中使用同一个 BIM 模型积累信息，在施工过程中所做的方案调整均同步到 BIM 模型数据库中，在施工过程中业主在网页三维模型中进行漫游并查看相关数据，深入跟踪项目进展情况。而建设完成后形成的 BIM 竣工模型则提供高效直观的工程资料查看方式，实现相关资料的快速检索和查询，可以直接移交给运维方作为工程管理与维护的数据库。

4.5 在某市医院项目中施工阶段的 BIM 应用

4.5.1 导读

BIM 作为一种管理理念，最早提出于 19 世纪 70 年代，目前在欧美等发达国家的建筑业已得到较好的推广与应用。BIM 技术相比于二维 CAD 施工技术方法具有很多优势，将其应用到施工项目中 不仅符合政策的导向，也是发展的必然趋势。基于 BIM 的建造方式是创建信息、管理信息、共享信息的数字化方式，它的应用可使整个工程项目的施工有效地实现建立资源计划、控制安全风险、降低污染和提高施工效率。本案例就某大型公共建筑展开，结合高层建筑的特点，具体阐述 BIM 技术在项目施工质量中的应用。

本项目位于某市滨海新区规划的医疗卫生设施建设用地范围内。总用地面积约为 9 万 m^2，总建筑面积约为 10 万 m^2。建筑主体地上 8 层，裙房 3 层，地下 1 层，地上建筑主体高度约为 35m。本项目为医院项目，规划总病床数为 1200 床，其中一期项目设计病床数为 600 床。

项目建成后，将形成“以临床为主体，科研与人才培养为两翼”的“一体两翼”的发展格局，成为集医、教、研、防为一体的国内领先、国际一流的诊治、防治中心。

4.5.2 BIM 实施方案

1. 项目难点

1）建筑外檐复杂：结构挑檐多且造型复杂。

2）管线复杂：机电系统多，管线复杂，净空要求高。

3）多单位交叉平行施工，组织协调工作量大：多单位同时施工，且存在大量的空间交叉作业。

4）平面管理难度大，质量要求高：施工管理与现场平面协调难度大，对总承包单位综合协调配合能力和统筹管理水平提出挑战性要求；工程质量目标要求高。

5）专业化程度高，技术要求高：超大面积混凝土结构的裂缝控制要求高，大体积混凝土裂缝控制要求高。

6）协同问题多：本项目属医院项目，专业要求高，总包单位不仅服务于建设单位，还需与院方紧密配合。

2. 实施方案制订

1）项目 BIM 工作开展之前已经制订了本项目 BIM 技术应用实施方案，方案里明确要求项目各单位各专业 BIM 模型的命名、颜色、材质、拆分、信息的统一。

2）对项目负责人、专业负责人、各专业应用人员以及驻场人员的岗位职责进行明确划分，坚持“谁施工，谁建模”和“谁建模、谁负责”的原则，将 BIM 模型管理应用工作与项目施工合同、项目施工人员关联，保证建设过程模型与实体建筑的一致性。

3）明确本项目的 BIM 技术应用点，并依次对每个应用点进行分析，对该应用点的服务目标、实施目标、实施流程、输入资料、输出成果、提资、协调和审核的流程进行了规定，做到 BIM 工作开展的规范化。

4）根据施工进度计划编制 BIM 工作进度计划，同时确保工作计划的合理性，相关部位施工前 BIM 工作全部完成。

5）制订质量保证体系和保障性措施。该方案中明确了 BIM 模型的检查要点、检查内容以及 BIM 成果内部审核制度，保证 BIM 工作的准确度。

4.5.3 软硬件环境

1. 硬件环境

在硬件配备上，根据使用经验，以“不是最贵、但是最好用”作为原则，一直在不断地更新和完善硬件设施。目前的 BIM 技术设备应用模式包含 5 种，如台式单机模式、笔记本移动便携模式、集中办公服务器模式、云桌面平台模式、手机等移动端便携模式。

项目 BIM 工程师人手一台符合 BIM 技术应用要求的台式单机，采用集中办公服务器模式，用笔记本电脑进行现场演示汇报。同时根据本项目展示需要，还将分别配备安卓、IOS 系统的移动平板设备，用于模型漫游和三维可视化展示，同时配备 VR 设备一套（HTC VIVE VR）用于 VR 成果文件虚拟展示。

不同大小模型文件对图形工作站的性能要求有很大的不同，为此对模型大小、规模进行分类，规定了不同类型的容量和计算性能和其他方面的要求。模型规模与工作站配置归类见表 4. 5-1。

表 4. 5-1 模型规模与工作站配置归类

项目模型规模	模型文件大小	工作站推荐配置				
		内存容量	CPU	硬盘	显卡	显示方案
小规模项目模型	<64MB	4GB	双核 2. 5GHz	7. 2k SATA	GTX470	单显
中等规模项目模型	64 ~ 384MB	8 ~ 16GB	四核 Xeon3. 3GHz	10k SATA	GTX560	支持多屏
大型规模项目模型	384 ~ 768MB	16 ~ 32GB	8 核 Xeon 2. 53GHz	15k SAS	GTX580 Q4000	支持多屏
特大型规模 项目模型	768MB ~ 2GB	32 ~ 64GB	12 核 Xeon 2. 66GHz	8 × 300G + RAID	GTX590 Q6000	支持多屏

移动工作站推荐使用上表第三档配置或类似配置。其他硬件配置参见表 4. 5-2。

表 4. 5-2 其他硬件配置

配置项目	制造商	CPU	内存	显卡	硬盘
网络服务器	XASUN	Xeon-E31230 3. 2GHz	4G	—	3T SAT
台式工作站	DELL	Xeon-E5620 2. 4GHz	32G	NVIDIA – Quadro 4000	240G SSD +1T SAT

（续）

配置项目	制造商	CPU	内存	显卡	硬盘
便携式工作站	MSI	I7－3630 2.4GHz	8G	GTX675M	750G SAT
普通建模配置	Lenovo	I7－2600 3.4GHz	16G	GTX660	1T SAT

2. 软件环境

在软件配备上，软件已升级至最新产品，且均为正版软件，确保先进性并规避法律风险。本项目 BIM 咨询服务，根据需要采用的软件见表 4.5-3。

表 4.5-3　项目采用的软件

软件名称及版本	用途
Autodesk CAD 2016	用于基础设计图纸的查看、编辑
Autodesk Revit 2016	用于模型的建立、修改、关联，平台信息的链接，碰撞检查和分析，建筑族库的建立以及与其他专业的协同作业
Magic CAD 2014	用于机电专业模型的建立、碰撞检测以及管线综合
AutodeskNavisworks Manage 2016	主要用于辅助进度信息的录入和调整、4D 施工模拟和工序流程分析
Autodesk 3ds Max 2014	用于辅助 Revit 和 Navisworks 制作施工流程动画
Lumion 8	用于辅助 Revit 和 Navisworks 制作施工场地布置模拟动画
Fuzor 2016	主要用于提供实时的虚拟现实场景，并提供 VR 相关体验
Mars	用于辅助其他后期软件制作项目展示视频
广联达 BIM 5D	整合项目信息，辅助项目管理

4.5.4　BIM 技术应用

1. 主体结构施工阶段

在主体结构施工阶段，基于已搭建的全专业 BIM 模型、施工进度计划等辅助进行项目管理及技术指导工作。

1）根据各专业模型的搭建以及全专业模型的整合，在施工前解决掉图纸相关问题，保证施工不返工。

2）同时根据施工进度计划，基于 BIM 模型进行 4D 施工模拟，确保施工进度计划的准确度和合理性，各工序间无因为交叉影响造成的窝工情况。4D 施工模拟如图 4.5-1 所示。

图 4.5-1　4D 施工模拟

3）对相应部位的工程量进行统计，辅助现场进行材料备料、劳动力安排等，并做“三算对比”。

4）核查结构图纸中机电预留预埋信息的准确性，做好预留预埋准备工作。

2. 二次结构砌筑阶段

二次结构砌筑阶段，根据相关图纸要求并结合实际施工技术措施，在BIM模型中进行二次结构排布，同时与机电管线结合，进行孔洞的预留工作，提前进行工作布置，减少或杜绝现场施工时二次拆改。

BIM工作人员与项目总工、技术负责人等进行二次结构排砖原则的明确，包括构造柱、圈梁、包框柱、水平系梁、过梁等的布置以及选用砌块的规格、尺寸、底部返台的做法等。

BIM工作人员根据出具的二次结构排布原则，对项目二次结构进行精准化排布，结合现场二次结构墙的实际长度、高度，利用BIM软件进行排砖工作，在保证墙体美观的前提下，尽量提高材料的利用率，节省材料。同时对二次结构排布工作的材料需求进行统计，生成二次结构排布示意图及材料统计表指导现场施工。利用BIM软件进行排砖工作如图4.5-2所示。

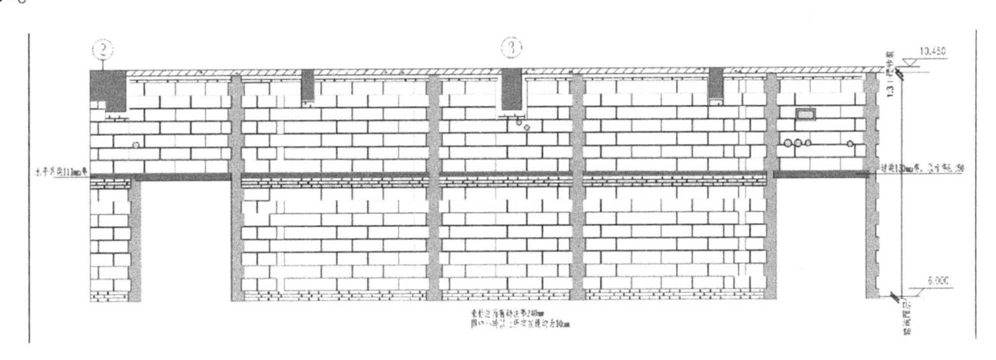

图4.5-2 利用BIM软件进行排砖工作

3. 机电安装阶段

在机电安装阶段，主要进行管线综合工作，综合考虑机电管线安装支吊架（走道等重点部位为抗震支吊架）、施工检修操作空间、机电管线与二次结构构造柱及防火卷帘门等的相对位置情况、精装修天花灯等各种因素影响。

机电综合管线设计可分为两步实施：第一步，针对空间净高进行控制，配合项目土建专业进行预留预埋工作，对机电主管线与一次结构相关内容进行深化设计；第二步，针对精装修的具体要求，进行机电末端的深化设计工作。

1）医疗街管线综合。本工程医疗街位于地下一层，机电系统繁多，管线复杂，净空要求高。机电系统错综复杂，包括给水排水、暖通、通风空调、电气、智能化、消防、医用气体、气动物流传输等多个专业，并有几十个独立运行的机电系统。但实际提供机电管线安装的空间较小，而精装净空要求高，机电管线排布困难，且管线排布时还需考虑综合吊架、医疗专业分包交叉工作等各种因素。

管线综合过程中通过模型深化协调，调整不同区域净空，并在此基础上进行三维模型审查，剖面间距核实等手段，局部区域与设计沟通后调整管线路由，对机电管线进行调整以将管线调整到最佳，提升管线净空标高。同时对调整完成的机电管线进行多角度查看，确保管线排布的美观效果、支吊架的安装空间与效果、防火卷帘门安装空间、风口无遮挡等，在保证系统功能性和美观的前提下，达到模型效果最优。

将调整完成的机电管线交由项目管理人员，由项目管理人员对模型进行二次审核，在模型无误后，用于施工交底，同时严格要求现场工人按模型施工，杜绝因某专业不按模型施工而造成的后期各专业管线的二次调整。对机电管线模型进行二次审核如图 4. 5-3 所示。

图 4. 5-3　对机电管线模型进行二次审核

2）井道管线综合。本工程多数管井空间狭小，在井道的模型深化过程中，综合考虑检修空间、管道间距、立管的不同形式综合支架、落地支架的安装空间、配电箱的安装高度等因素，对管道位置进行优化，深化设计完成后出具相应图纸，用于指导现场施工，以确保现场施工精度。井道管线综合如图 4. 5-4 所示。

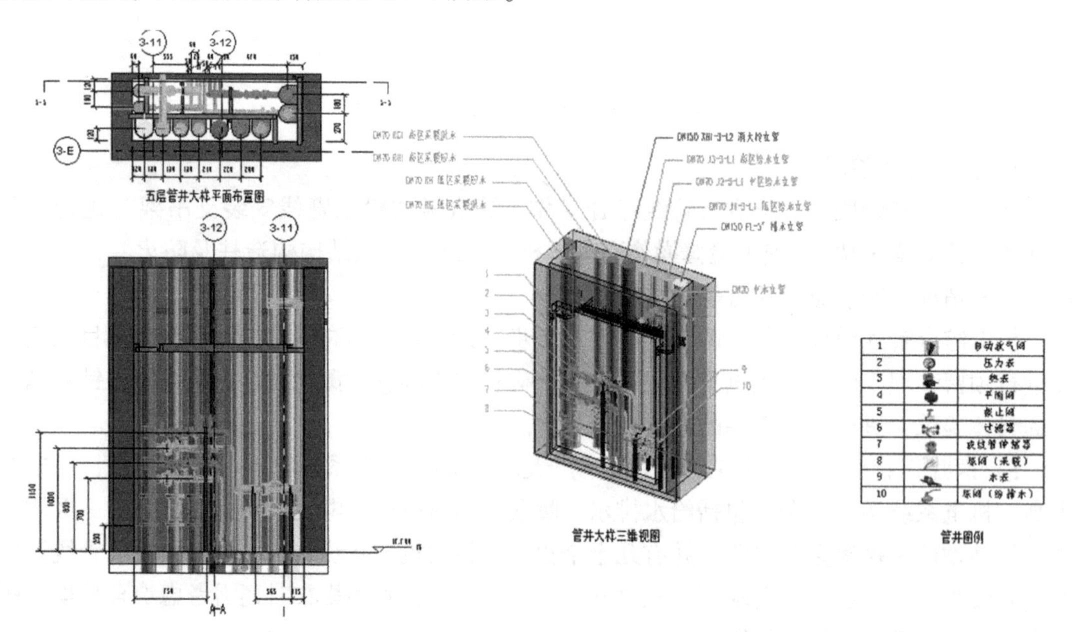

图 4. 5-4　井道管线综合

3）走道管线综合。本项目走道设计要求设置抗震支吊架，根据抗震支吊架示意图及项目实际剖面布置情况，通过在 BIM 模型中排布发现，抗震支吊架的斜撑在多数区域将延伸到房间内部，部分走道不具有实施性。走道管线综合如图 4.5-5 所示。

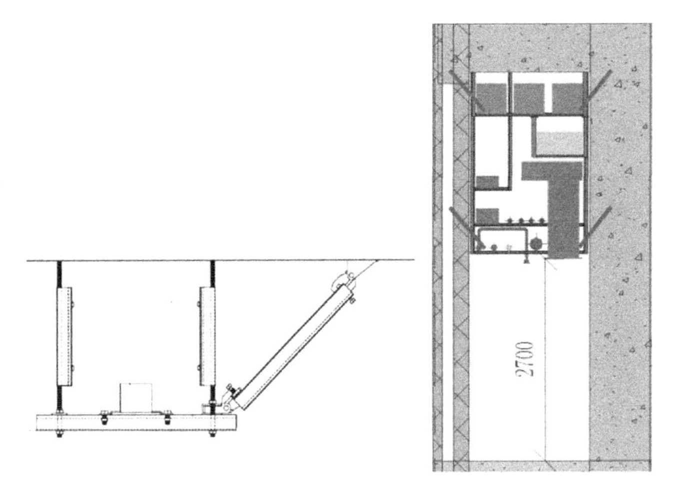

图 4.5-5　走道管线综合

在 BIM 模型中标注出没有空间安装抗震支吊架的位置、需要更改空间位置的管线，并与支吊架厂商和设计沟通解决。在外檐幕墙施工阶段，根据幕墙深化设计图纸，继续对 BIM 模型进行补充优化，将深化设计图纸模型信息进行完整表达，并与项目管理人员配合，出具相应模型、图片、视频等辅助进行施工技术交底及现场管理工作。BIM 模型补充优化如图 4.5-6 所示。

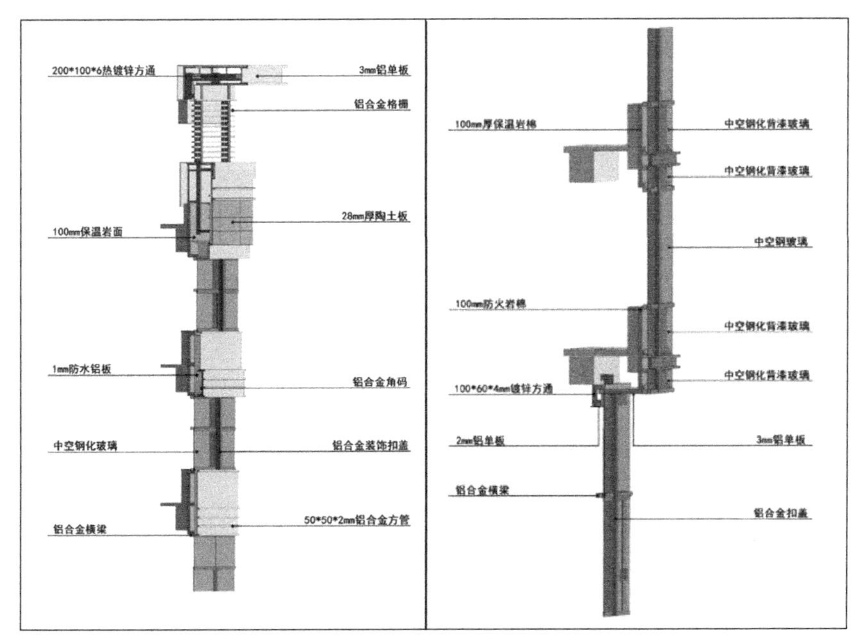

图 4.5-6　BIM 模型补充优化

4.5.5　BIM 辅助项目管理

各专业模型搭建完成以后，将各专业模型、合同文件、签证变更、过程资料、施工方案等汇总在 BIM5D 项目管理平台上，实现数据互通共享。BIM5D 项目管理平台如图 4.5-7 所示。

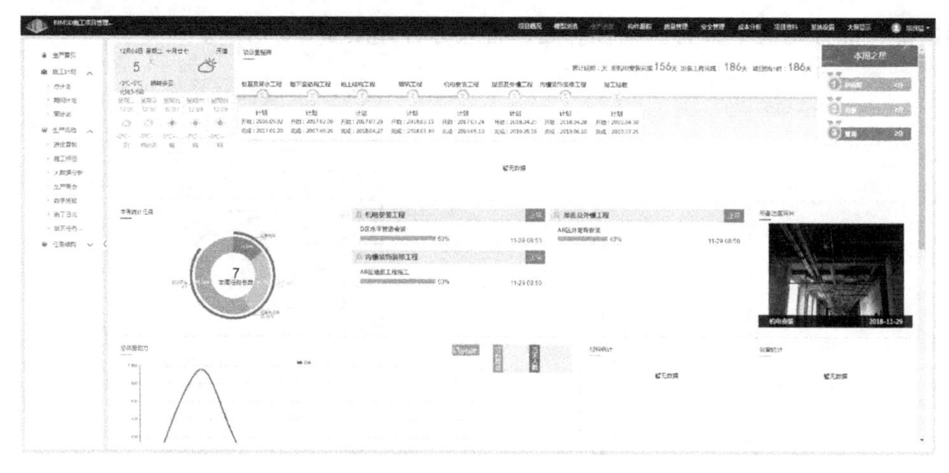

图 4.5-7 BIM5D 项目管理平台

通过 BIM5D 项目管理平台的网页端、PC 端和移动端，辅助项目的现场质量管理。将巡检发现的质量安全问题拍照上传云平台，并落实相关责任人和整改时间，基于云平台实现数据同步，并以各种表现形式在模型中展现现场实际情况，辅助各管理人员对问题进行直观管理。同时统计问题生成报表，实现对现场问题的动态监控，提高了质量安全。移动端显示如图 4.5-8 所示。

图 4.5-8 移动端显示

为了提高进度管理水平，编制网络进度计划，由总控计划生成月进度计划和周进度计划，并依据每日录入的劳动力、材料、设备、任务等信息分析施工进度出现偏差的原因，合理确定各专业的穿插安排，科学、合理地组织流水施工。

4.5.6 项目应用总结

本项目 BIM 应用主要为施工阶段应用，BIM 应用点相对比较集中，主要涉及以下三方面：

（1）优化施工方案　相关部位施工开始前，通过BIM对施工方案进行验证、优化，辅助现场施工，提升工作效率，优化项目工期。

（2）精细化管理　BIM技术在该医院项目上的应用，工程项目各管理者可以快速、准确地获取工程管理所需的各种基础数据，对管理者的决策给予巨大帮助；BIM技术的虚拟三维模型和5D关联数据库为项目工程进度保证、工程成本控制、工程难点提前反映等提供了帮助；项目各管理者的协同、共享、合作效率进一步提高。建设单位、施工单位管理人员利用BIM技术、5D平台的结合全面掌握工程项目的所有信息，可以及时、准确地下达指令，减少了沟通的成本，实现项目精细化管理。

（3）BIM5D协同平台的应用　BIM5D平台的使用，大大地提升了现场的管控能力，严格把控施工质量、安全以及进度，有效控制资源浪费，同时，协同平台的搭建也提高了参建各单位的信息共享。

4.6　某图书档案馆项目中施工安全的BIM应用

4.6.1　导读

BIM技术相比于二维CAD技术在施工管理方法具有很多优势，其与项目管理的结合不仅符合政策的导向，也是发展的必然趋势。本案例结合预应力空间结构的特点，将BIM技术运用到项目施工管理中，分别介绍了BIM技术在体育中心施工场地布置、施工深化设计、施工安全控制、施工动态模拟、安装质量管控和施工进度控制中的应用，可为BIM技术在同类结构施工管理中的应用提供参考依据。

本项目位于某市区内，建筑面积约为7万m^2，地上5层，建筑高度为35m；主结构为全现浇钢筋混凝土框架剪力墙结构，局部为大跨度（跨度31~39m）钢框架结构；高大架体模板支撑8处，最大高度为22m，最大跨度为24m；机电工程包括4大项、45小项。本项目效果图如图4.6-1所示。

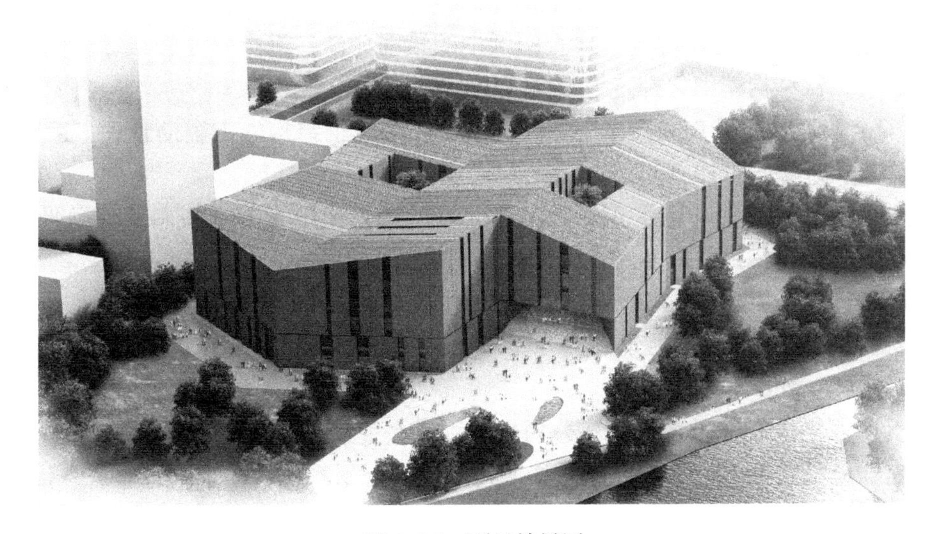

图4.6-1　项目效果图

4.6.2 BIM 应用概况

1. BIM 技术应用目标

(1) 模型搭建　图纸问题检查、机电碰撞检查、钢结构节点深化、标准化构件库建立等。

(2) 施工辅助　BIM 5D 管理平台应用、二维码技术应用、手机移动端应用、高支模施工辅助等。

(3) 材料精细化管理　材料精准数据、科学备料计划、二次结构精细化排砖、限额领料等。

(4) 施工模拟　文明施工场地布置模拟、基础阶段施工模拟、主体阶段施工模拟、主要施工节点模拟等。

2. BIM 技术应用重点（按施工阶段）

(1) 投标阶段　突出施工方案的重点；进行施工模拟；进行工程技术重难点分析；对典型机房布置、走道进行管线布置；投标模型工作标准兼顾施工模型需求。

(2) 施工准备阶段　搭建全专业模型；进行详细的施工作业模拟；进行工程技术重难点分析；突出施工方案的重点；进行全面管线综合和设计成果施工可行性校审；配合施工准备，拆分模型并统计工程量。

(3) 施工深化阶段　配合施工进度，分阶段进行；2D 与 3D 相结合，不完全依赖 3D，以实用高效为主；根据施工需要进行钢结构、高支模等施工深化设计和表达；对净化室、幕墙等建设方组织的专业深化设计成果及时汇总分析。

(4) 信息化施工管理　部署 5D 平台，基于 BIM 技术的信息化施工总承包管理；基于 BIM 技术进行 3D 施工交底；建立工作协同机制，及时分享建造信息；根据施工需要进行专项应用。

(5) 验收交付阶段　分阶段验收汇总，BIM 资料及相关信息移交。

3. BIM 技术应用重点（按管理内容）

(1) 成本管理　利用搭建完成的全专业 BIM 模型，进行工程量分析。施工过程中执行限额领料制度，杜绝浪费。

(2) 质量管理　运用 BIM 技术检查图纸中的错漏碰缺，进行专业管线综合优化、钢结构深化设计、二次结构精细化排砖等，提高施工质量。

(3) 安全管理　运用 BIM 技术进行高支模与大跨度钢结构施工辅助管理；运用 BIM5D 平台手机端进行现场安全检查。

(4) 进度和资料管理　运用 BIM 技术进行 4D 施工模拟，将施工资料及现场照片、影像资料上传至管理平台，供各方参考及时了解现场情况。

4. 硬件配置情况

硬件配置情况如图 4.6-2 所示。

5. 软件使用情况

公司为全面推进 BIM 技术应用，公司战略引进企业级 BIM 系统平台。借助平台的多软件兼容优势，陆续将 Revit、Navisworks 等工具软件部署到系统，实现资源整合、优化管理、平台共享。

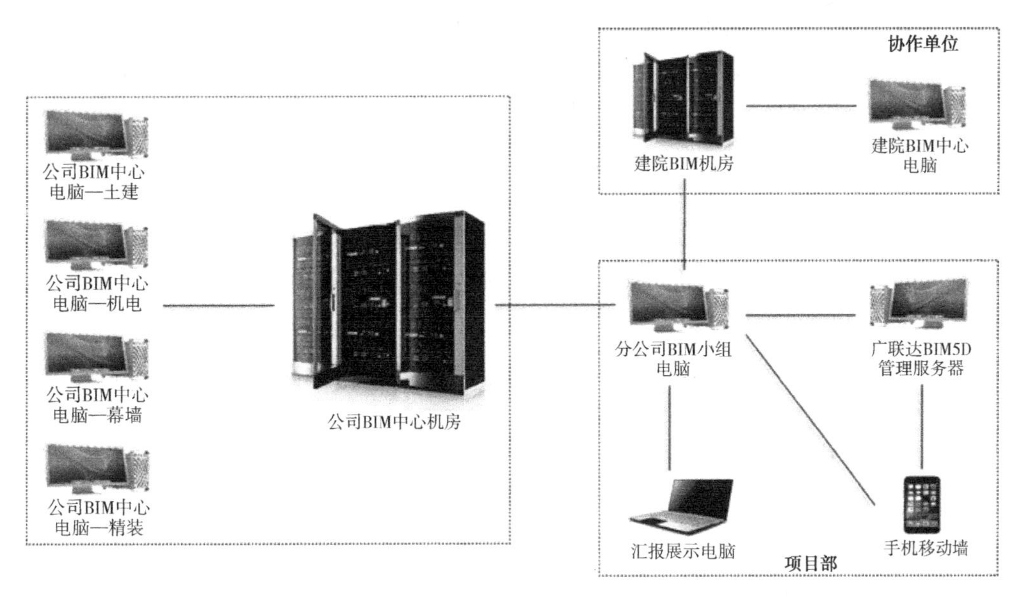

图 4.6-2 硬件配置

6. BIM 技术培训情况

实践中不断培养、锤炼和挖掘人才，通过多轮次、多层次、多方式的培训，培养出 50 名能建模、会用模、能指导项目应用策划的 BIM 人才，逐步完善公司级及项目级 BIM 团队建设。

4.6.3 组织架构及岗位职责

1. 组织架构

本项目实施前，非常重视 BIM 技术的研发和应用，已在多个项目积累了 BIM 技术应用经验。

本项目属于综合性公建项目，建设标准高。建设方对于 BIM 技术要求高、具体，是国内为数不多的建设方发起明确要求的 BIM 技术应用项目。同时本项目参与单位众多，涉及幕墙、精装修、钢结构、机电等多个专项工程技术的 BIM 技术应用，因此，要求该项目 BIM 平台必须是一个开放的技术共享平台。

鉴于项目特点，本项目 BIM 技术应用团队总体由三部分组成：项目部 BIM 技术应用团队、专业分包 BIM 技术应用团队、BIM 合作团队。

三个 BIM 技术应用团队分别从事以下工作：

（1）BIM 合作团队　协助项目部 BIM 技术应用团队和总承包管理部门进行 BIM 技术需求调研，共同编制 BIM 技术应用方案和实施细则，提供 BIM 技术应用技术支持。集中提供场外作业，根据施工图搭建三维模型、碰撞检查，与总承包技术部门一同完成施工图深化、管线综合等技术应用工作。协助项目部 BIM 技术应用团队搭建基于 BIM 技术的 5D 信息化管理平台，配合项目部驻场 BIM 技术人员，完成施工过程中的可视化交底、5D 信息管理平台维护、竣工资料与 BIM 成果移交等技术工作。协助项目部 BIM 技术应用团队对各专业分包进行 BIM 专项技术应用管理。协助项目部 BIM 技术应用团队进行本项目行业奖项申报。

（2）专业分包 BIM 技术应用团队　负责本专业分包承包范围的专项 BIM 技术应用工作。服从建设方招标文件中规定的专项 BIM 技术应用要求。服从 BIM 技术应用团队 BIM 技术统一管理规定和要求。及时按建设方和施工方要求提交 BIM 技术应用成果和竣工模型、BIM 成果。

（3）项目部 BIM 技术应用团队。统筹本项目 BIM 技术应用，实现建设方、项目 BIM 技术应用需求；对接企业内部管理；对接现场施工总承包管理。常驻现场，在 BIM 模型应用和信息化平台维护中发挥主要、积极作用。

2. 岗位职责

（1）BIM 合作团队

1）项目总负责人：全面负责本团队 BIM 技术服务工作；制订 BIM 实施方案并监督、组织、跟踪；负责资源调配和组织，确保 BIM 技术应用按时、按质、按量完成；负责对外沟通协调。

2）各专业负责人：负责组织本专业 BIM 建模和技术应用；参与制订本专业 BIM 技术应用标准、工作流程。

负责本专业与其他专业间的沟通协调；负责本专业 BIM 技术应用成果审核与提交。

3）各专业应用人员：参与讨论本专业 BIM 技术应用标准、工作流程；按规定标准和要求实施本专业 BIM 建模和技术应用；及时汇报并提交本专业 BIM 技术应用成果。

4）驻场代表：负责 BIM 技术应用的提交；负责沟通协调，及时向项目负责人反馈现场需求；协助指导施工方 BIM 人员使用 BIM 模型成果。

（2）专业分包 BIM 技术应用团队

专业分包 BIM 技术应用经理：负责组织本专项 BIM 建模和技术应用；参与制订本专项 BIM 技术应用标准、工作流程；负责本专项与其他专项间的沟通协调；负责本专项 BIM 技术应用成果审核与提交。

（3）项目 BIM 技术应用团队

1）公司 BIM 中心。统筹各公司各项目部 BIM 技术应用。指导、审查各分公司、项目部编制 BIM 技术应用方案、标准和流程。为具体的项目 BIM 应用提供人员、技术支持。组织各项目部 BIM 技术交流，促进同步提高和发展。组织对外交流，不断提高本公司 BIM 技术应用水平。组织奖项申报。

2）分公司 BIM 科技团队。统筹本公司各项目部 BIM 技术应用，及时向公司 BIM 中心反馈最新需求。指导、审查各项目部编制 BIM 技术应用方案、标准和流程，及时申报公司 BIM 中心审批。为具体的项目 BIM 应用配备人员、提供技术指导。组织各项目部 BIM 技术交流，促进同步提高和发展。协调 BIM 技术应用团队和公司其他管理部门合作、技术共享。审核 BIM 技术应用成果。

3）项目部 BIM 经理。负责组织本项目 BIM 技术应用。负责编制本项目 BIM 技术应用技术方案、实施细则，结合项目特点组织完善本项目 BIM 技术应用标准、工作流程。负责本项目部 BIM 技术与工程技术部门、生产管理部门、成本管理部门间的沟通协调。负责本项目部各专业分包 BIM 技术应用的统一管理。负责外部团队 BIM 技术应用的统一协调管理。负责审核本项目 BIM 技术应用成果。

4）BIM 组长。根据项目部 BIM 经理统一安排，组织实施具体 BIM 技术应用工作。参与制订本项目 BIM 技术应用标准、工作流程。负责与其他各专项 BIM 技术应用团队之间的沟通协调。负责本项目 BIM 技术应用成果审核与提交。

5）各专业 BIM 工程师。负责组织本专业 BIM 建模和技术应用。参与制订本专业 BIM 技术应用标准、工作流程。负责本专业与其他专业间的沟通协调。负责本专业 BIM 技术应用成果审核与提交。

（4）专业组

项目部BIM技术人员和工程管理人员共同组成四个专业组，配合进行总承包管理。

1）BIM深化设计组。深化设计组负责从业主和设计单位接收最新版设计图纸和变更；及时发放并组织BIM合作团队更新设计模型；及时发放并组织项目分包进行设计深化；督促分包及供应商在设计阶段模型的基础上建立各自施工阶段BIM模型，并进行各专业深化设计；整合各专业施工阶段模型，进行冲突和碰撞检测，优化分包设计方案；及时收集各分包及供应商提供的施工阶段BIM模型和数据，按时提交业主与设计单位；负责设计修改的及时确认与更新。

2）BIM进度管理组。进度管理组负责在施工阶段建筑、结构、机电BIM模型上，采用Revit、Navisworks、广联达5D软件按预测工程进度和实际工程进度进行4D进度模型的建立，实时协调施工各方面，优化工序安排和施工进度控制。

3）BIM协调管理组。协调管理组负责在BIM系统进行过程中的各方协调，包括业主方、设计方、监理方、分包方、供应方等多渠道和多方位的协调；建立网上文件管理协同平台，并进行日常维护和管理；定期进行协调操作培训与检查；软件版本升级与有效检查。

4）BIM预算组。确定预算BIM模型建立的标准，利用BIM模型对内、对外进行商务管控及内部成本控制，进行三算对比。

4.6.4 BIM应用策划

1. 项目难点及策划方案

首先根据工程重难点及甲方要求，建立从投标到施工准备、深化再到施工管理等高度集成的BIM管理体系。完成项目的BIM相关标准和专业应用，最大限度地提高项目预控水平，降低施工风险，提高施工进度，更科学地指导工程施工，有效地对工程管理目标进行控制，为工程的顺利实施提供有力的技术保障，并为后期BIM运维奠定基础。以全专业的BIM模型协同管理为核心，建立基BIM的总承包管理体系，实现BIM信息的规范、有序管理，提高工作效率和协作能力。利用BIM进行科学决策，提高施工总承包整体管控质量，为企业后续项目推广应用积累基础资料。项目BIM应用难点及策划方案如图4.6-3所示。

1）组织专业人员编写了施工总承包BIM技术应用方案，来具体指导项目相关人员在工期、质量、安全、成本等方面的BIM技术管理工作。

2）为提高各专业之间BIM应用协调工作的效率、提升各专业项目管理水平，项目组编制了各专业分包的BIM技术应用要求来指导各专业分包的BIM管理工作。

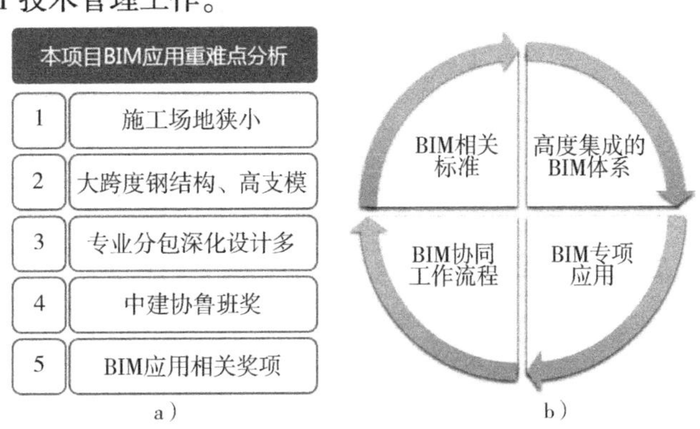

图4.6-3 项目BIM应用难点及策划方案

2. BIM工作实施计划

根据施工总进度计划编制阶段性BIM成果演示计划（BIM工作实施计划），同时部署BIM应用各阶段的工作内容及实施主体。BIM

工作实施计划举例如图 4.6-4 所示。

BIM工作实施	895 个工作日	2016年2月18日	2018年7月31日
文明施工方案BIM模拟	5 个工作日	2016年2月18日	2016年2月22日
正负零一下施工方案BIM模拟	10 个工作日	2016年2月23日	2016年3月3日
施工图BIM模型搭建与碰撞检测	27 个工作日	2016年2月18日	2016年3月15日
基于BIM技术的设计交底	1 个工作日	2016年3月18日	2016年3月18日
基于BIM技术的5D信息化平台搭建	19 个工作日	2016年3月28日	2016年4月15日
桩基工程竣工模型	7 个工作日	2016年4月8日	2016年4月14日
根据电梯基坑、井道要求调整电梯土建配合模型	6 个工作日	2016年4月5日	2016年4月10日
根据停车位厂家要求调整电梯土建配合模型	6 个工作日	2016年4月5日	2016年4月10日
地下室BIM机电管线综合	31 个工作日	2016年4月15日	2016年5月15日
钢结构深化设计成果BIM建模	46 个工作日	2016年3月1日	2016年4月15日
钢结构BIM模型提交并与总模型协同会审完善	13 个工作日	2016年4月17日	2016年4月29日
幕墙施工厂家埋件BIM模型提供	1 个工作日	2016年6月15日	2016年6月15日
幕墙施工厂家埋件BIM模型与总模型协同会审完善	5 个工作日	2016年6月16日	2016年6月20日
钢结构安装施工方案BIM模拟	15 个工作日	2016年9月16日	2016年9月30日
GRC幕墙、玻璃幕墙深化设计及BIM建模	90 个工作日	2016年8月14日	2016年11月11日
幕墙与总模型协同会审完善	20 个工作日	2016年11月12日	2016年12月1日
地上主体BIM机电管线初装修深度管综	30 个工作日	2016年5月16日	2016年6月14日
地上混凝土主体结构BIM机电管线预留孔洞	10 个工作日	2016年6月15日	2016年6月24日
根据精装修空间布局二次机电管综	60 个工作日	2016年6月16日	2016年8月14日
机电管线二次结构预留孔洞	18 个工作日	2016年8月15日	2016年9月1日
电梯厂家提供设备BIM模型	7 个工作日	2016年9月1日	2016年9月7日
机械停车位厂家提供BIM模型	15 个工作日	2016年9月1日	2016年9月15日
室外冷却塔厂家提供BIM模型	9 个工作日	2017年10月23日	2017年10月31日
室外地源热泵专业分包提供专项BIM模型	15 个工作日	2017年8月1日	2017年8月15日
安防弱电专业分包提供专项BIM模型	32 个工作日	2016年7月14日	2016年8月14日
设备泵厂家提供BIM模型	8 个工作日	2017年7月24日	2017年7月31日
整合室外配套管线BIM模型	29 个工作日	2018年2月15日	2018年3月15日
BIM竣工模型及成果	31 个工作日	2018年5月1日	2018年5月31日
BIM奖项申报	90 个工作日	2018年5月3日	2018年7月31日

a）

序号	BIM 项目名称	紧后工程项目	BIM 完成计划时间	实施人
1	桩基竣工模型	防水及保护层	2016 年 4 月 14 日	总承包
2	施工图总体模型	施工图会审	2016 年 3 月 15 日	总承包
3	主体建筑结构模型深化、错漏碰缺	基础承台、底板施工	2016 年 6 月 15 日	总承包
4	钢结构建模、模型深化、错漏碰缺	钢结构制作加工	2016 年 4 月 29 日	专业分包
5	协同	钢结构模型提交后一周内		总承包
6	机电管线模型深化、错漏碰缺	基础墙、柱	2016 年 6 月 14 日	总承包
7	协同	机电模型完成后一周内		总承包
8	外檐幕墙埋件建模、模型深化、错漏碰缺	首层结构	2016 年 6 月 20 日	专业分包
9	协同	幕墙模型提交后一周内		总承包

b）

10	设备设施（电梯、太阳能热水器等等）建模	土建结构施工前	及时	设备厂家
11	协同	模型提交后一周内		总承包
12	室外景观建模、模型深化	专业施工前	及时	专业分包
13	室外综合管网建模、模型深化	专业施工前	及时	专业分包
14	弱电分包建模、模型深化	首层结构	及时	专业分包
15	夜景照明建模、模	首层结构	及时	专业分包
16	导示、标示系统建模、模型深化	首层结构	及时	专业分包
17	厨房设备建模、模型深化	首层结构	及时	专业分包
18	燃气、电力等配套工程建模、模型深化	专业施工前	及时	专业分包
19	其他			

c）

图 4.6-4　BIM 工作实施计划举例

3. BIM 工作流程

根据本项目的结构特点、现场工况及 BIM 实施计划，制订了详细的 BIM 工作内容及 BIM 施工流程，指导项目 BIM 技术管理工作顺利实施。BIM 工作流程如图 4.6-5 所示。

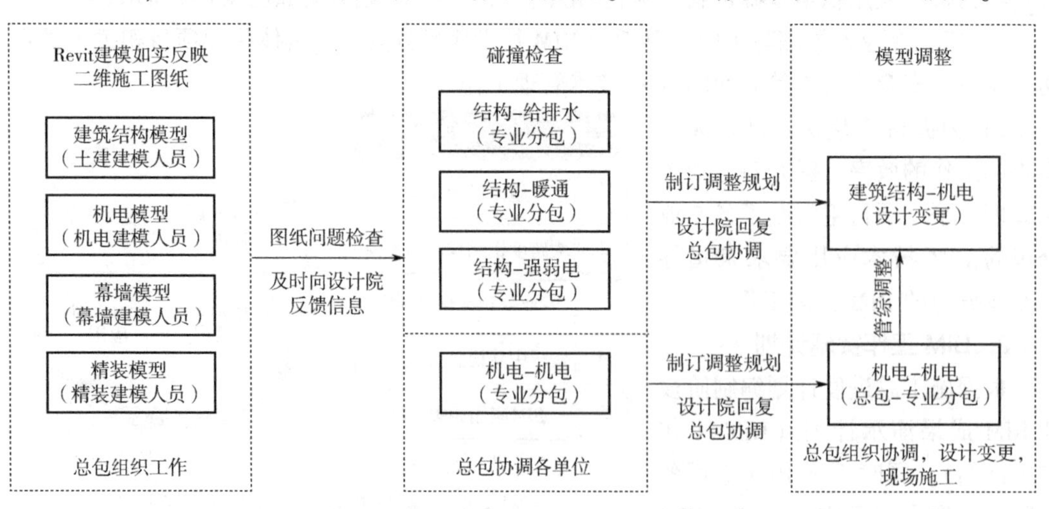

图 4.6-5　BIM 工作流程

4.6.5 BIM 技术应用

1. BIM 模型建立

项目 BIM 团队依据施工图纸建立了全专业 BIM 模型。模型建立过程中分层次、分阶段、分目的进行，充分利用 BIM 模型解决不同需求。利用各款软件的优势，为施工提供相应基础数据支持。本项目 BIM 模型如图 4.6-6 所示。

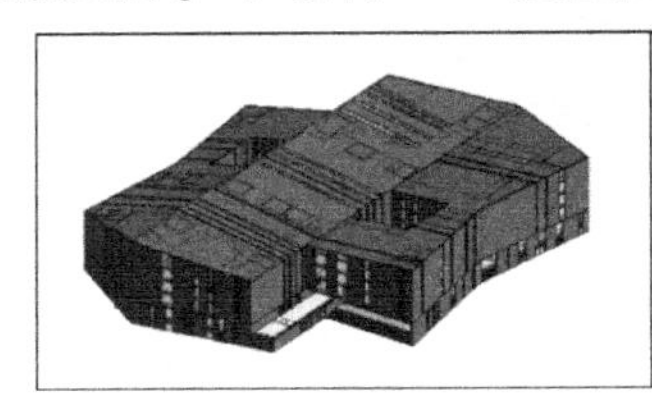
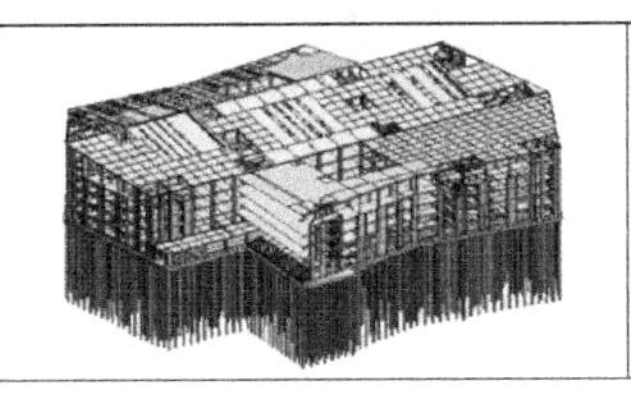
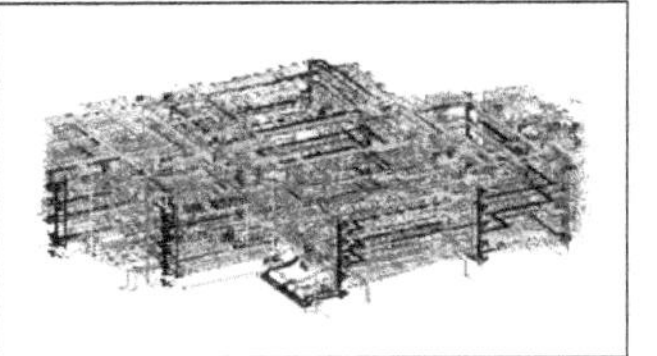

图 4.6-6 BIM 模型

2. 设计图纸优化

利用 BIM 模型可视化的特性，可以更直观、更全面地解决图纸问题，以及利用 BIM 技术的云检查对模型进行审核，有效避免施工过程中的返工，优化设计图纸，节约成本，减少工期。同时，及时向设计院反馈在建立 BIM 模型中发现的图纸问题，等设计出具具体回复。设计图纸优化如图 4.6-7 所示。

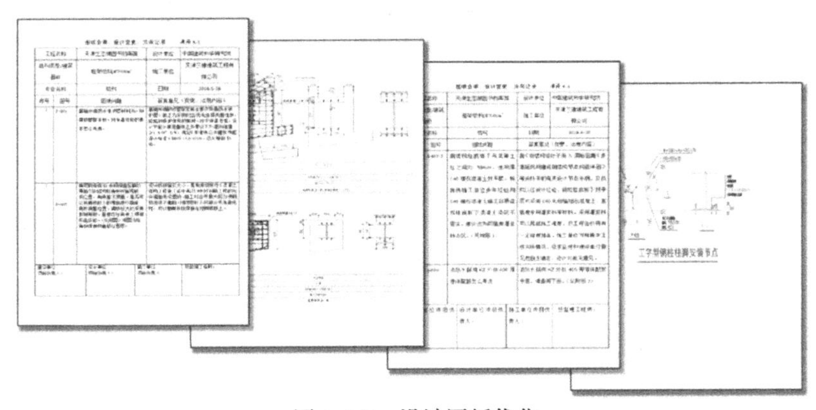

图 4.6-7 设计图纸优化

3. 碰撞检查

利用 BIM 技术三维立体可视化效果，施工前就可以把具体的碰撞点精确定位，避免了施工工期的延误及材料成本的增加。碰撞点精确定位如图 4.6-8 所示。

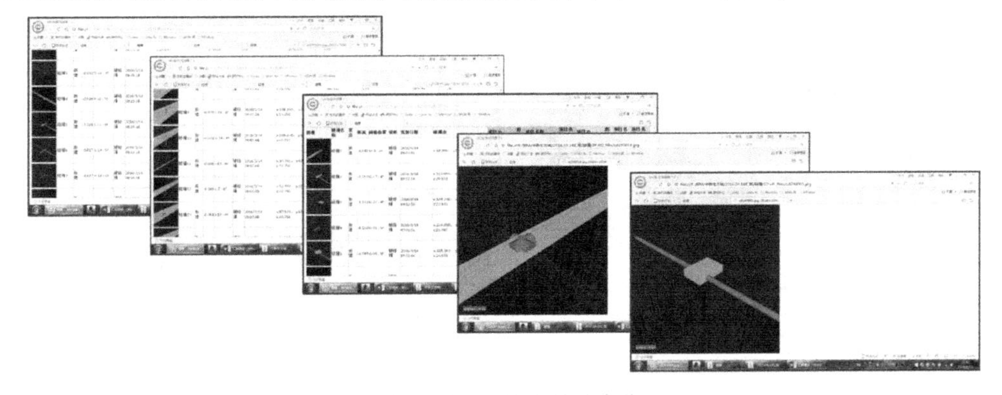

图 4.6-8 碰撞点精确定位

4. 标准化构件库的建立

根据绿色施工手册要求建立了本项目标准化构件库，同时上传至公司 BIM 应用管理平台。本项目标准化构件库如图 4. 6-9 所示。

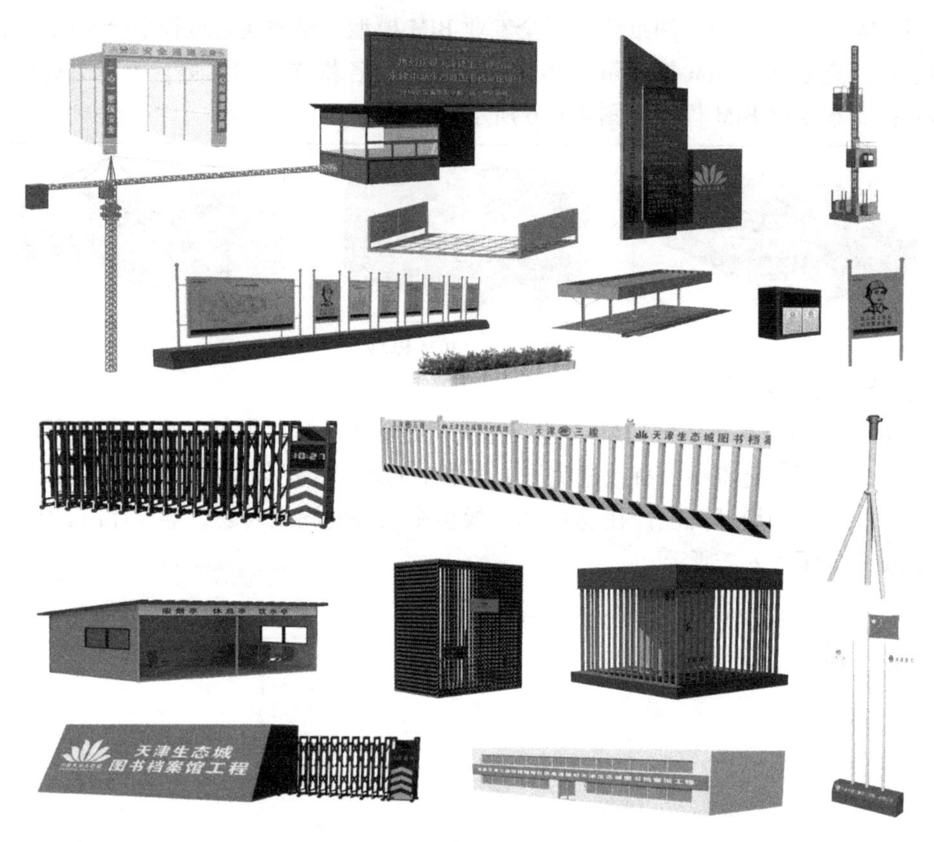

图 4. 6-9　本项目标准化构件库

5. 文明施工场地布置及模拟

正式施工前提前考察施工现场，提前策划文明施工方案。通过 BIM 可视化技术以及现场实际情况，对不同文明施工方案进行比选。根据文明施工 3D 模拟，指导现场文明施工。施工场地布置及模拟如图 4. 6-10 所示。

图 4. 6-10　施工场地布置及模拟

6. 成本精细化管理

利用搭建完成的 BIM 模型进行工程量统计，以便于施工过程中控制施工材料的采购，来降低材料损耗率。通过 BIM 提供快速、精准的数据，与现场各施工部位使用的材料进行对比，检查并分析材料损耗情况，实现项目精细化管理。工程量统计如图 4. 6-11 所示。

<结构框架明细表>

A	B	C	D	E	F
族与类型	类型	顶部高程	结构材质	长度	体积
混凝土-矩形梁	200	29400	混凝土 - 现场	541	0.02 m³
混凝土-矩形梁	200	27600	混凝土 - 现场	700	0.04 m³
混凝土-矩形梁	200	27600	混凝土 - 现场	799	0.05 m³
混凝土-矩形梁	200	27600	混凝土 - 现场	900	0.05 m³
混凝土-矩形梁	200	27600	混凝土 - 现场	1000	0.05 m³
混凝土-矩形梁	200	29400	混凝土 - 现场	1112	0.07 m³
混凝土-矩形梁	200	27600	混凝土 - 现场	1150	0.09 m³
混凝土-矩形梁	200	27600	混凝土 - 现场	1350	0.08 m³
混凝土-矩形梁	200	29200	混凝土 - 现场	1451	0.07 m³
混凝土-矩形梁	200	27600	混凝土 - 现场	1487	0.08 m³
混凝土-矩形梁	200	27600	混凝土 - 现场	1500	0.08 m³
混凝土-矩形梁	200	27600	混凝土 - 现场	1500	0.08 m³
混凝土-矩形梁	200	27600	混凝土 - 现场	1600	0.09 m³
混凝土-矩形梁	200	29200	混凝土 - 现场	1600	0.08 m³
混凝土-矩形梁	200	27600	混凝土 - 现场	1640	0.09 m³
混凝土-矩形梁	200	27600	混凝土 - 现场	1700	0.10 m³
混凝土-矩形梁	200	27600	混凝土 - 现场	2000	0.16 m³

<管道明细表>

A	B	C	D	E	F
族与类型	类型	尺寸	材质	长度	系统名称
管道类型: TADI	TADI-WATER-X	150 mm	TADI-WATER-XH钢	5763	TADI-PIPE-XH 2
管道类型: TADI	TADI-WATER-X	150 mm	TADI-WATER-XH钢	4768	TADI-PIPE-XH 2
管道类型: TADI	TADI-WATER-X	150 mm	TADI-WATER-XH钢	506	TADI-PIPE-XH 2
管道类型: TADI	TADI-WATER-X	100 mm	TADI-WATER-XH钢	728	TADI-PIPE-XH 2
管道类型: TADI	TADI-WATER-X	150 mm	TADI-WATER-XH钢	1820	TADI-PIPE-XH 2
管道类型: TADI	TADI-WATER-X	100 mm	TADI-WATER-XH钢	726	TADI-PIPE-XH 2
管道类型: TADI	TADI-WATER-X	100 mm	TADI-WATER-XH钢	5801	TADI-PIPE-XH 2
管道类型: TADI	TADI-WATER-X	100 mm	TADI-WATER-XH钢	10926	TADI-PIPE-XH 2
管道类型: TADI	TADI-WATER-X	150 mm	TADI-WATER-XH钢	8131	TADI-PIPE-XH 2
管道类型: TADI	TADI-WATER-X	100 mm	TADI-WATER-XH钢	643	TADI-PIPE-XH 2
管道类型: TADI	TADI-WATER-X	150 mm	TADI-WATER-XH钢	1066	TADI-PIPE-XH 2
管道类型: TADI	TADI-WATER-X	150 mm	TADI-WATER-XH钢	7651	TADI-PIPE-XH 2
管道类型: TADI	TADI-WATER-X	150 mm	TADI-WATER-XH钢	2133	TADI-PIPE-XH 2
管道类型: TADI	TADI-WATER-X	100 mm	TADI-WATER-XH钢	2161	TADI-PIPE-XH 2
管道类型: TADI	TADI-WATER-X	150 mm	TADI-WATER-XH钢	951	TADI-PIPE-XH 2
管道类型: TADI	TADI-WATER-X	100 mm	TADI-WATER-XH钢	1021	TADI-PIPE-XH 2
管道类型: TADI	TADI-WATER-X	100 mm	TADI-WATER-XH钢	2404	TADI-PIPE-XH 2

图 4. 6-11 工程量统计

7. 二次结构精细化排砖

运用 BIM 软件进行二次结构精细化排砖，同时导出 CAD 排砖图纸，使其各类构件标高、块数、位置一目了然。最后形成技术交底，严格把控分包队伍施工质量及材料用量。根据 BIM 模型，指导现场二次结构砌筑作业。CAD 排砖图纸如图 4. 6-12 所示，指导砌筑施工如图 4. 6-13 所示。

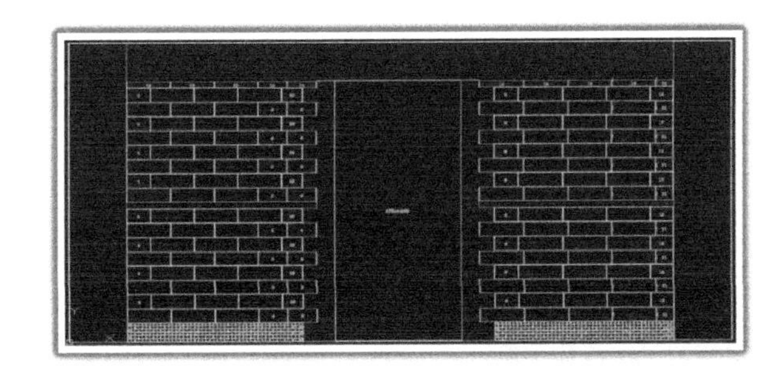

砌体需用表

标识	材质	规格	数量
	[illegible]	[illegible]	[illegible]
1	[illegible]	[illegible]	[illegible]
2	[illegible]	[illegible]	[illegible]
3	[illegible]	[illegible]	[illegible]
4	[illegible]	[illegible]	[illegible]
5	[illegible]	[illegible]	[illegible]
6	[illegible]	[illegible]	[illegible]
7	[illegible]	[illegible]	[illegible]
8	[illegible]	[illegible]	[illegible]
9	[illegible]	[illegible]	[illegible]
10	[illegible]	[illegible]	[illegible]
11	[illegible]	[illegible]	[illegible]
12	[illegible]	[illegible]	[illegible]
13	[illegible]	[illegible]	[illegible]
14	[illegible]	[illegible]	[illegible]
15	[illegible]	[illegible]	[illegible]

灰缝表

标识	宽度(mm)
1	[illegible]

图 4. 6-12 CAD 排砖图纸

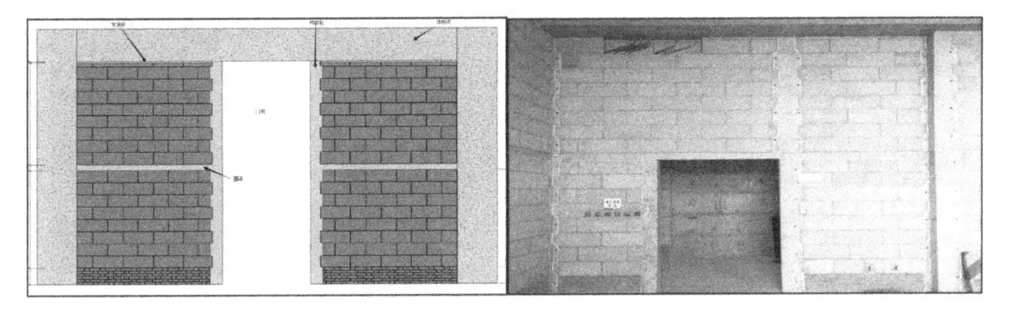

图 4. 6-13 指导砌筑施工

8. 钢结构深化设计

本工程钢结构部分属于超过一定规模、危险性较大的分部分项工程，安装方案需要进行专家论证。利用BIM软件快速建立钢结构BIM模型，进一步优化钢结构施工节点及安装方案，最终确保施工方案顺利通过专家论证。钢结构BIM模型如图4.6-14所示。

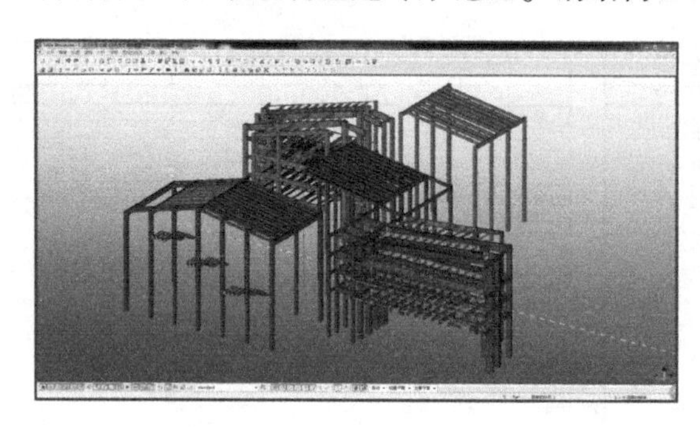
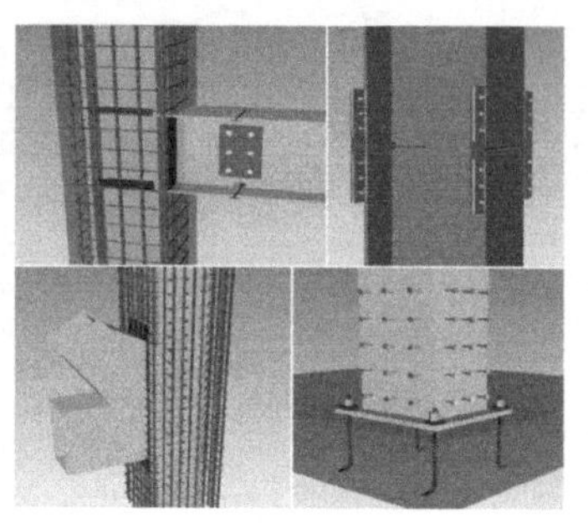

图4.6-14　钢结构BIM模型

经过与设计单位洽商，并最终根据BIM模型导出钢结构二次深化图纸，生成节点详图，与加工厂无缝对接。钢结构二次深化图纸如图4.6-15所示。

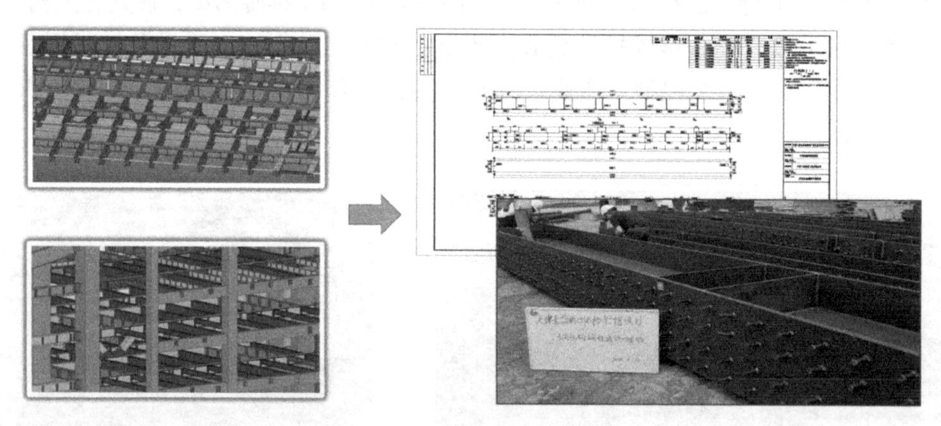

图4.6-15　钢结构二次深化图纸

9. 高支模施工辅助

本项目高支模共达8处，数量多且结构复杂。为保证高支模施工过程中的安全可靠，可以采用BIM技术来辅助现场施工。同时，在施工中将实际架体与BIM模型一一对应，确保架体搭设严格按照方案进行。高支模施工辅助如图4.6-16所示。

图4.6-16　高支模施工辅助

10. 机电管线综合布置

各专业的协调在二维设计模式下都是一个巨大的挑战，项目设计过程中，各专业的错漏碰缺现象在所难免，很多问题要到施工阶段对施工造成重大影响时才被发现，而此时各专业的调整余地已经很少，从而造成项目质量的下降。BIM 模型的管线综合及碰撞检测为此问题提供了全新的解决之道。

首先，利用 BIM 技术进行管线综合排布，找到碰撞点之后，与设计人员及时沟通避让原则，对 BIM 模型进行管线的优化。采用 BIM 模型进行管线优化如图 4.6-17 所示。

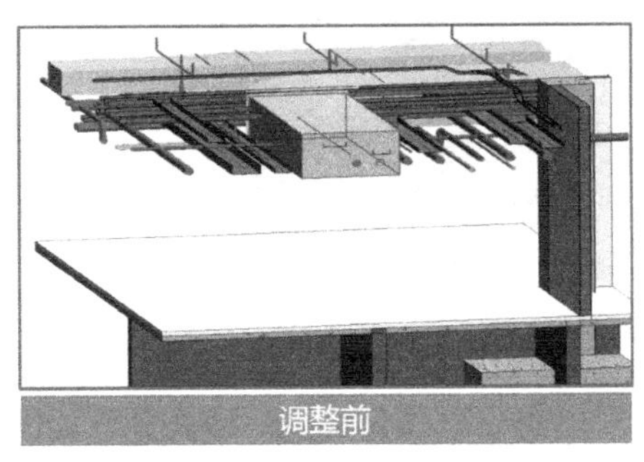

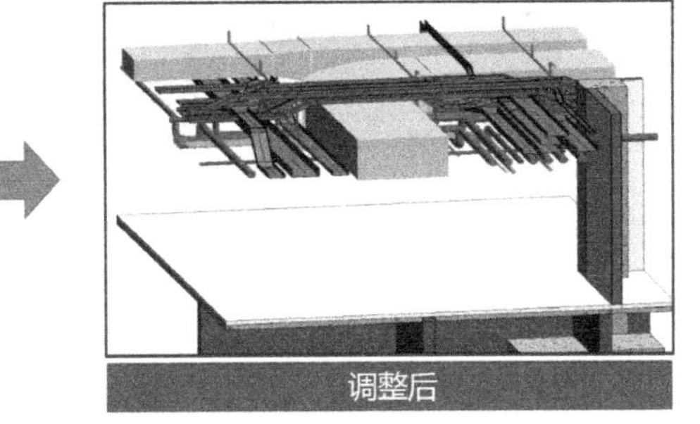

本项目车库及主要设备房位于首层，所以首层管线极其繁多复杂，在走道交接处更是管线综合调整的重点。

在与施工方配合出具的综合剖面基础上，采用二维图纸与三维模型相结合的形式，进行施工级管线综合。

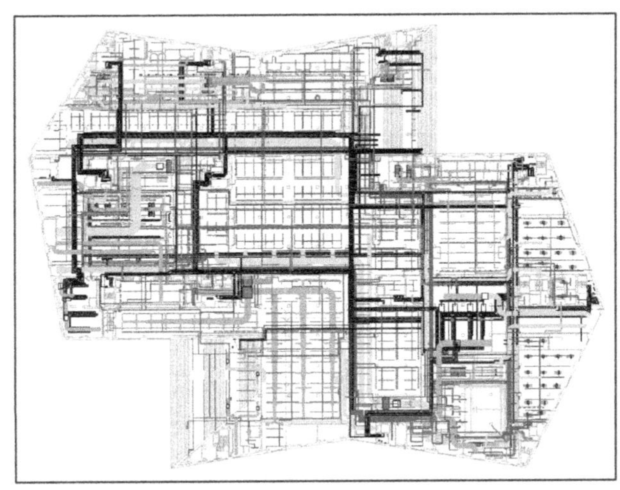

本项目车库及主要设备房位于首层，所以首层管线极其繁多复杂，在走道交接处更是管线综合调整的重点。

在与施工方配合出具的综合剖面基础上，采用二维图纸与三维模型相结合的形式，进行施工级管线综合。

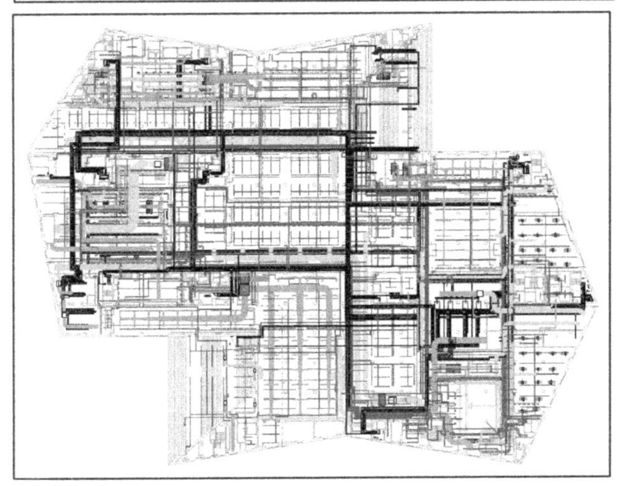

图 4.6-17　采用 BIM 模型进行管线优化

其次，利用BIM漫游技术，在机电工程正式施工之前，提前进入结构内部察看走廊、机房等的相对位置，进行可视化交底。同时导出对应的三维图及二维剖面图，避免施工班组理解错误，同时便于对施工班组进行管控和考核。BIM漫游可视化交底如图4.6-18所示。

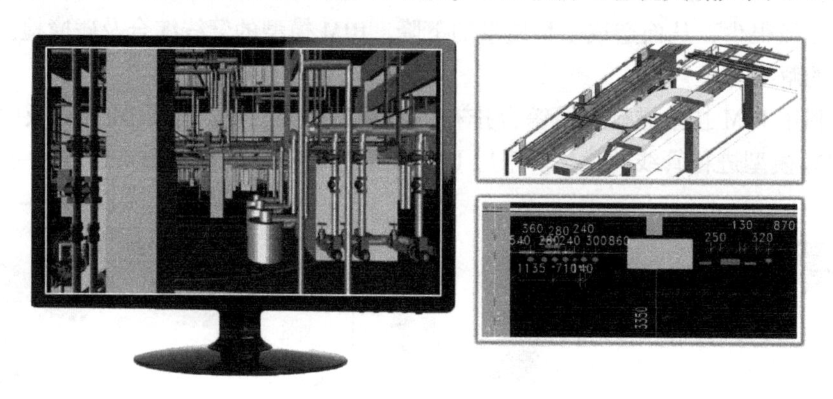

图4.6-18　BIM漫游可视化交底

最后，管线综合调整完成后，校核各区域净高，并完成净高分析图。净高分析如图4.6-19所示。

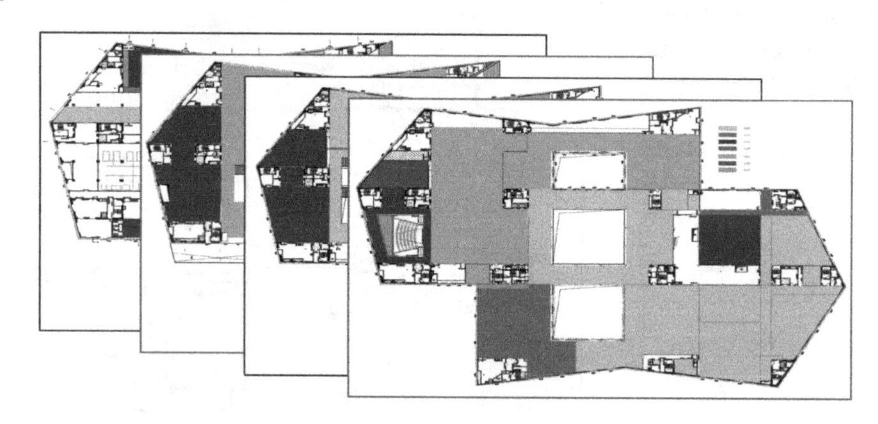

图4.6-19　净高分析

通过这种有效的工作方式，本项目迅速汇集了各工种的专业意见，同时与参建各方通过BIM专题会议及邮件等方式沟通管线综合的成果，吸取来自施工方的意见，圆满解决传统协同方式难以协调的问题，保证了项目的质量。

11. 幕墙工程深化设计

通过BIM模型搭建，优化连接件形式（由原连接改槽钢），减少连接件数量，节省了工程造价。幕墙工程连接件形式优化如图4.6-20所示。

通过BIM模型搭建，在满足外观效果的基础上，实现节点构造优化。幕墙节点优化如图4.6-21所示。

12. 屋面工程细部做法

基于设计图纸和BIM模型，与项目管理人员配合，制作屋面营造做法节点详图，包含营造做法炸开图、完成效果以及所处位置，配合进行施工技术交底，更加直观明了。屋面营造做法节点详图如图4.6-22所示。

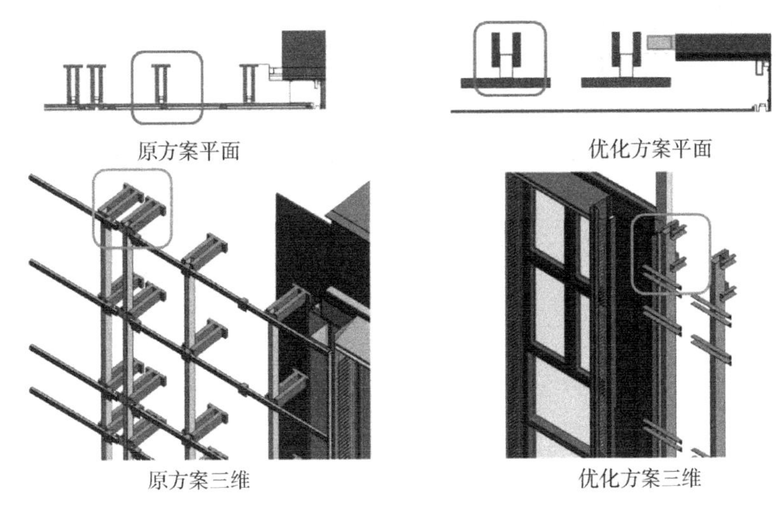

图 4. 6-20　幕墙工程连接件形式优化

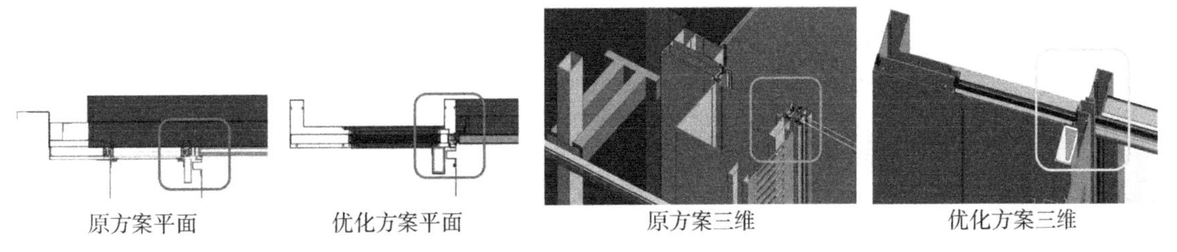

图 4. 6-21　幕墙节点优化

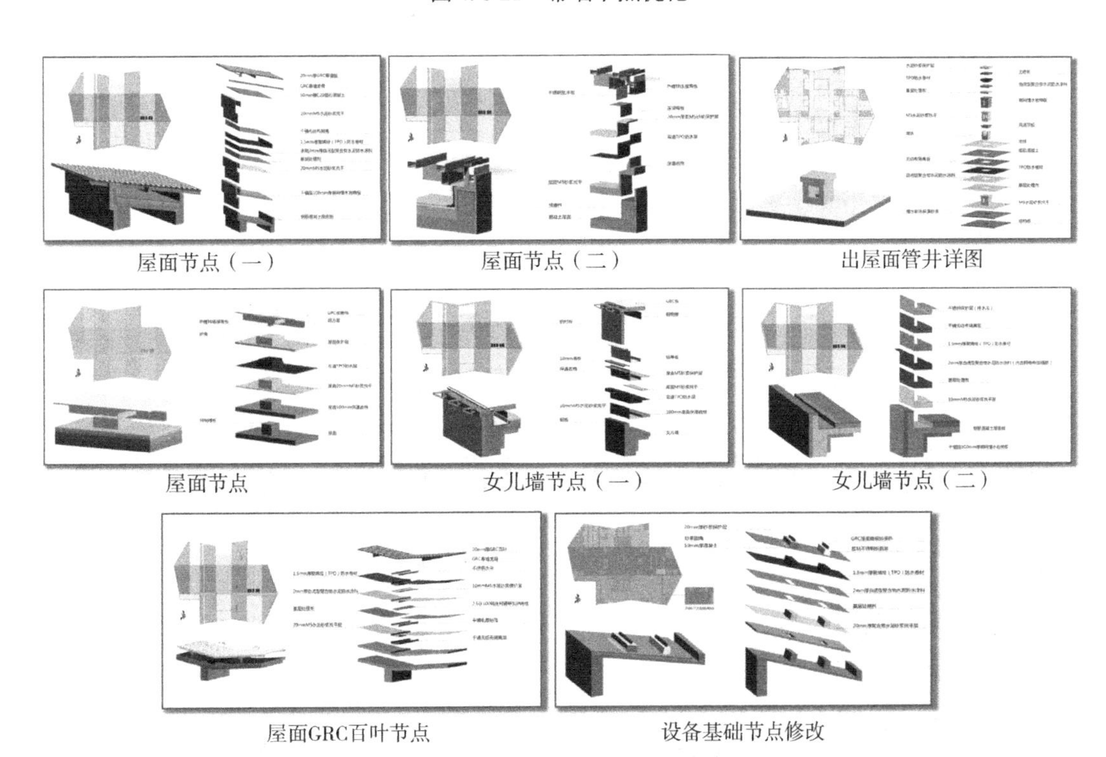

图 4. 6-22　屋面营造做法节点详图

13. BIM5D 管理平台应用

运用 BIM5D 管理平台，依次从 BIM 模型、经济指标、资金管理、项目资料、施工进度、成本分析和质量安全等方面多层次、多维度进行协同管理。BIM5D 管理平台如图 4. 6-23 所示。

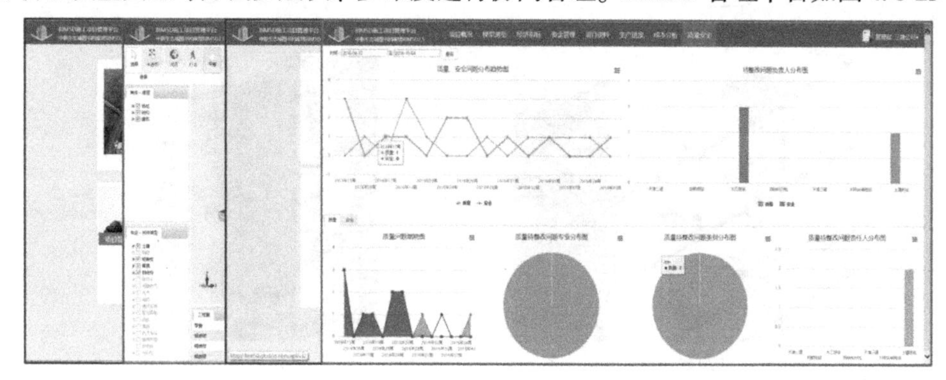

图 4. 6-23 BIM5D 管理平台

合理运用二维码技术，将构件信息制成二维码，并粘贴至施工现场相应构件处，扫描二维码即可查看构件的相关信息。同时将专项施工方案及施工机具的相关内容制成二维码，供随时查阅。二维码技术运用如图 4. 6-24 所示。

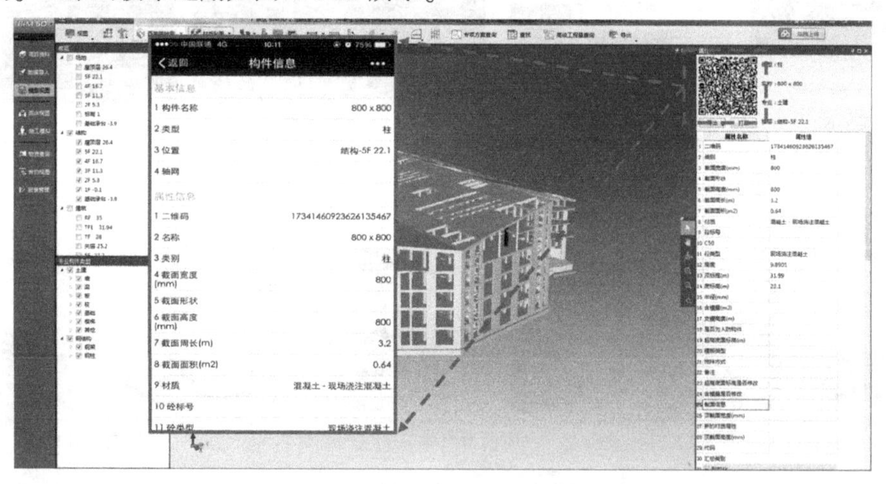

图 4. 6-24 二维码技术运用

利用 BIM5D 平台手机端对施工过程中发现的质量问题和安全问题及时上传，供参建各方查阅，确保及时发现问题并及时更正。手机端查询如图 4. 6-25 所示。

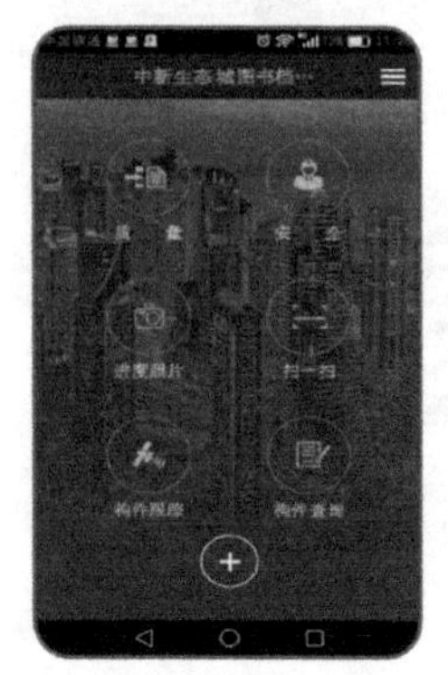

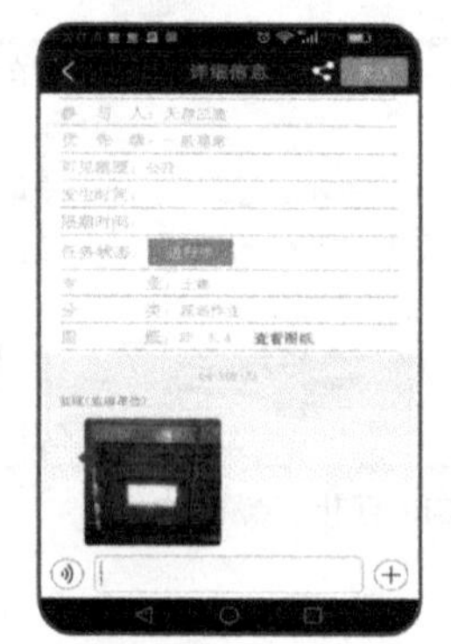
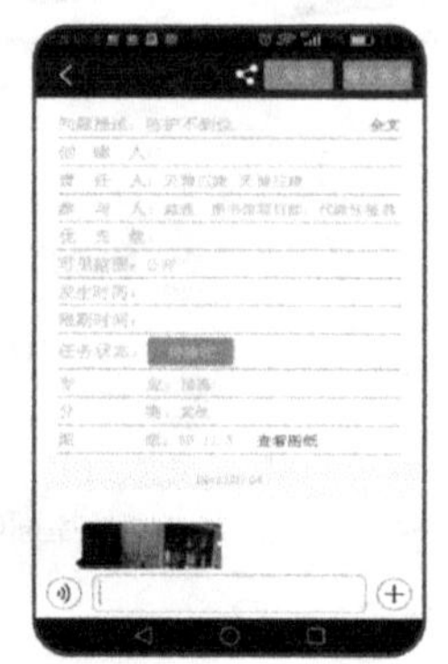

图 4. 6-25 手机端查询

14. 无人机应用

在满足国家及生态城相关规定的情况下，将无人机航拍技术与BIM技术紧密结合，利用航拍的照片指导现场施工，提高现场施工作业质量管理水平，保证工期严格按照施工总进度计划进行。实际施工进度与施工模拟进度对比如图4.6-26所示。

图4.6-26　实际施工进度与施工模拟进度对比

15. 4D施工模拟

根据施工进度计划，结合现场实际情况，进行4D施工模拟。检验施工进度计划的同时，还可以复核场地布置、施工安排的合理性，如检验塔式起重机的悬臂是否覆盖整个项目、不同塔式起重机施工时是否相互影响、施工传送泵位置的选择是否合理等。4D施工模拟如图4.6-27所示。

图4.6-27　4D施工模拟

4.6.6 项目 BIM 应用总结

1）在项目施工建设阶段，通过 BIM 优化设计、施工模拟、工程量统计、精细化施工管理工作，实现了施工现场合理流水，无返工、停工和窝工等现象。通过 BIM 协同管理工作，既缩短了工期，又节约了材料成本。经测算，节省的工程费用总额约为 350 万元。

2）本项目 BIM 技术应用主要采用 BIM5D 的协同管理模式，所有参建单位共同参与，所有参建人员协同合作，把 BIM 技术应用到施工管理过程中，实现了施工管理为主、BIM 技术为辅的全新的项目管理模式。

3）通过本项目的 BIM 实践工作，建立、健全了项目 BIM 监控演示的标准流程及 BIM 监控演示的标准样式，为其他项目的 BIM 技术应用提供了很好的借鉴。

4.7 某大桥智慧建造中的 BIM 应用

4.7.1 导读

智慧建造，要求工程在施工过程中必须兼顾对环境的保护，实现“绿色施工”，即在保证质量、安全等基本要求的前提下，通过科学的管理手段和技术的进步，最大限度地节约资源、减少对环境有负面影响的施工活动，实现节能、节地、节水、节材和环境保护。

建设项目在“智慧建造”的理念下将至少节约 20% 以上的资源消耗，减少碳的排放，其中施工现场的精细化建造带来的节约可达 5% ~10%。作为 21 世纪实现施工现场精细化建造的主要技术之一，BIM 技术具有施工过程可视化、参数化、仿真性和信息化等优点。本案例将结合桥梁施工特点对 BIM 技术在某大桥智慧建造中的应用做出研究及探讨。

该项目全长 10.3km，全线采用一级公路标准建设，其中大桥长 1.3km，桥面宽度 31.5m，两岸连接线长 9km，总共 21 跨，包括主桥、西引桥、东引桥和滩地引桥四个部分，桥梁上部结构采用波形钢腹板预应力混凝土连续箱梁。其全景效果图如图 4.7-1 所示，整体结构 BIM 模型如图 4.7-2 所示。

图 4.7-1 大桥全景效果图

4.7.2 BIM 应用内容

将 BIM 技术应用于施工过程中，充分发挥其参数化、可视化和仿真性的特征，在工程施工之前按照真实环境对其进行场地仿真模拟，在本工程的场地布置、施工工艺动态展示、施工方案模拟以及施工管理中的应用是必要的，能够从根本上提高施工效率，减少施工安全问题和质量问题的发生，减少对周边环境的影响。

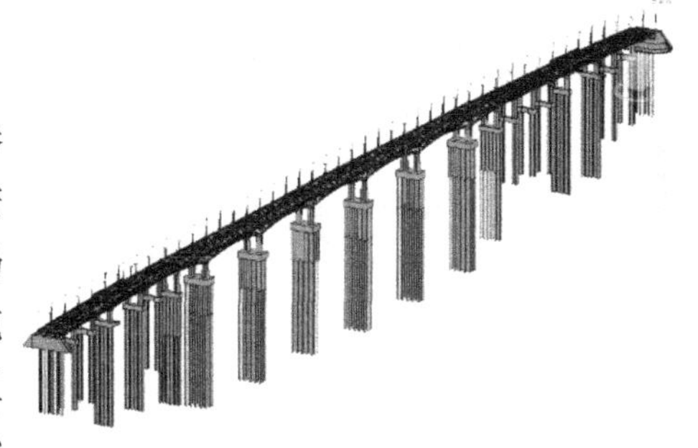

图 4.7-2 整体结构 BIM 模型

将设计和施工阶段中的构件尺寸、材料、用料量等信息关联相应模型，基于模型的参数化技术实现模型动态更新，通过人性化的输入界面，将全桥施工实测数据上传至数据库，通过模型数据与数据库的联动技术，实现利用数据改变模型的高度参数化工作方式，最终减少了由于设计变更带来的工程变更等问题。

1. BIM 模型建立

（1）场地模型 在 Revit 软件中根据勘察阶段提供的地质资料，选取关键点，确定其相应标高，从而建立与真实地形相似度较高的地形 BIM 模型。在此地形模型的基础上，对周边环境进行建模，如林区、田区、水流和周边建筑等。该工程地形模型如图 4.7-3 所示，周边环境模型如图 4.7-4 所示。

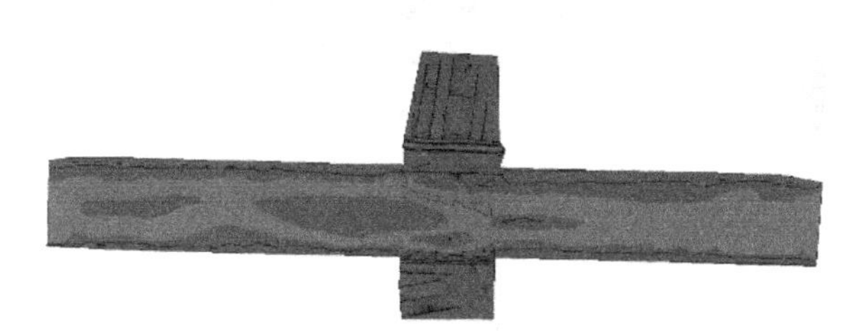

图 4.7-3 地形模型

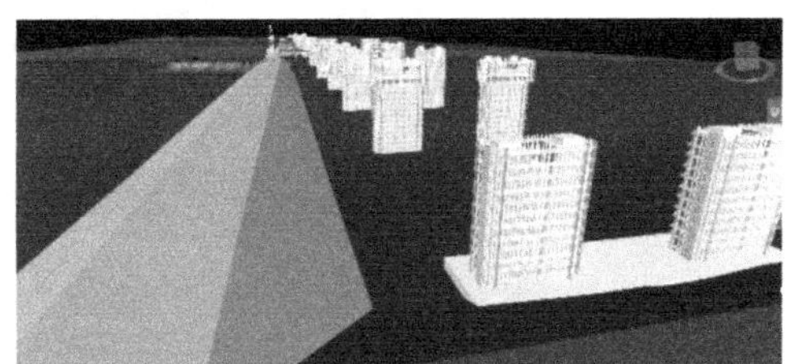

图 4.7-4 周边环境模型

（2）主体模型 基于 BIM 技术，根据设计图样及施工要求建立相应参数化桥梁模型，包括大桥主体 BIM 参数化模型（如图 4.7-5 所示），波形钢腹板 BIM 参数化模型（如图 4.7-6 所示），预应力 BIM 参数化模型（如图 4.7-7 所示），以及主桥挂篮 BIM 参数化模型（如图 4.7-8 所示）。

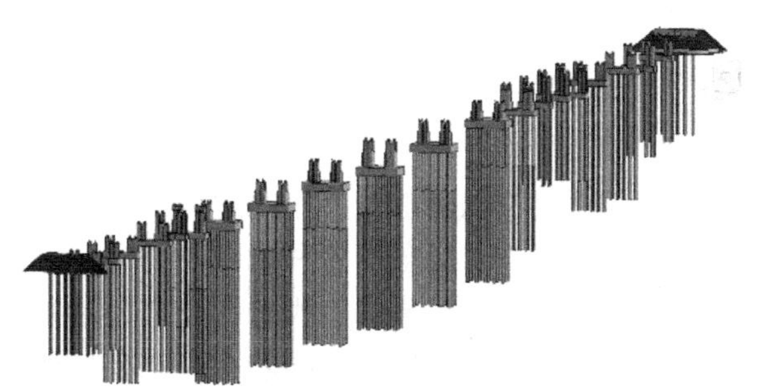

图 4.7-5 大桥主体 BIM 参数化模型

图 4.7-6 波形钢腹板 BIM 参数化模型

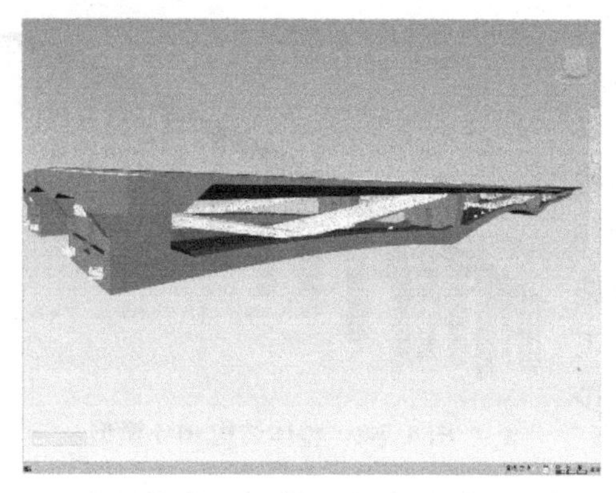

图 4.7-7　预应力 BIM 参数化模型

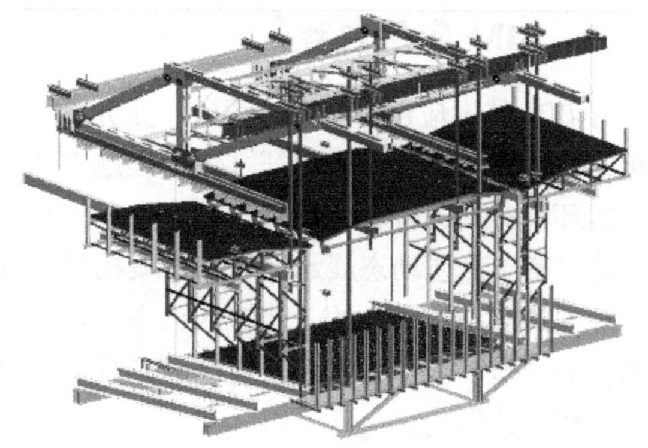

图 4.7-8　主桥挂篮 BIM 参数化模型

2. 施工方案模拟

在场地模型的基础上，根据施工要求及经验对现场进行布置，合理安排塔式起重机、库房、加工场地和生活区等的位置，解决现场施工场地平面布置和划分问题，减少不必要的场地浪费，降低对周边环境和居民的影响，实现智慧施工。同时通过与业主的可视化沟通协调，对施工场地进行优化，选择最优施工路线，避免后期方案更改及返工。该工程场地布置模拟如图 4.7-9 所示。

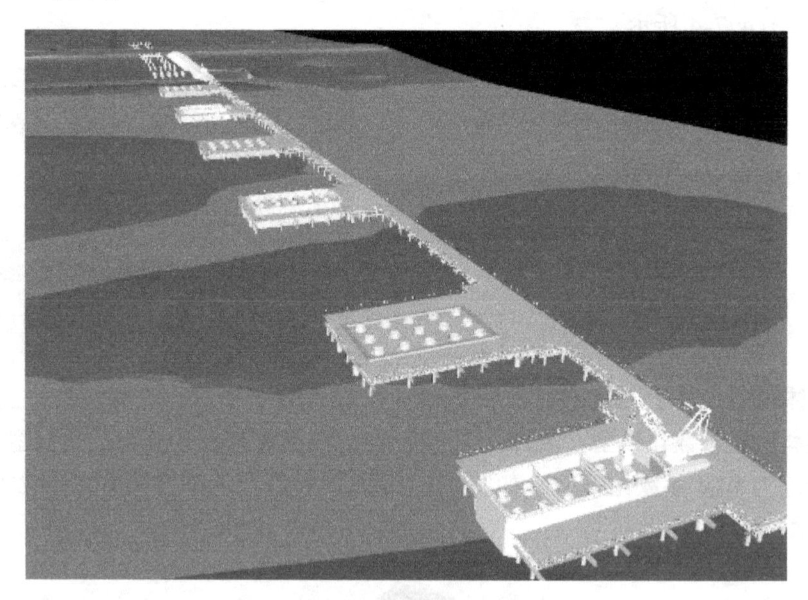

图 4.7-9　场地布置模拟

3. 基于 BIM 的可视化施工进度模拟

基于 BIM 技术对本工程的施工方案进行预演，避免传统施工方案编制过程中出现的平立面图标书不确定性的问题。施工方案模拟有“静态”和“动态”两种方式，以吊装方案为例，可以依据吊装方案，逐步检查起重机机位与吊装，静态调整，找出最合理的吊装机位，初步排除吊装高度、工作半径不合理的地方，如图 4.7-10 所示。接着在静态模拟的基础上对施工方案进行动态的模拟，找出施工过程中可能会发生的安全隐患，提前处理，如图 4.7-11 所示。

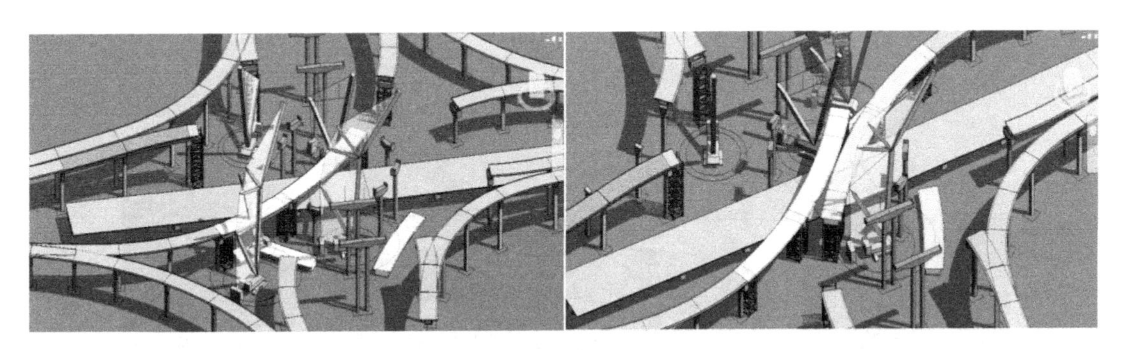

图 4.7-10 起重机机位检验的静态施工模拟

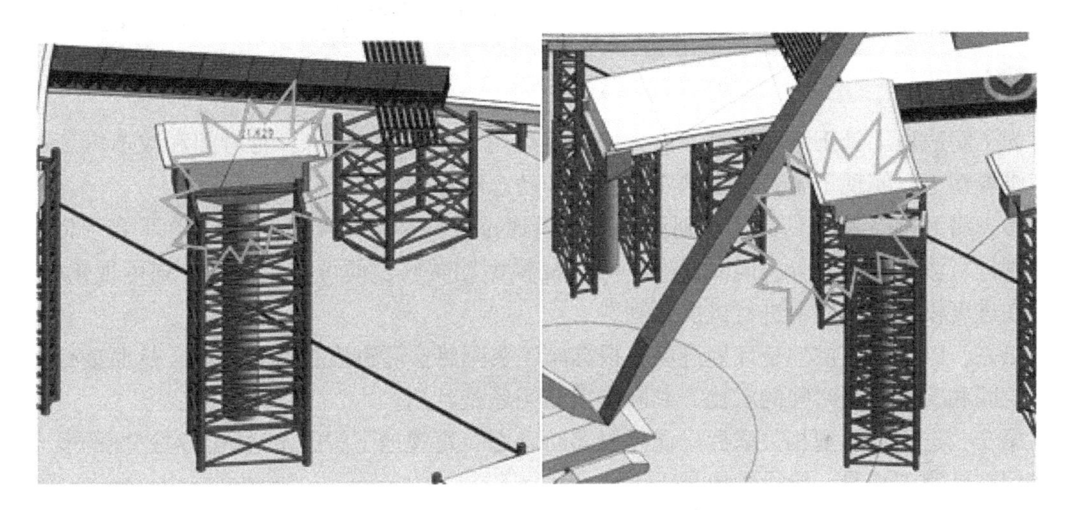

图 4.7-11 碰撞监测的动态施工模拟

4. BIM 专项施工工艺动态展示

本工程存在大量复杂节点，施工工艺复杂，比如波形钢腹板施工、挂篮悬臂施工和主桥预应力施工。单纯的通过图样和人工指导施工的工作方式存在以下缺陷：其一，会由于交流和理解不当，导致错误施工和返工；其二，很多施工工艺是精细复杂的，二维图样不能直观地表达清楚，且图样修改困难。

本工程通过 BIM 技术对项目的重点或难点部分进行可见性模拟，以提高计划的可行性。基于 BIM 技术分解具体施工工艺，在 Revit 平台上建立相关族和整体模型，将模型导入 Navisworks、Lumion 处理后进行方案模拟，由于所有的模型和仿真动画文件可以云储存并共享，使得图样与模型、模型与实际相关联，动态展示施工工艺，直观地了解整个施工安装环节的时间节点和安装工序，并清晰把握在安装过程中的难点和要点，施工方也可以进一步对原有安装方案进行优化和改善，以提高施工效率和减少工程变更的浪费。该工程基于 BIM 技术的主桥悬臂挂篮施工工艺动态展示如图 4.7-12 所示。

5. 基于 BIM 的工程进度控制

进度作为工程项目三大管理目标之一，受施工方案、资源（人工、材料、机械等）、环境、地质、天气、管理水平等多种因素影响，其相应的管理技术也在不断发展，从横道图到网络图，实现了工序的优化，但这种二维图样和网络计划式的进度管理是静态的，不能预测、模拟、动态调整整个施工过程，在施工过程中可能会存在不必要的时间浪费。

图 4.7-12　悬臂挂篮施工工艺动态展示

为了解决以上施工进度问题，该大桥项目运用了 5D-BIM 技术，将时间和成本维度加载到三维模型上，实现了施工进度的实时控制和动态跟踪优化。

首先将 Project 格式的进度计划和 BIM 模型通过数据接口导入 5D 平台，在平台上根据进度计划进行流水段的划分，同时将进度与 BIM 模型相关联，便可实现进度计划可视化模拟，然后在进度模拟的基础上进行进度管理。

第一，Project 提供的是计划进度，根据施工实际将实际进度录入平台中，从而进行计划完成时间和实际完成时间的对比，判断提前完工还是延期。

第二，进度与模型相关联后，便可以实时动态、直观地了解施工进程，对进度的概念不再停留在已完工程量、阶段性成果上。

第三，基于 BIM 的施工模拟，可以统计当前或本阶段的资源、资金消耗情况，这种快速精确的统计可以为进度调整提供依据，有效减少工程重新计量浪费的时间。

本节考试大纲

1. 了解智慧建造的概念及特点。
2. 掌握 BIM 技术对施工进度控制的作用。
3. 熟悉 BIM 模型建立的步骤以及模型维护内容。
4. 掌握可视化施工进度模拟的特点。

4.8　某设计中心基于 BIM 的成本管理应用

4.8.1　导读

成本控制早在 14 世纪初就在国外产生。自 20 世纪 80、90 年代开始，我国各个领域的专家学者也开始对成本管理进行研究并提出了成本管理的理论架构，为之后的成本分析做了良好的铺垫。

某设计中心项目，总占地面积为1.6万m^2，其效果图如图4.8-1所示。该项目集公司总部、研发设计中心、生产基地于一体，秉持着绿色、环保、节能、低碳的设计理念，力求打造世界的顶级建筑新地标。

本案例以该设计中心项目为例对BIM在成本控制方面的工作进行具体分析，简要了解BIM对成本控制的各个阶段的哪些方面带来了变化，了解BIM技术在工程成本控制中的优势，掌握BIM技术在各阶段的应用内容。

图4.8-1 项目效果图

4.8.2 项目中BIM的应用

1. BIM技术在工程成本管理中的优势

(1) 快速 建立基于BIM的5D实际成本数据库，汇总分析能力大大加强，速度快，短周期成本分析不再困难，工作量小，效率高。

(2) 准确 成本数据动态维护，准确性大为提高，通过总量统计的方法，消除累积误差，成本数据随进度进展准确度越来越高。另外通过实际成本BIM模型，很容易检查出哪些项目还没有实际成本数据，对各成本实时盘点，提供实际数据。

(3) 分析能力强 可以多维度（时间、空间、WBS）汇总分析更多种类、更多统计分析条件的成本报表。

(4) 提升成本控制能力 将实际成本BIM模型通过互联网集中在企业总部服务器。企业总部成本部门、财务部门就可共享每个工程项目的实际成本数据，实现了总部与项目部的信息对称，总部成本管控能力大为加强。

2. BIM技术在各阶段应用内容

(1) 决策阶段 工程项目的投资决策是建设项目的先决条件，良好的决策是项目实施的有力保证。

在项目决策阶段，首先要确定项目的投资估算价格，这个阶段的工程造价往往是基于整个单项工程的。利用BIM技术的参数信息化以及构件可运算的特点，一方面借助以往类似建筑工程的BIM信息模型，另一方面简单地搭建拟建项目的BIM模型，综合考虑，较快速地计算出工程量信息。

在造价工程师以往经验的基础上再使用广联达造价指标信息服务平台查询当地的价格信息和估算指标，在不需要工程图样的情况下完成该工程投资估算价格的编制工作，大大地减少了以往因人为因素导致的投资估算的误差，让投资估算有据可依。之后，应用 BIM 软件进行经济性分析，制订初步成本控制计划，确定基于 BIM 技术的成本控制节点，进行方案评估，并做出科学的决策。

在本案例中，利用广联达 BIM 算量软件，简单搭建出拟建项目的三维 BIM 模型，较精确且快速地汇总估算出建筑总面积信息，为正确的投资决策提供了强有力的数据支撑。

BIM 技术的广泛应用改变了工程项目造价估算的传统工作模式，在造价工程师的经验基础上，为项目投资估算提供基础数据依据，使工程的投资估算在真正意义上发挥指导后期成本控制的作用。

（2）设计阶段　项目的设计阶段是项目工程造价成本控制的关键环节，对建设项目的工期、质量、工程造价以及建成后能否创造较好的经济效益都起着至关重要的作用。

1）初步设计阶段。在初步设计阶段根据设计院提供的初步设计方案，进一步使用 Revit 根据 BIM 制图规则创建各专业初始三维 BIM 模型，创建建筑物的基本信息。导入 Navisworks 里进行各专业的碰撞检查，提前做好各专业管道综合，从而保证了施工的顺利进行，并减少了因管道碰撞而引发的工程设计变更，避免返工、停工，既节省了工期又节约了建设成本，避免了大量的资源浪费。然后将在 Autodesk Revit 中所创建的 BIM 信息模型通过插件导出“GFC”格式文件，“一键导入”到广联达 BIM 算量软件中进行汇总，计算出工程量信息，在广联达计价软件中通过套价、组价进行设计概算的编制。

2）施工图设计阶段。随着项目设计的不断深入，BIM 模型的信息也不断增加、完善。对施工图设计进行调整修改，并对构件进行材料、型号等信息的录入，使得 BIM 模型的精度也逐渐增加，如垫层做法、施工工艺、门窗型号、材质等信息都不断完善。

软件可以利用构件自动扣减功能，快速且精准地计算汇总出详细的工程量信息，避免了因传统方式计算繁琐而造成的不必要失误，也为造价工程师节约了大量的工作时间，使造价工程师可以将工作重点转移到其他较细节的工作上，如人工、材料、机械的分析、询价等方面。再结合项目经理提供的施工进度计划和之前用 Revit 做的 BIM 模型生成 4D 施工进度模拟，为施工阶段合理地安排施工进度做了良好的铺垫。本工程的 4D 模拟建造过程，虚拟了工程从土方开挖到主体结构的建造，最后到工程竣工的整个施工过程。同时，Revit 模型提供了多种文件格式可以与各个专业的 BIM 软件相互兼容，极大地提高了各个专业之间协同的工作效率。

（3）招标投标阶段　在招标控制环节，准确而全面计算出工程量清单是核心关键，而工程量计算是招标投标阶段耗费时间和精力最多的重要工作。BIM 是一个富含工程信息的数据库，可以真实地提供工程量计算所需的物理和空间信息。借助这些信息，计算机可以快速对各种构件进行统计分析，从而大大减少根据图样统计工程量带来的繁琐的人工操作和潜在错误，在效率和准确性上得到显著提高。

结合项目具体特征编制准确的工程量清单，有效地避免漏项和计算错误等情况的发生，为顺利进行招标工作创造有利条件。将工程量清单直接载入 BIM 模型，建设单位在发售招标文件时，就可将含有工程量清单信息的 BIM 模型一并发放到拟投标单位，保证了设计信息的完备性和连续性。由于BIM模型中的建筑构件具有关联性，其工程量信息与构件空间位置是一一对应的，投标单位可以根据招标文件相关条款的规定，按照空间位置快速核准招标文件中的工程量清单，为正确制订投标策略赢得了时间。

（4）施工建造阶段　施工阶段成本控制的主要任务是工程进度款支付控制、工程变更费用控制和索赔管理。

1）工程进度款支付控制。我国现行工程进度款结算有多种方式，如按月结算、竣工后一次结算、分段结算、目标结算等方式。以按月结算为例，业主需要在月中向施工企业预支半个月工程款，月末再由施工企业根据实际完成工程量，向业主提供已完成工程量报表和工程价款结算账单，经业主和监理工程师确认，收取当月工程价款，并通过银行结算。

随着本项目的开展，涉及的分包工程逐渐增多，利用BIM软件，根据工程监理审定批复的工程进度，在BIM软件里输出应完成的该工程工程量，快速审核施工单位进度产值。在与施工单位进行阶段性对量的过程中，利用BIM算量软件的三维可视化、三维自动化，可以有效防止施工单位错报、虚报工程量。

2）工程变更费用控制。在传统成本核算方法中，工程变更常常会导致工程量变化、施工进度变化等情况发生，发生变更就需要造价工程师对比不同版次的图样检查核对设计变更，然后再计算列表，这个计算过程缓慢、可靠性差。

BIM算量软件直接在模型修改图元、位置、做法，利用“BIM变更软件”可以更直观地显示变更结果，软件会自动汇总变更前后工程量差值，自动生成变更前后两份文件，针对每次设计变更可以进行投资估算，反映设计变更发生的费用，可以清楚地了解该项目投资金额与合同金额动态增减情况，动态投资报告。

3）索赔管理。就对工程造价影响角度而言，索赔与变更的处理都是由于施工企业完成了工程量清单中没有规定的额外工作，或者是在施工过程中发生了意外事件，由发包人或者监理工程师按照合同规定给予承包商一定的费用补偿或者工期延长。所以其处理方式与工程变更相似。

在本项目的建设过程中，要规范加强现场签证管理，对于签证的内容，利用BIM技术与现场实际情况进行对比，通过三维模拟掌握实际偏差，确认签证的工作量，再汇总工作量计算所产生费用。

（5）竣工验收阶段　在传统模式下，基于2D的CAD图样的工程结算工作相当繁琐。就工程量核对而言，双方造价工程师需要按照各自工程量计算书逐梁逐板地核对工程量，当遇到出入较大的部分时，更需要按照各个轴线、各个计算公式去审核工程量计算过程，其工作量极其庞大。特别是老的预算员基本上都是手工计算，而且计算书的格式还不尽相同，导致核查难度很大，资料丢失或不全也屡见不鲜。

BIM技术的引入，将彻底改变工程竣工阶段的被动状况。BIM模型的参数化设计特点，使得各个建筑构件不仅具有几何属性，而且还被赋予了物理属性，如空间关系、地理信息、工程量数据、成本信息、建筑元素信息、材料详细清单信息以及项目进度信息等。

随着设计、施工等阶段的进展，BIM模型数据库也不断完善，设计变更、现场签证等信息不断录入与更新。到竣工验收阶段，其信息量已完全可以表达竣工工程实体。BIM模型的准确性保证了结算的效率，减少了双方的扯皮，加快了结算速度，同时也是双方节约结算成本的有效手段。

4.9　某国际会展中心项目 BIM 应用

4.9.1　导读

BIM 技术作为一种新兴多维模型信息集成技术，可以使建设项目各参与方在项目全生命周期内都能够在模型中操作信息和在信息中操作模型，从而从根本上改变从业人员依靠图样符号文字进行项目建设和运营管理的工作方式。在项目施工过程中，基于 BIM 技术的高度参数化、可视化及仿真性的特点可实现对整个建筑项目的虚拟建造，通过三维信息化模型对项目施工过程进行可视化展现及数字化表达，从而使工程技术人员对各种建筑信息做出正确理解和高效应对，在提高生产效率、节约成本和缩短工期方面发挥重要作用，有利于精益建造的实现。本案例以某国际会展中心为例并结合项目特点对 BIM 技术在大跨度建筑结构精益建造中的应用做出研究及探讨。

该国际会展中心是集展览、会议、商务、购物、娱乐等功能为一体的综合性会展城。项目共 12 个展馆、2 个登陆厅，可提供 8652 个展位，总建筑面积约 44.3 万 m^2，其中地上面积约 30.1 万 m^2，室内净展示面积约 17.75 万 m^2，室外净展示面积约 8.5 万 m^2，单个展厅面积约 1.45 万 m^2，展馆全景效果如图 4.9-1 所示。

图 4.9-1　展馆全景效果

每个展馆的屋盖结构平面尺寸为 100m × 163m，跨度 100m，屋面高度从 18 ~ 32m 不等。沿纵向一共布置有 8 榀张弦梁。展览馆一侧设置钢结构连廊，钢结构连廊不与主体结构直接连接，单个展馆结构平面布置图、立面图分别如图 4.9-2、图 4.9-3 所示。

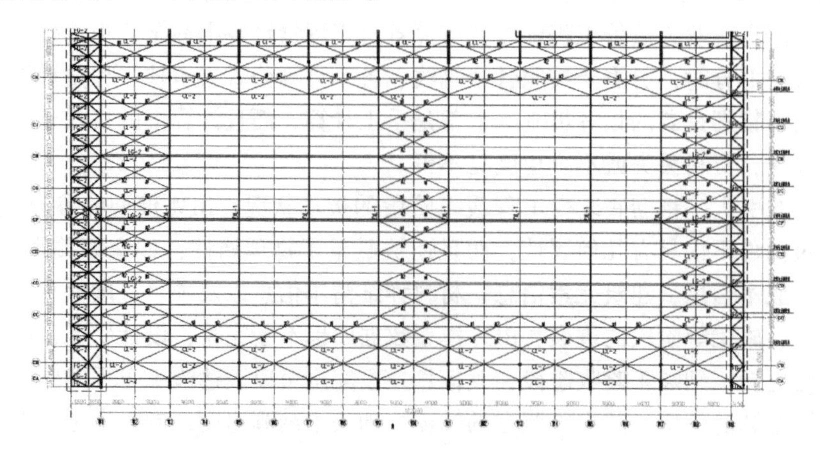

图 4.9-2　结构平面布置图

该国际会展中心属于大跨度空间预应力钢结构建筑，工程量大，工期紧张，在施工过程中主要面临以下难点。

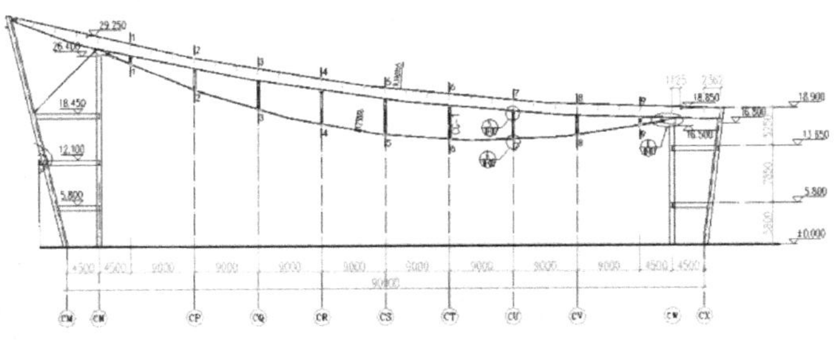

图 4.9-3　结构立面布置图

1）钢结构节点形式多样，传统二维 CAD 图样可视化程度较低，不利于节点构件的加工制造及安装。

2）张弦梁结构预应力拉索张拉施工难度大，施工安全和质量问题突出，需要对其应力及变形进行严格控制。

3）展馆幕墙覆盖面积较大，形式丰富，连接节点复杂，加工及施工过程中技术交底困难。

4）展馆体量大，展位丰富，展沟管道复杂，空间碰撞问题严重，容易造成工程返工。

而 BIM 技术作为一种新兴建筑信息虚拟技术，能够很好地解决以上施工难点，提高施工效率，减少施工质量及安全问题，有利于项目高精度、高效率建造的实现。

4.9.2　BIM 应用内容

1. BIM 模型建立及深化设计

（1）参数化构件族库创建　该国际会展中心作为多功能综合性展馆，因为在造型及功能等方面的特殊需求，其结构空间关系复杂，幕墙、管道及展沟形式丰富，构件种类繁多且形式复杂，Revit 软件系统自带族库往往不能满足项目需求，故需根据设计图样对各构件建立高度参数化、信息化族库，如图 4.9-4 所示。基于参数化建模技术，可通过参数的调控快速实现模型的创建和更改，从而大大加快了模型的建造效率，同时又便于模型的调整和优化。

（2）模型拼装及节点深化　传统二维图样表达内容有限，由设计院提供的施工图往往细度不够，为了能够更好地指导现场施工，需对各节点进行深化设计。基于 BIM 技术的可视化、仿真性及可出图性等特点对其进行有效的细化、调整和完善。

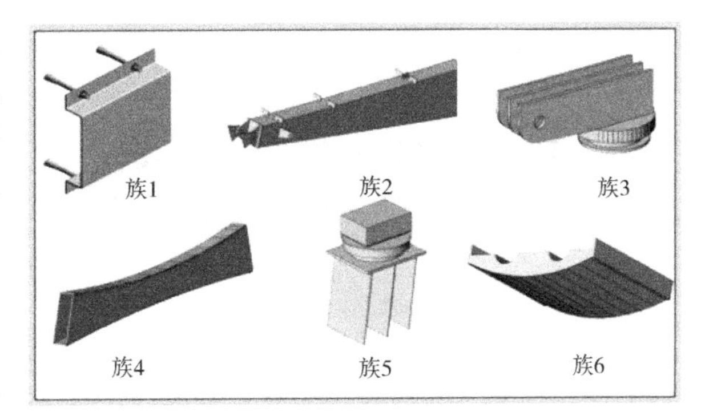

图 4.9-4　构件族

该国际会展中心项目基于 BIM 技术的节点深化主要包括钢结构深化、幕墙深化及机电管线深化。

1）钢结构深化。根据设计图样，将各构件族组装成相应的钢桁架、张弦梁、支撑及支撑柱等，而后在相应的坐标位置及角度方向将其最终拼装成整体钢结构模型。在此模型基础上对各连接节点进行补充和细化，包括耳板、索头、索夹及螺栓等，如图 4.9-5 所示。

2）幕墙深化。通过 BIM 模型根据建筑设计图样及幕墙施工要求对幕墙的面板划分、竖梃的选择、缝隙处理及连接节点的构造做进一步的细化和补充。幕墙系统模型如图 4.9-6 所示，其中连接节点细化模型如图 4. 9-7 所示。

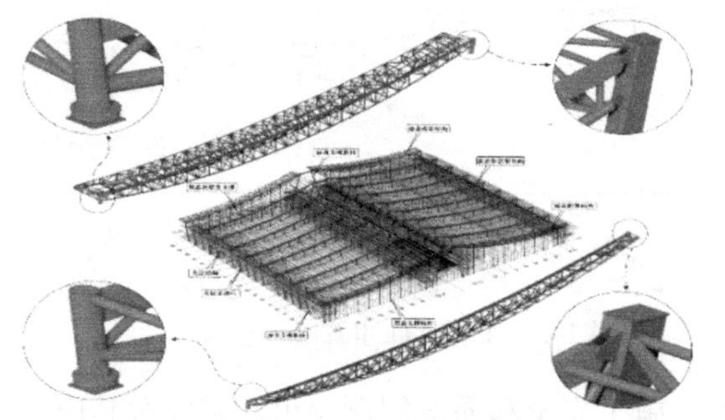

图 4. 9-5　钢结构模型拼装及节点深化

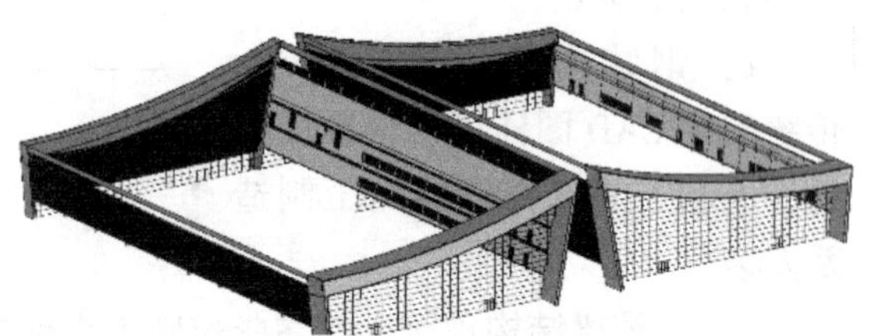

图 4. 9-6　幕墙系统模型

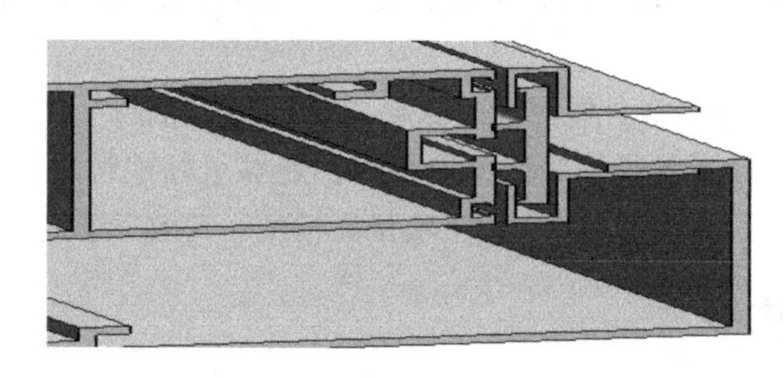

图 4. 9-7　幕墙节点三维细化模型

3）机电管线深化。根据暖通、电气及给水排水等专业的设计图样分别建立管线模型，根据不同管线的性质、功能和施工要求，进行管线位置排布统筹，如图 4. 9-8 所示。在此模型的基础上再进行管线安装预留洞口及支吊架设计，根据可视化三维模型，可对其设计方案进行优化和调整。某支吊架方案模型如图 4. 9-9 所示。

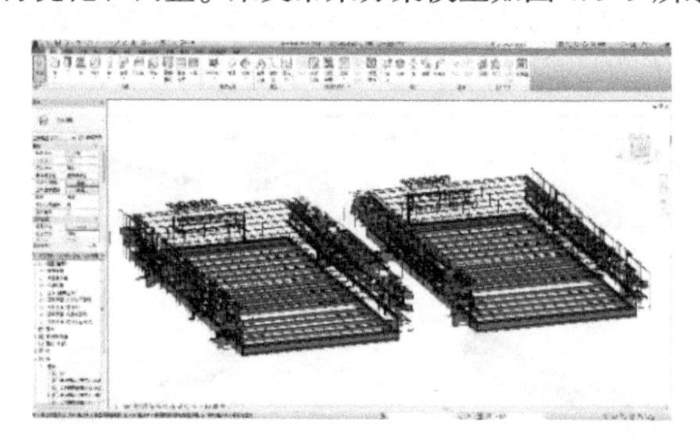

图 4. 9-8　管线排布模型

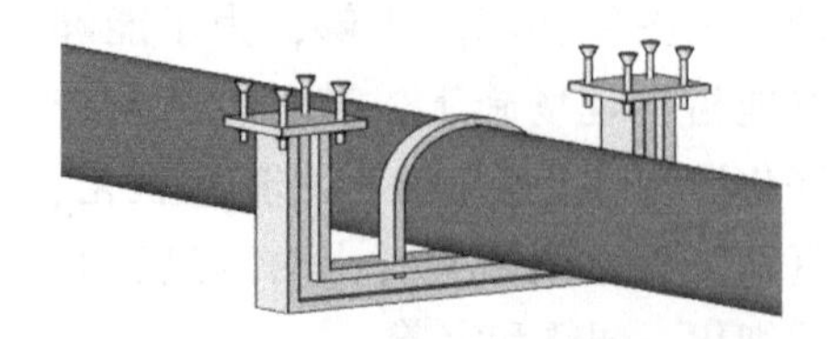

图 4. 9-9　管线支吊架三维细化模型

（3）碰撞检查　由于设计不协调的问题不可避免，传统方式中在各专业设计图样汇总后采用二维设计图来进行会审，人为的失误在所难免，使施工出现返工现象，造成建设投资的极大浪费，并且还会影响施工进度。

该国际会展中心基于 BIM 技术实现了对碰撞冲突的有效控制，通过各专业模型（包括结构模型、建筑模型及机电模型）的综合链接，在 Navisworks 软件中可对综合模型进行碰撞检查，可以很好地发现并解决专业内及专业间的冲突问题，如结构与建筑的冲突、结构与机电冲突及水、暖、电、通风与空调系统等各专业间管线、设备的冲突等问题，并根据检测分析结果对模型进行方案调整和优化，从而有效地减少了工程返工的发生。在优化完成后可出具相应的模型图片和二维图样，指导现场的材料采购、加工和安装，能够大大提高工作效率，有利于精益施工的实现。各专业模型的链接如图 4. 9-10 所示，碰撞检查及结果分析如图 4. 9-11 和图 4. 9-12 所示。

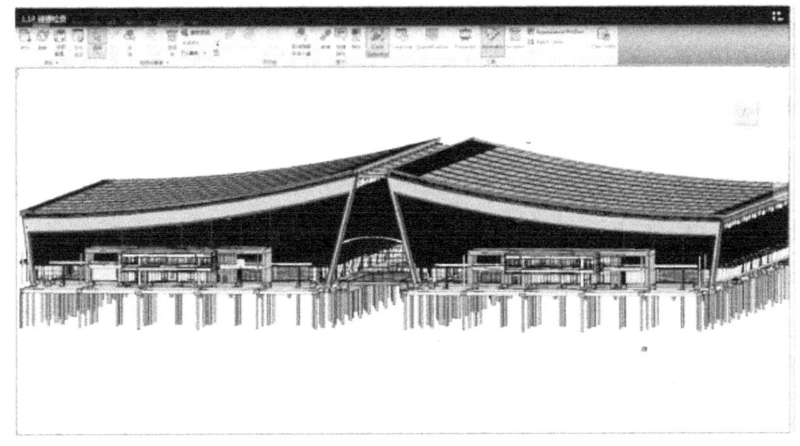

图 4. 9-10　模型综合链接

图 4. 9-11　碰撞检查

Autodesk® Navisworks® 碰撞报告

测试 1	公差	碰撞	新建	活动的	已审阅	已核准	已解决	类型	状态
	0.001m	1986	1986	0	0	0	0	硬碰撞	确定

图像	碰撞名称	状态	距离	网格位置	说明	找到日期	碰撞点
	碰撞1	新建	-0.115	L-4：标高 8	硬碰撞	2016/2/3 03:23.04	x:40.114、y:94.900、z:33.205
	碰撞2	新建	-0.106	F-4：标高 2	硬碰撞	2016/2/3 03:23.04	x:36.114、y:59.805、z:9.072

图 4. 9-12　冲突分析

2. 施工过程仿真分析

本工程预应力体系组成部分较多，受力复杂，张弦梁主梁为下凹布置，拉索为双索布置，且索头为O形索头，对拉索安装和张拉要求高，施工难度比一般张弦梁大。故拉索张拉顺序、张拉方式和张拉力度对结构的施工质量及安全影响较大。

为了解决以上问题，本工程将结构整体BIM模型导入有限元分析软件Midas Gen中，采用施加初拉力的方法来达到施加预应力目的，按照实际的张拉顺序对整个施工过程进行仿真模拟计算，对结构位移、索力和应力进行检测，以保证结构在施工过程中满足设计安全和质量要求。张弦梁预应力张拉完成后结构的位移及应力计算结果分别如图4.9-13、图4.9-14所示。

3. 施工可视化指导

（1）加工指导　构件加工精度直接决定了现场安装定位精度，决定了整个结构主受力构件内力分布是否与原设计相符，故如何精准加工结构构件是本工程的难点。传统二维设计图表达内容有限，对复杂结构的表示不够全面，且可视化程度较低，对工厂加工过程中工人专业素质要求较高。

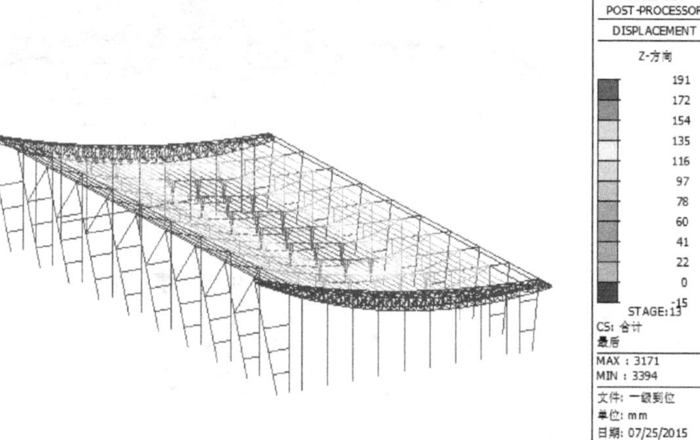

图4.9-13　位移计算结果

该国际会展中心利用BIM技术，通过高度数字化的钢结构BIM模型，将构件的型号、尺寸、材料、同类型数量、用钢量和施工顺序等信息与相应构件一一关联，实现了信息库动态输入、输出，同时可在BIM模型上直接生成构件加工图，不仅能清楚地传达传统图样的二维关系，而且对于复杂的空间剖面关系也可以清楚表达，同时还能够将离散的二维图样信息集中到一个模型当中，紧密地实现与预制工厂的协同和对接。另外通过可视化的直观表达帮助工人更好地理解设计意图，可以形成BIM生产模拟动画、流程图、说明图等辅助的材料，有助于提高工厂生产的准确性和高效性。数字化BIM模型如图4.9-15所示，构件加工图如图4.9-16所示。

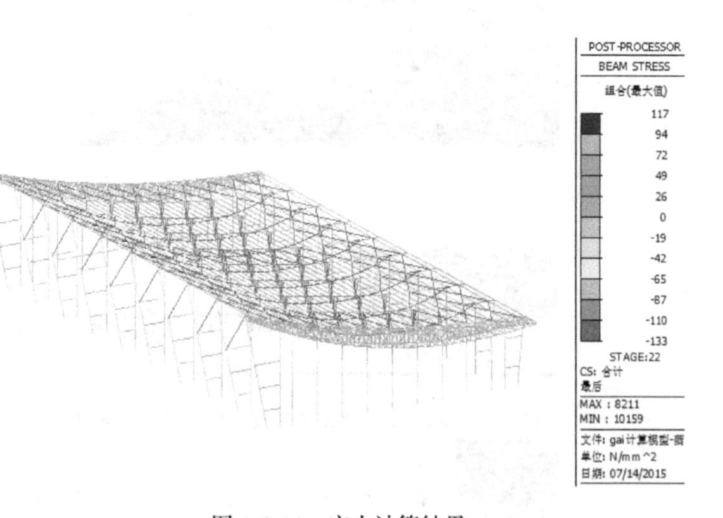

图4.9-14　应力计算结果

（2）安装指导。该国际会展中心钢结构安装及张拉过程复杂，构件及节点繁多，如何

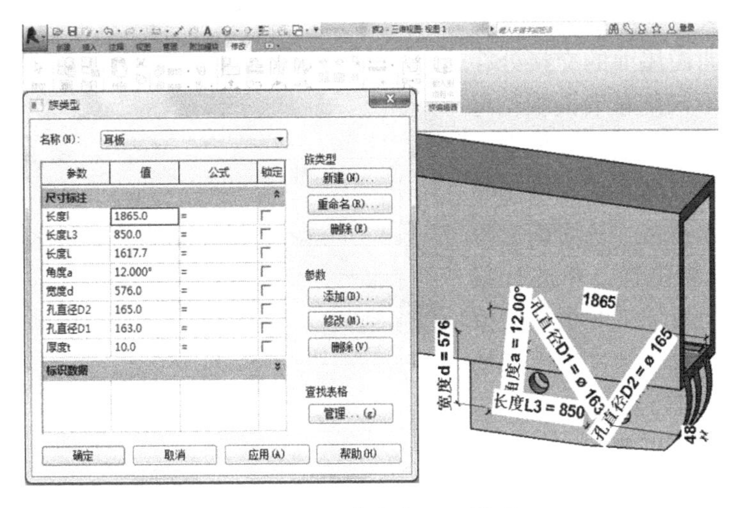

图 4. 9-15 数字化 BIM 模型

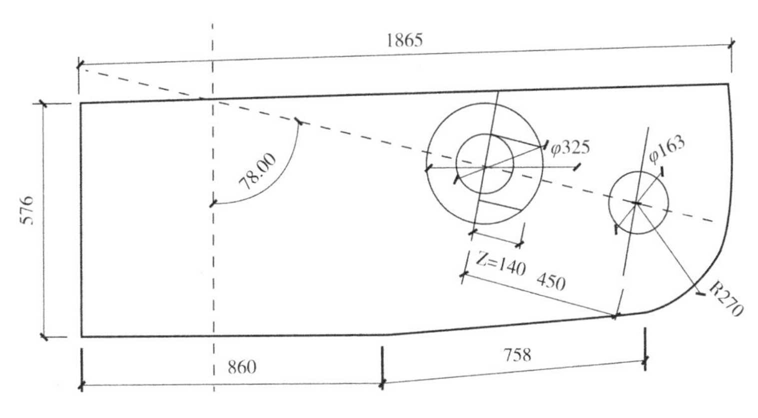

图 4. 9-16 构件加工图

实现对施工过程中安装顺序、位置及角度的精准控制是工程中的重点及难点问题。构件安装的准确与否直接关系到结构的受力分布及安全可靠度等问题。基于 BIM 技术，通过对结构拼装及张拉过程的仿真模拟并以三维动画形式表达，可实现对整个安装过程高度可视化的指导，包括胎架布置、张弦梁吊装、支撑搭建、拉索及连接节点安装等。该国际会展中心钢结构施工过程模拟动画如图 4. 9-17 所示，预应力拉索索头安装模拟如图 4. 9-18 所示。

图 4. 9-17 钢结构施工过程模拟动画

另外该国际会展中心幕墙安装过程中，幕墙在与曲面屋面的交接处存在部分弧线边界不规则幕墙面板，每块面板形状不同且与相应安装位置一一对应。基于 BIM 技术可提前在 BIM 模型中实现面板预拼装，从而确定每块幕墙面板的安装位置，并进行编号。而后在幕墙面板加工时根据模型对实体构件进行编号，构件运至现场后可直接对应编号进行安装。

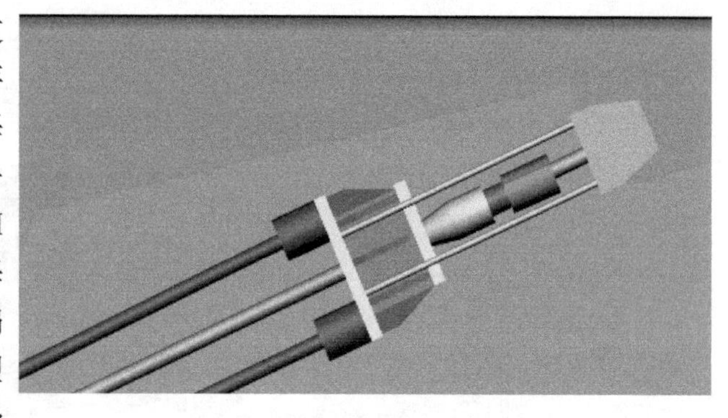

图 4. 9-18　预应力拉索索头安装模拟

4. 施工过程变形监控

该工程结构跨度较大，由于运输限制及结构特点，现场吊装单元多，拼装量大。分段构件在加工中因下料切割有一定的尺寸偏差，再加上运输、堆放、焊接等原因会使构件有一定变形，从而产生误差。

为了解决以上问题，可基于 BIM 技术对结构进行现场拼装变形监控。在钢结构现场拼装完成后，采用三维激光扫描技术对施工现场重点部位进行扫描，生成点云模型，点云模型可转换成 BIM 模型，而后将其与根据设计图样拼装搭建完成的 BIM 模型进行拟合对比得出现场施工与设计模型之间的误差，并对其安全性进行判定，从而很好地实现了对张弦梁节点及支座处平面内和平面外位移的监测及控制，以确保结构各构件满足设计精度、质量及安全要求。其中钢结构现场拼接如图 4. 9-19 所示，局部点云模型如图 4. 9-20 所示，张弦梁施工过程重点监控部位如图 4. 9-21 所示，基于 BIM 技术的施工过程变形监控流程如图 4. 9-22 所示。点云模型与 BIM 模型拟合对比误差见表 4. 9-1。

图 4. 9-19　钢结构现场拼装

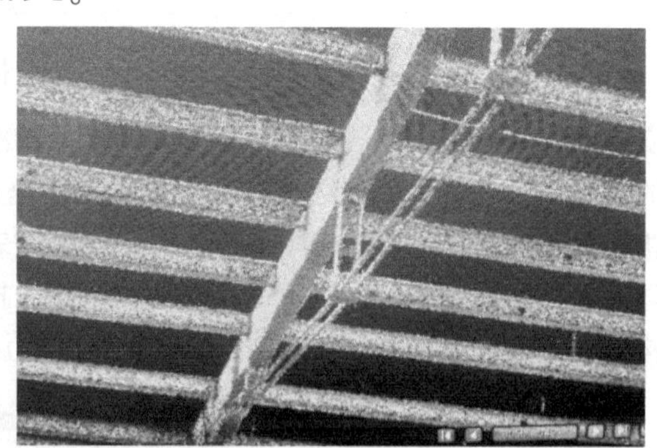

图 4. 9-20　局部点云模型

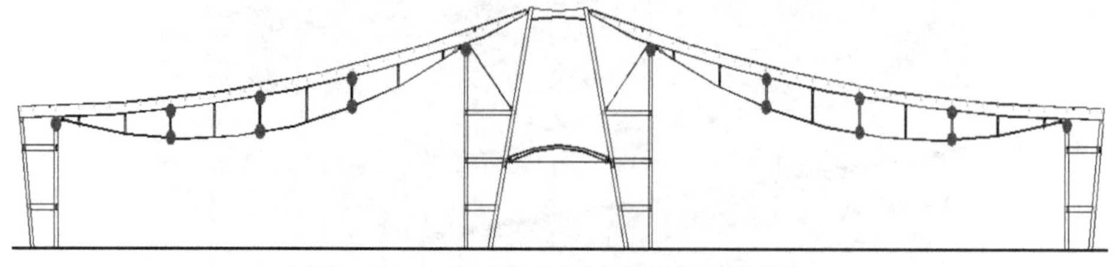

图 4. 9-21　张弦梁施工过程重点监控部位

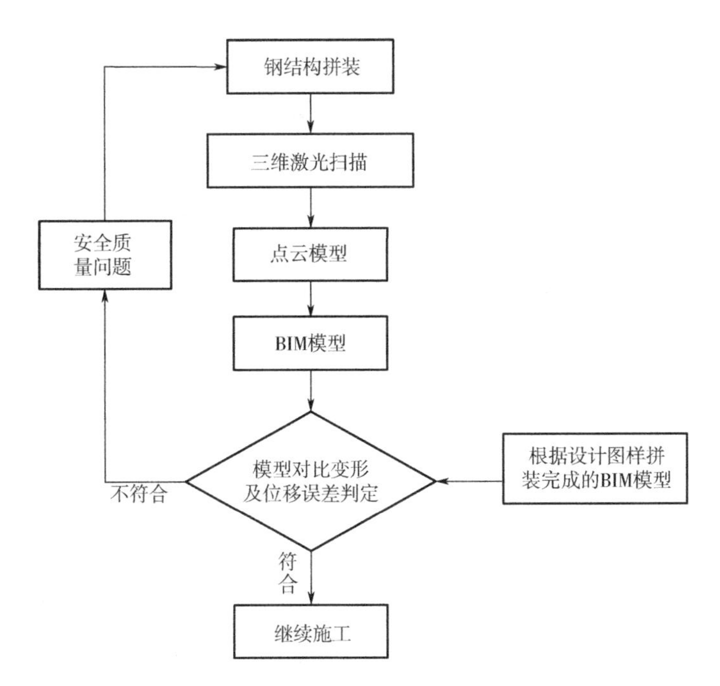

图 4.9-22　基于三维扫描技术的钢结构现场拼装监控流程

表 4.9-1　点云模型与 BIM 模型拟合对比误差

监测点	次数	残差	拟合误差
目标点 1	1	1.22	0.81
	2	0.93	0.97
	3	1.05	1.06
	平均	1.07	—
目标点 2	1	1.38	1.43
	2	1.02	0.77
	3	0.85	0.98
	平均	1.08	—

4.10　某急救中心项目 BIM 应用

4.10.1　导读

自 20 世纪 90 年代以来，我国的医疗卫生事业进入了飞速发展的阶段，随之而来的医疗建筑项目的数量也迅速增长。医疗建筑是公共建筑中极为复杂的建筑类型，并承载着为公共医疗服务的重要功能，因此对项目的施工技术与管理提出了很高的要求。传统的项目管理模式虽然比较成熟，但仍存在很多不足。如二维 CAD 建模不够直观，项目建模及施工过程中各专业工种协调性差、沟通不到位带来施工进度控制难题，缺乏可视化指导与协调平台等。因此，传统的项目管理模式已不能满足如今大中型公共建筑工程的需要，寻找一种便捷高效的项目管理理念十分重要。

BIM 技术是在原有 CAD 技术基础上发展起来的一种多维模型信息集成技术，可以使建设项目的所有参与方从设计、施工、运营维护等整个生命周期内实现对模型和信息的控制与管理，从而从根本上改变从业人员依靠符号文字形式图样进行项目建设和运营管理的工作方式，有效地建立资源计划、控制资金风险、节省能源、节约成本、降低污染和提高效率。

本案例以某机场急救中心项目为例，利用 BIM 技术对其进行精细化建模，建立参数化构件族库进行设计深化，通过施工动态模拟指导工作人员施工，旨在建立一套适合于医疗建筑工程的 BIM 管理体系，推动 BIM 技术在我国的深入发展。

该急救中心用地位于某机场生活区北部，建设用地面积约 2.27hm^2，地上建筑面积约 1.6 万 m^2。为适应快速发展的需要，加强应急医疗救护保障能力，拟对该急救中心进行改扩建，拆除车棚、血透楼等现状建筑约 5568m^2，新建病房急救和感染楼，总建筑面积 26923m^2，其中地上 22579m^2，地上 8 层，建筑最高点高度 38.6m。建成后，院内总地上建筑面积 34416m^2，容积率 1.51，绿地率 30%。其效果图如图 4.10-1 所示。

图 4.10-1　急救中心 BIM 模型

4.10.2　BIM 应用内容

以该急救中心扩建工程为依托，结合医疗建筑项目建筑复杂、施工难度大的特点，针对国内大中型公共建筑项目以及医疗卫生项目设计和管理中的难题，利用 BIM 技术，进行参数化建模，开发了医疗设备专用族库。结合该急救中心项目，研究了 BIM 技术在施工阶段的具体应用，包括施工场地布置、施工进度模拟和管综碰撞深化等，如图 4.10-2 所示。

1. 基于 BIM 的参数化建模

（1）参数化构件族库的开发　该急救中心项目在建立 BIM 模型之前，首先需要建立参数化构件族库。由于在该项目中，大量构件类型及参数类别相似，为避免因图样变更和工程改动造成的整个模型的修改和调整，推进工程进度和减少人力物力浪费，项目在建模过程中基于 BIM 技术的参数化特征，建立支持实时快捷修改的参数化专项构件族库。如果对族类型参数进行修改，这些修改将仅应用于使用该类型创建的所有图元实例。通过参数化的定义及调整可快速建立或修改构件模型，从而有效实现数据库与模型的双向链接。

基于该急救中心项目的需求，在 BIM 实施过程中，进行了族库标准的制订，包含尺寸、材质、密度、造价等参数化数据，并开发了基于本项目的专项族库，包括系统族、标准构件族、内建族，如图 4.10-3 所示。急救中心项目中多为医疗设备族，项目人员进行了专业族库的创建。

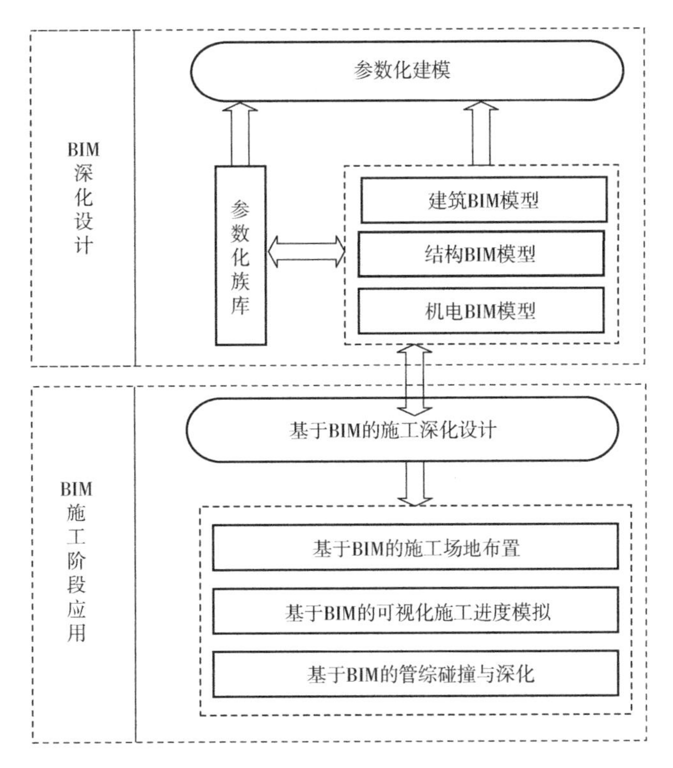

图 4.10-2　BIM 应用技术路线图

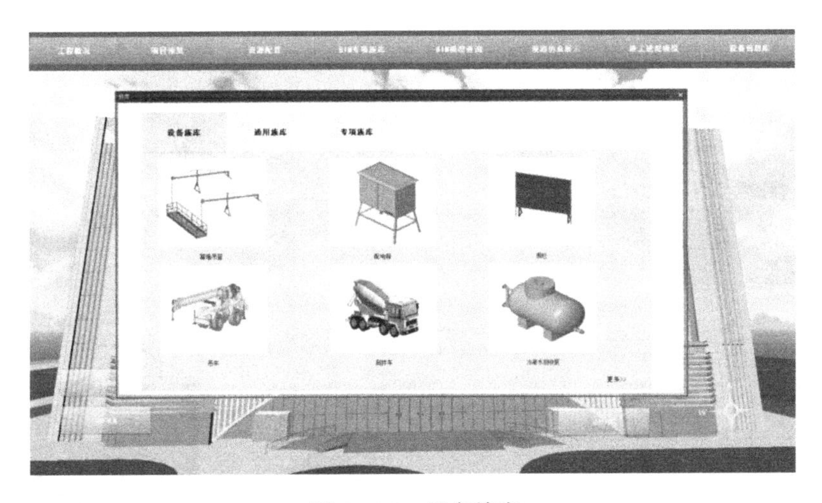

图 4.10-3　设备族库

参数化族库的建立在该急救中心项目中发挥了很好的应用效果。

1）将族导入相关的性能分析软件，得到相应的分析结果，利用可调节属性的族自动完成输入数据的过程，大大降低性能分析周期，提高设计效率。

2）在项目中利用族文件，进行三维环境中的碰撞试验，显著减少由此产生的变更单，降低了由于施工协调造成的成本增加和工期延误。

3）通过族与施工过程的记录信息相关联，与包括隐蔽工程图像资料在内的全生命周期建筑信息集成，不仅为后续的物业管理带来便利，并且可以在未来进行翻新、改造、扩建过程中为业主及项目团队提供有效的历史信息，提高运维效率，降低风险。

（2）整体模型建立　传统的建模方式是根据工程需要，在 CAD 等二维建模软件中依次创建构件柱、构件梁、构件墙、构件板、构件屋顶等基本构件，每个构件都需手动添加，并且在构件中不包括参数（几何、材料、成本等）信息。建模工作完成后，由于缺乏三维形象化图形，对后期施工人员的想象力与专业技能要求较高，易影响施工进度与质量。

该急救中心项目实现了基于 BIM 的参数化建模。

建模流程如图 4.10-4 所示。

创建参数化构件族库

↓

在 CAD 中建立轴线图并将其导入 Revit Structure 中

↓

将建立的族导入到项目中，实现族库与项目的链接

↓

在 Revit 中根据构件尺寸进行参数化建模

↓

模型搭建完成

↓

进行深化设计及施工模拟

图 4.10-4　参数化建模流程

该急救中心基于 BIM 技术建立的参数化模型如图 4.10-5 所示。

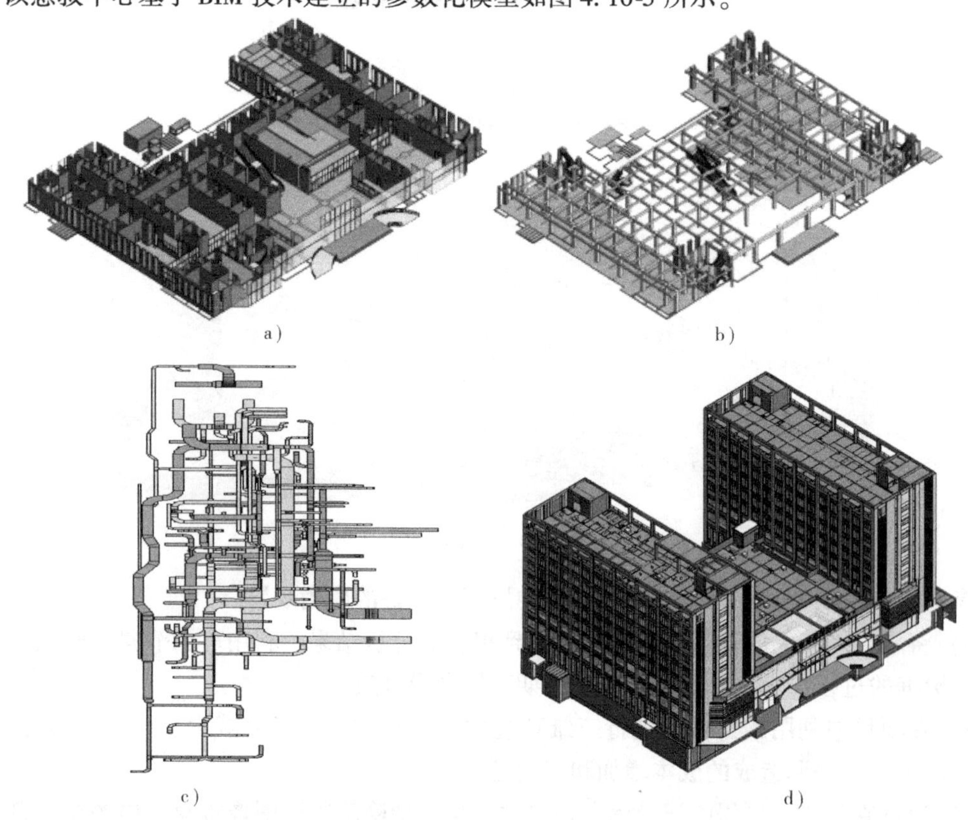

图 4.10-5　参数化模型建立

a）建筑 BIM 模型　b）结构 BIM 模型　c）机电 BIM 模型　d）各专业模型整合

2. 基于 BIM 的施工场地布置

由于该急救中心项目施工结构复杂，施工难度大，施工前对材料堆放和大型施工设备的布置，合理分区尤为重要。在项目中利用 BIM 技术进行三维可视化立体施工规划，可以避免施工中不必要的问题：如材料堆放空间不够或布置不合理造成场地浪费、交通无法满足构件运输空间要求、起重吊装等大型设备操作预留空间不能满足施工安全要求、焊接及切割等分区不合理造成对办公及休息区甚至周边居民生活的不良影响等。

基于建好的急救中心整体结构 BIM 模型，可以对施工现场进行三维合理规划，使平面布置紧凑合理，尽量避免占用施工场地，同时做到场容整洁、道路畅通；可以合理安排库房、加工工地和生活区等位置，解决现场场地划分问题；通过与业主的可视化沟通协调，对施工场地进行优化，选择最优施工路线，符合防火安全及文明施工要求。BIM 模拟施工场地布置如图 4.10-6 所示。

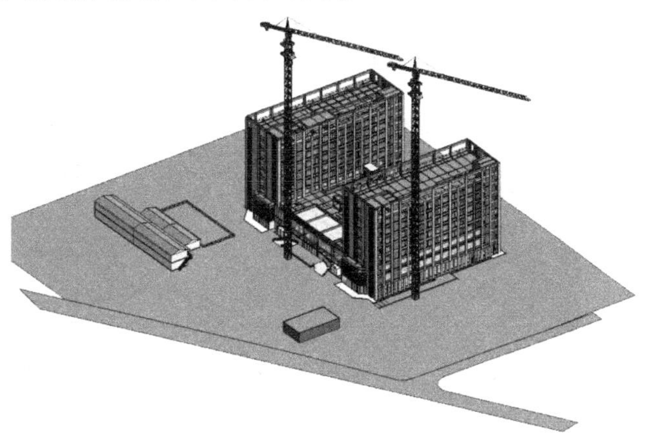

图 4.10-6　BIM 模拟施工场地布置

3. 基于 BIM 的可视化施工进度模拟

在该急救中心项目实际实施过程中，由于施工环境及现场较复杂，施工人员专业素质不统一，故信息沟通不对称现象常有发生，易造成施工错误或延期。为寻找最优的施工方案，该急救中心项目采用基于 BIM 的施工过程及进度可视化模拟。通过将 BIM 与施工进度计划相链接，将空间信息与时间信息整合在一个可视的 4D 模型中，可以直观、精确地反映整个建筑的施工过程，真正做到前期指导施工、过程把控施工、结果校核施工，实现项目的精细化管理。

实现施工模拟的过程就是将 Project 计划进度表、BIM 三维模型与 Navisworks 施工动态模拟软件进行链接，制订构件运动路径和构件属性信息，并与时间维度相结合的过程，其施工进度模拟及控制流程如图 4.10-7 所示。

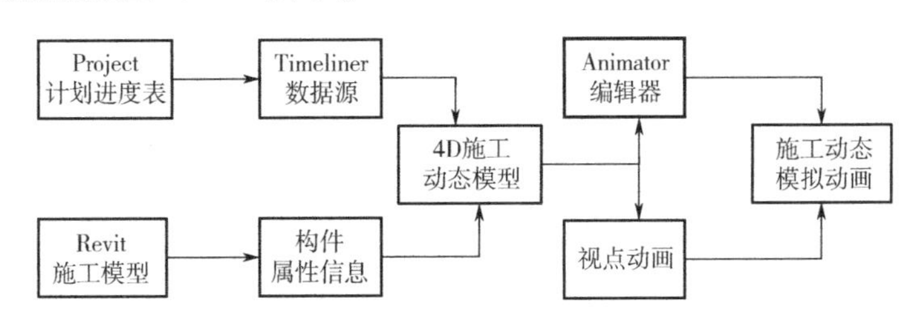

图 4.10-7　施工进度模拟及控制流程

4. 基于 BIM 的管线综合碰撞与深化设计

该机场急救中心项目走廊内的管道种类繁多，包括给水排水管、送风风管、回风风管、排烟风管、强弱电桥架、消火栓水管、自动喷淋水管、医用气体管道、洁净风管、空调水管与冷凝水管等管线。机房内管道规格较大，且需要与机电设备进行连接。水、暖、电等各种管线错综复杂，各预制构件搭接处钢筋密集交错，如在施工中发现各种管线、预制构件搭接发生碰撞，将给施工现场的各种管线施工、预埋和现场预制构件的吊装带来极大的困难。

针对该急救中心项目的复杂性，运用 BIM 技术进行建模与整合，根据检测任务的需要，选择系统内不同的模型构件、类型或范围，对待检模型进行内部碰撞检测，导出碰撞报告，进行类别筛选分类。利用 BIM 模型的三维可视化查找机电专业内的碰撞问题，通过优化管线排布解决碰撞问题并可指导现场施工，提高工程质量，减少材料的浪费。进行机电专业的碰撞检查，将碰撞问题分类筛选并生成详细的碰撞报告。部分碰撞检查如图 4. 10-8 所示。BIM 模型管线优化前后对比如图 4. 10-9 所示。

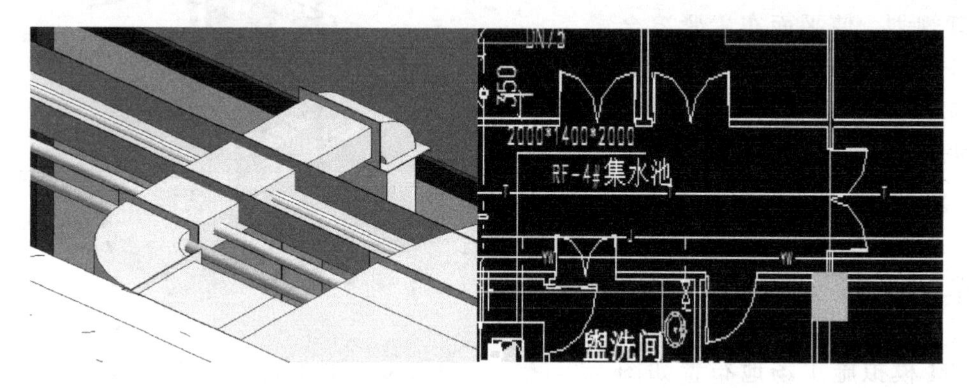

图 4. 10-8　碰撞检查

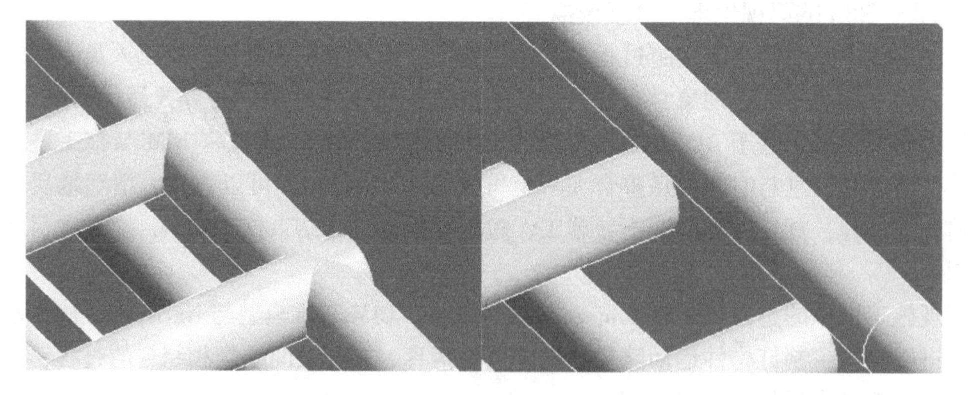

图 4. 10-9　管线优化前后对比

4. 11　预应力索网结构施工中的 BIM 应用

4. 11. 1　导读

BIM 是近年来建筑领域出现的新兴技术，能够改善项目设计质量，节省同一项目不同软件的建模时间，降低生成图样时的出错率，提高施工效率，完成对建筑全寿命周期的管理。充分应用计算机辅助施工的思想，基于 BIM 技术，对建筑的施工过程进行动态模拟，选择最优施工方案，提前发现设计漏洞，对结构关键部位的施工具有指导意义。不仅如此，施工动态模拟还可以辅助施工项目管理，通过项目策划和项目控制，最终使项目的进度目标、质量目标、成本目标和安全目标得以实现。施工模拟技术辅助项目全过程施工管理内容如图4.11-1所示。

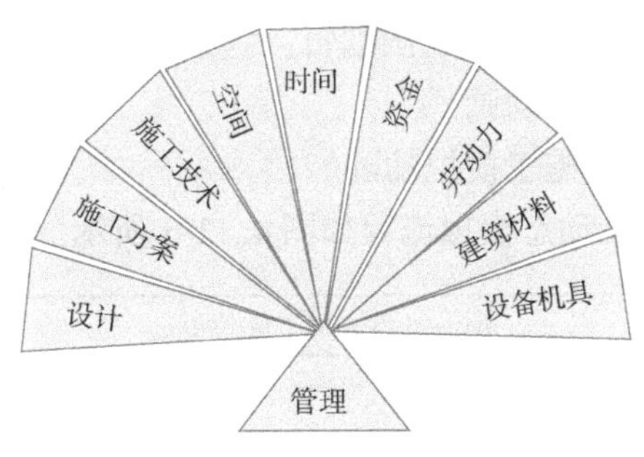

图4.11-1 施工模拟技术辅助项目全过程施工管理内容

该体育场属于超大跨度空间张拉索膜结构工程，屋盖建筑平面呈椭圆环形，长轴方向最大尺寸约270m，短轴方向最大尺寸约238m，最大高度约57m。屋盖主索系包括内圈环向索和径向索，包括144道吊索、72道脊索和72道谷索。膜面布置在环索和外围钢框架之间的环形区域，形成波浪起伏的曲面造型。其实拍图如图4.11-2所示。

图4.11-2 该体育场实拍图

4.11.2 BIM应用内容

本案例选用Navisworks软件，结合工程实例，对其施工过程的模拟进行具体研究，旨在加深BIM技术在施工动态模拟中的应用，具体流程为：

1）使用Revit软件建立工程实体模型，并导出NWC或DWF格式文件。

2）使用Project软件制订详细施工计划，生成mpp文件。

在1）、2）步准备工作完成后，开始对施工过程进行动态模拟。

3）将NWC或DWF格式文件导入Navisworks中，并通过Presentor进行材质赋予，以使其外观达到项目要求。

4）在Timeliner中以数据源的形式添加mpp施工计划文件，并生成相应任务层次。

5）根据施工方案，将 Timeliner 任务列表中的任务与相应模型构件相附着。

6）对任务列表中信息进行完善，如添加人工费、材料费等。

至此，即完成了施工过程动态模拟的各项步骤，下面开始施工模拟动画的制作。

7）通过 Animator 对相应构件进行动画编辑，例如生长动画、平移动画、抬升动画等。

8）调整观察视角，录制视点动画。

9）选择渲染方式，并导出施工模拟动画。

基于 BIM 技术的整个施工动态模拟流程如图 4.11-3 所示。

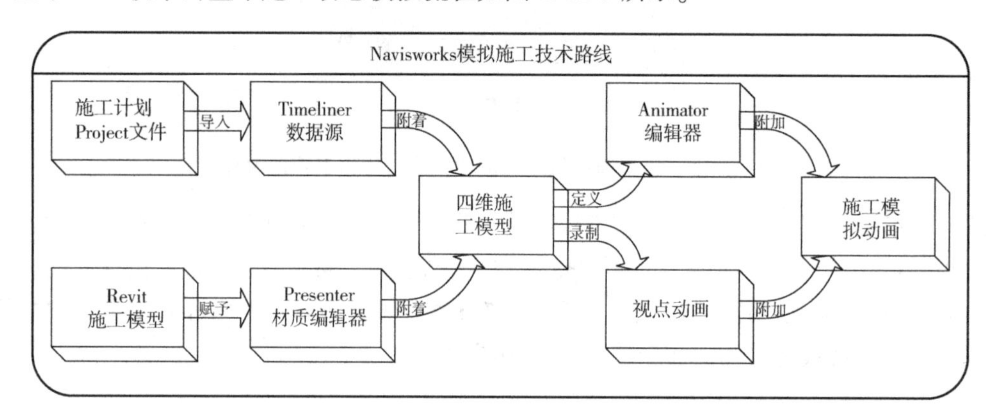

图 4.11-3　基于 BIM 技术的整个施工动态模拟流程

1. BIM 模型建立及施工计划制定

工程实体模型的创建是完成施工模拟动画的基础，使用 Revit 软件建立工程实体模型。该体育场 Revit 模型如图 4.11-4 所示。

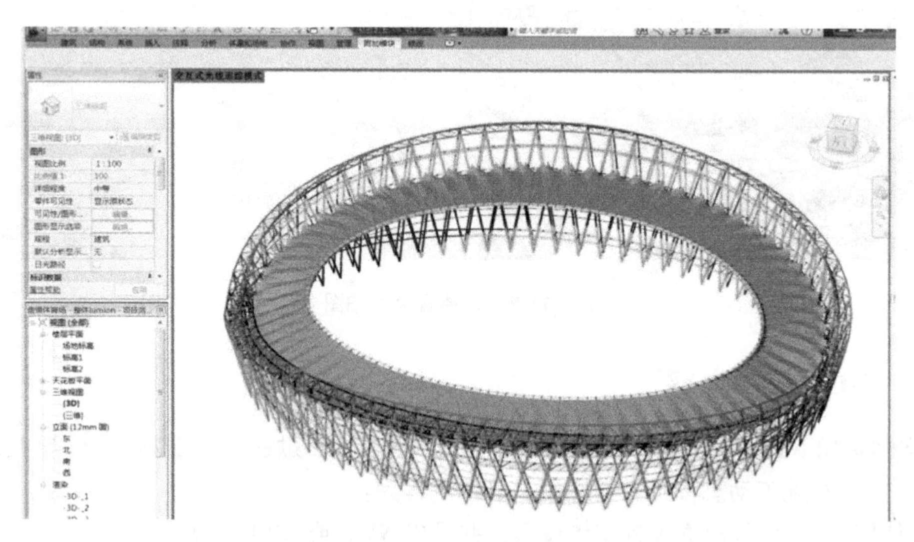

图 4.11-4　体育场 Revit 模型

然后根据该体育中心体育场的施工方案，结合当前施工进度以及现场施工条件，制订详细施工流程计划，并使用 Project 软件制作施工计划书。图 4.11-5 为用 Project 编写的该体育中心体育场施工进度计划。

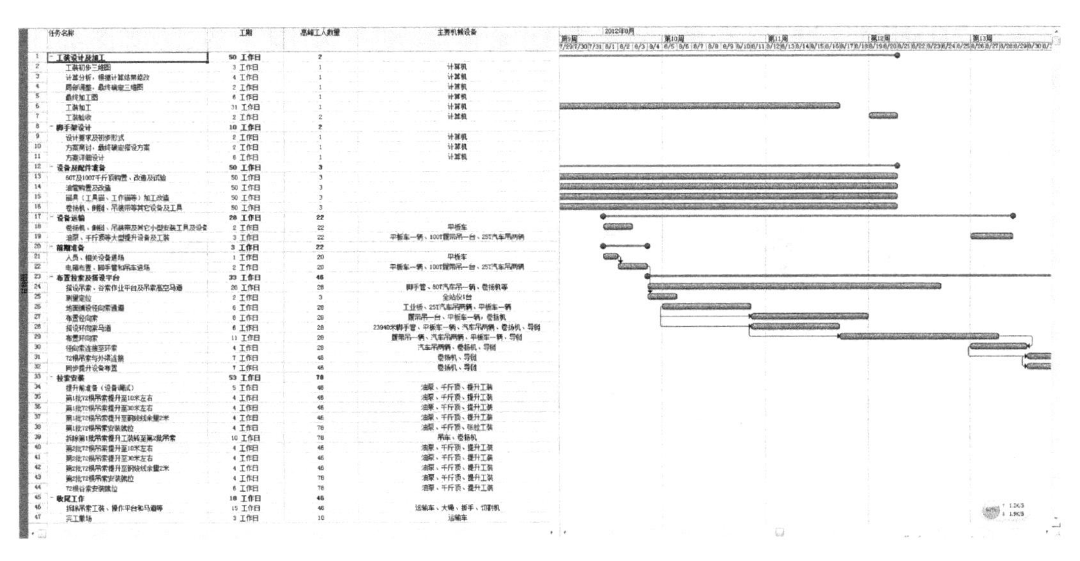

图 4. 11-5　体育场施工计划

2. 结构生长仿真模拟

（1）模型的渲染　打开通过 Revit 外部模块导出的 NWC 格式文件，可以使用“Presenter”将纹理材质、光源、真实照片级丰富内容（RPC）、效果、渲染、纹理空间和规则应用于模型。“Presenter”不仅可以用于真实照片级渲染，还可以用于 OpenGL 交互式渲染。在使用“Presenter”设置场景后，便可以在 Navisworks 中实时查看材质和光源。Presenter 编辑器如图 4. 11-6 所示。

（2）添加时间节点　Navisworks 中时间节点的添加变现为任务列表的生成。生成任务列表有两种方式，逐个添加任务生成任务列表或通过数据源直接生成任务列表。由于在施工模拟准备工作中已制定了详细的施工计划，本项目采用直接将已有 Project 施工计划书作为数据源来生成任务列表的方法。数据源导入如图 4. 11-7 所示。

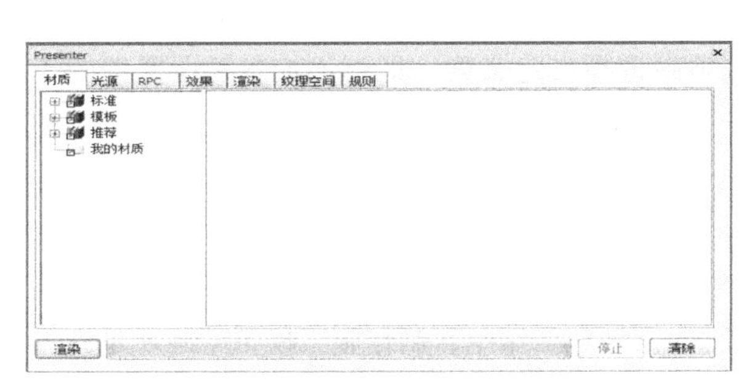

图 4. 11-6　Presenter 编辑器

图 4. 11-7　数据源导入

（3）赋予构件时间信息　为了将时间节点与相应的构件相关联，需要进行构件的附着。选中需要附着的构件，在任务列表的相对应任务中单击右键选择附着当前选项，即赋予了三维模型“时间”这一新的参数，完成了构件与时间的结合。然而，大型施工项目的施工计划非常详细，任务数量很多，进行构件附着工作量非常大。通过在创建 Revit 模型时对构件进行明确、详细的分类，并且保持构件名称与 Project 文件的一致性，即可对同类构件进行整体附着或自动附着，减少工作量。对该体育中心体育场进行构件附着的过程如图 4. 11-8 所示。

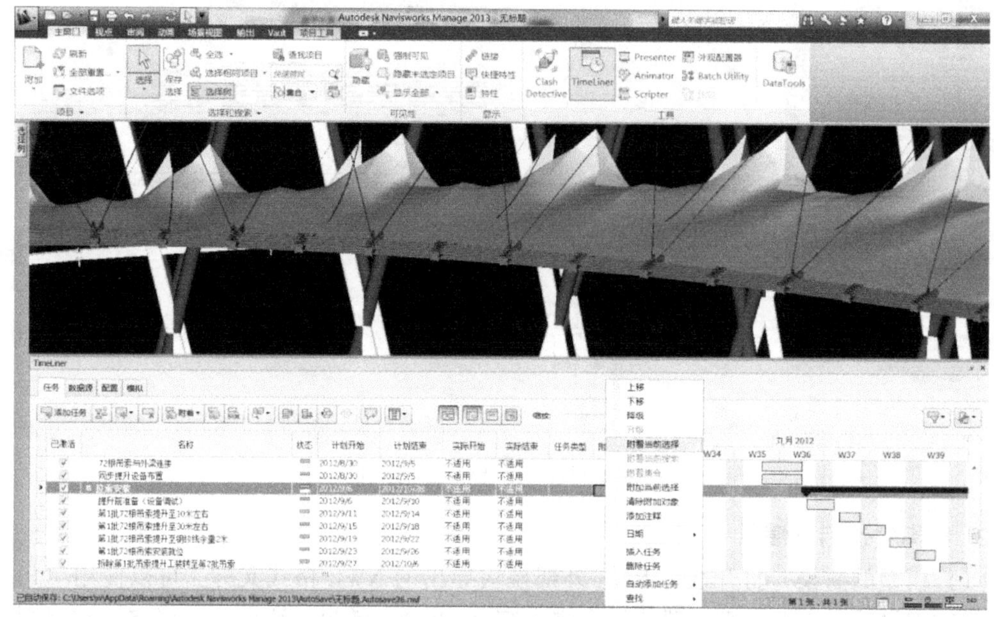

图 4. 11-8 构件附着

(4) 赋予构件施工类型 建筑的整个建造过程中，不同构件在不同阶段的施工类型是不同的，如混凝土梁柱的施工是从无到有的过程，而混凝土模板则属于临时构件，在浇灌混凝土后需要拆除。施工过程中各个构件出现及消失的过程通过定义“任务类型”来实现。软件内有 3 个自带的任务类型，“构造”开始为绿色（90% 透明），结束为模型外观；“拆除”开始为红色（90% 透明），结束为隐藏；“临时”开始为黄色（90% 透明），结束为隐藏。设计者可以根据实际施工情况来添加任务类型。比如做混凝土模板退出工作的动画时，可以添加一个名为“拆除模板”的任务类型，该类型要求开始时为红色，结束时为隐藏。

(5) 赋予构件属性信息 Timeliner 中，除时间和任务类型外，还可以添加诸如材料费、人工费等其他属性信息。在 Timeliner 的列选项中选择自定义列，即可添加各种所需的关于该任务的属性信息。在最终模拟动画中通过相应设置，可以使这些属性信息随时间一并显示。

3. 施工动态模拟分析

上述对结构生长过程的动态模拟，只能表现出构件进场、出场的先后顺序，并不能完整地展示施工方案的整个实施过程，不具备真正的指导施工作用，制作施工模拟动画才是施工动态模拟的关键。

(1) Animator 动画编辑 Animator 编辑动画的原理是通过关键帧的捕捉。此处以该体育场环索提升过程为例，讲解 Animator 的操作步骤。首先开启 Animator 操作界面，添加一个场景，在 Timeliner 任务列表中找到该索提升相对应的任务，点击“显示选择”选中该索，然后点击“添加动画集”下拉菜单中的“从当前选择”，开始对该索进行动画编辑。打开 Animator 操作界面左上角的坐标轴，移动坐标轴到使目标对象到初始位置，在 5s 处捕捉一个关键帧，再把索移至目标位置，在 0s 处捕捉另一个关键帧。这样就形成了一个时长为 5s

的索的提升动画。图4.11-9和图4.11-10为体育场中Animator动画编辑界面。

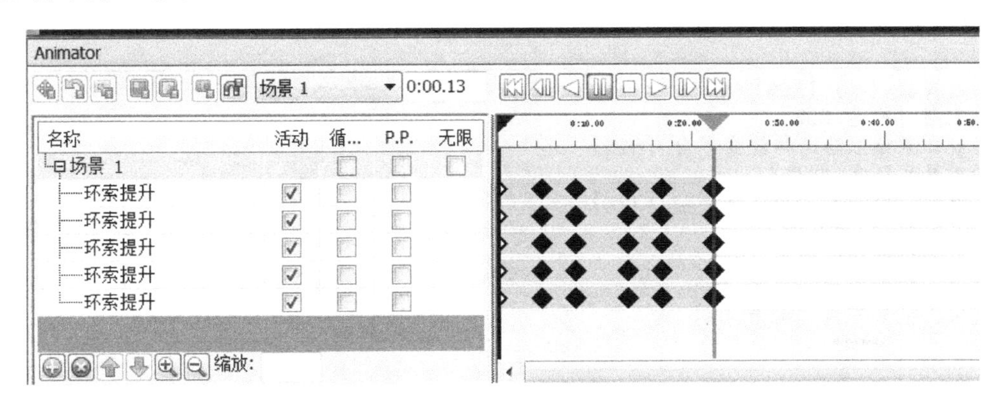

图4.11-9　环索的动画集

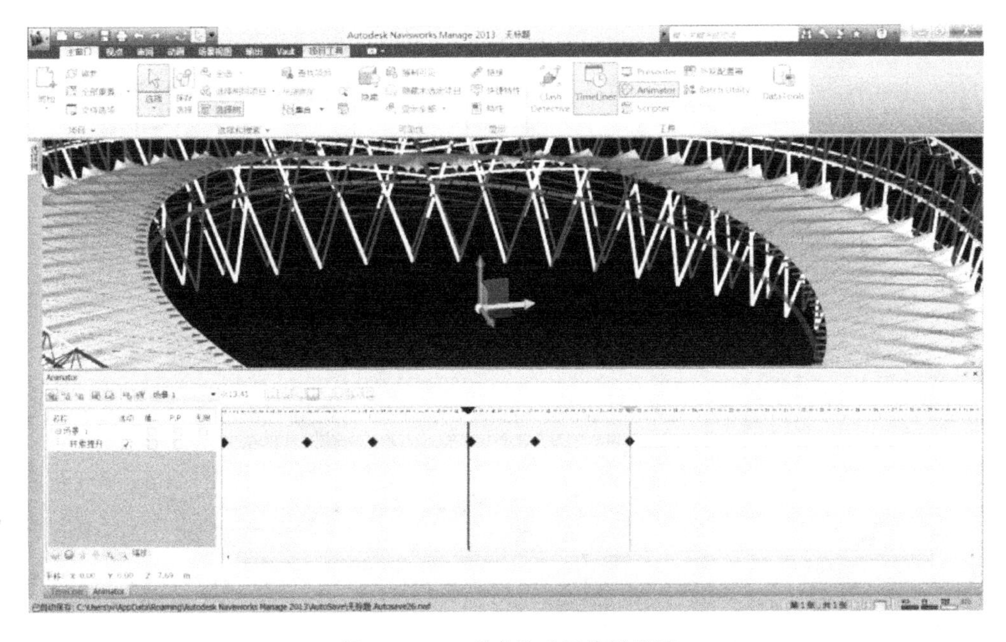

图4.11-10　环索的动画编辑界面

（2）视点动画编辑　在整个施工模拟动画过程中，如果视点一成不变，就很难突出重点。尤其在细小构件安装时，只有将视点聚焦在该构件上才能看清其拼装过程。因此，制作对应的视点动画凸显关键施工工艺也是十分重要的。

Navisworks中的视点功能包括平移、缩放、环视、漫游、飞行等多视点变化效果。点击“动画”选项中的“录制”即可开始试点动画的录制，动画录制过程中可以根据视点需求进行试点变化，点击停止录制结束，生成一个视点动画。在Timeliner“模拟”选项“设置”中选择“保存的视点动画”即可将视点动画合并到已完成的施工模拟动画里。编辑视点动画时，可以同时在“模拟”中播放已完成的施工模拟动画，根据施工进度变换视点，从而达到更好的视觉效果。

（3）视频模拟动画输出　动画编辑完成后，即可导出不同格式的视频动画。点击操作界面“输出”选项中的“动画”。点击确定后开始动画渲染，渲染时间由文件大小及计算机配置决定。体育场最终四维动态施工模拟动画截图如 4.11-11 所示，现场施工场景如图 4.11-12 所示。

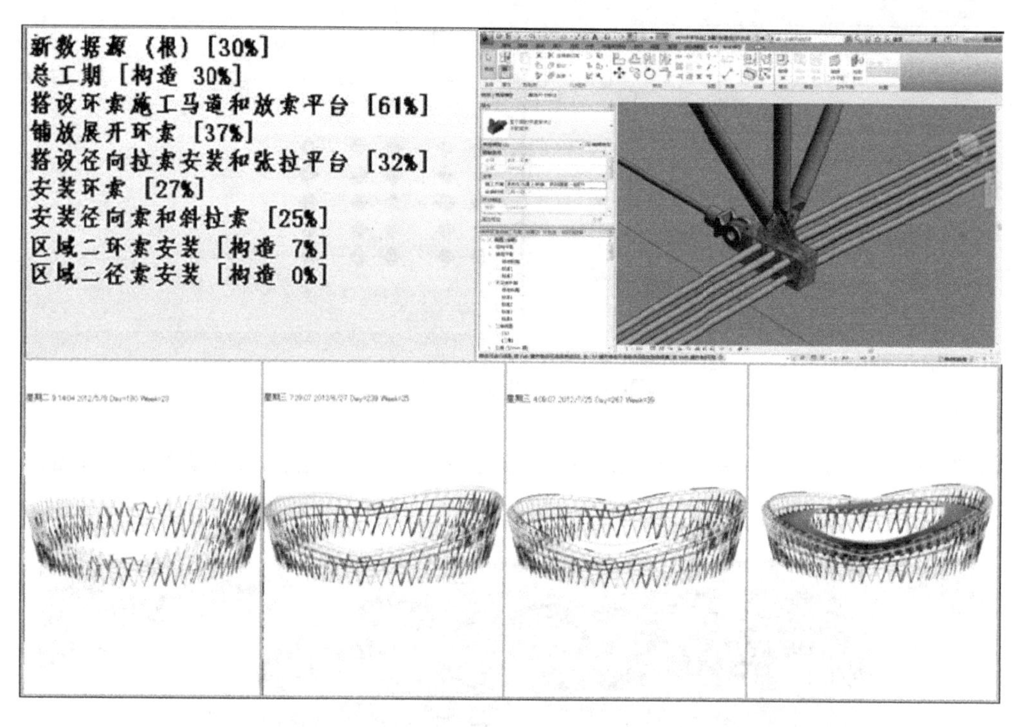

图 4.11-11　体育场导出动画界面

图 4.11-12　现场施工场景

4.12 某大桥施工管理中的BIM应用

4.12.1 导读

BIM利用三维数字化技术，在计算机上对建筑物进行三维模型的搭建，并对模型中的各个构件赋予大量的几何信息以及非几何信息。信息模型包括构件几何尺寸信息和大量的非几何信息，该信息模型能够对项目的招标投标以及施工管理等多方面起到很大的帮助作用。

BIM技术出现时间不长，但发展速度十分迅猛，目前，很多大型的建筑项目都使用了BIM技术，并取得了不错的成果。但是对于桥梁工程而言，BIM技术却比较陌生，许多BIM方面相关的研究成果都未能很好地应用在桥梁领域中，如何将BIM技术应用在桥梁工程的施工管理中，进而提高施工效率，是目前需要解决的问题。

本案例基于某大桥，利用BIM技术进行大桥的三维可视化建模，通过仿真模拟技术，对大桥施工中的各类施工工艺进行模拟，用来给施工人员指导施工，使施工人员更易理解，避免返工，并且进行大桥施工管理平台的二次开发，使该项目的管理更为简单易懂，建立一套合适的桥梁施工管理体系，进行最后的交付。

该大桥预应力工程量大，分布范围广。同时预应力单个孔道内钢绞线数量多，且多数为4跨、5跨连续箱梁，总长度超过150m的占总箱梁数的近60%。由于采用全预应力设计，故预应力施工质量是整个工程控制的重点，也是现场监理、业主最为严格要求的施工技术内容。项目部需合理安排各个工序穿插作业，严格遵守施工技术交底，细致控制施工质量。同时预应力施工相关性强，连续性强，前面工种的施工质量对后续施工有很大的影响，故需要确保每个施工作业按照相关的标准严格检查，确保整个预应力施工的顺利进行。

该工程投入了巨大资源，工期紧张，因此，如何在短时间内保质保量地完成任务，是亟待解决的问题。同时，由于该工程规模大、构件数目大、人员数量多，怎样有效地对各类材料以及施工人员进行管理，也是很大的挑战。故需要通过对各部门、工序以及路线的协调，使现场的管理达到最优化。该工程具有大量的复杂节点，施工工艺多种多样，利用传统的方法指导工人进行施工效率很低，而且容易出现问题，耽误工期，所以需要利用新的、有效的方法来进行施工工艺的指导，确保施工的正常进行。

为解决该工程的各施工难点，利用BIM技术，对该项目进行模型的建立以及场地的模拟，以方便施工单位进行施工。对复杂的施工工艺进行动态施工模拟，使施工人员能够直观、清楚地了解施工工艺的过程，确保正确进行施工，提高效率，同时开发专项施工管理平台，进行交付。

4.12.2 BIM应用内容

为了实现BIM技术在桥梁中的精细化管理，进行了BIM建模，并且对该大桥的多种施工工艺进行模拟，更好地指导施工人员进行施工。同时基于VDC技术，对大桥的管理平台进行了二次开发，该平台操作简单，高效快捷。实践证明，通过BIM技术在桥梁工程施工管理中的应用，大大提高了施工效率，节约了时间与成本。

1. BIM 模型的建立

现在，各种建筑层出不穷，外表越来越美观，形式越来越复杂，但是，越复杂的结构在施工时也越困难，施工人员需要将平、立、剖的图样结合起来，才能确定各个构件的几何位置，这样的方法费时费力，而且容易出现错误。通过 BIM 技术，能够将二维的图样转化为三维的模型，使施工人员能够直观地观察模型，确定构件的几何位置，这样更为节省时间，且不易出现错误。

该大桥工程量大，施工难度高，在施工前进行 BIM 模型的搭建十分重要。根据二维图样，利用 Revit 软件对该项目进行建模，并赋予信息，通过 Revit 模型，能够将项目中的各个构件尺寸、位置、属性都表现出来，便于施工人员观察，提高施工效率。Revit 建立的模型如图 4. 12-1 所示。

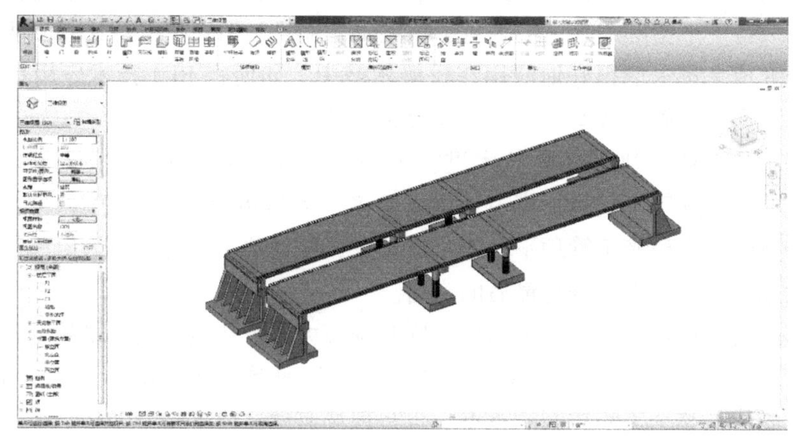

图 4. 12-1　大桥 BIM 模型

2. 基于 BIM 技术的施工工艺模拟

该工程施工难度高，传统的方法往往是项目经理和技术负责人在现场对施工人员进行指导，并且在出现问题时及时发现，进行指导改错。但这种方法过于依靠项目经理和技术负责人的个人能力，不能进行大范围指导，大大降低了效率，并且也更容易出现问题，出现二次返工的情况。基于 BIM 技术，对该工程的复杂施工工艺进行三维可视化模拟，以此来指导施工人员进行施工，这种方法使施工人员更为简单直观地了解施工工艺，能够大范围地指导施工人员进行施工，提高效率，避免二次返工。

（1）施工前作业　在项目开始施工前，需要对施工现场进行场地布置，利用 BIM 技术模拟施工前的准备阶段，使施工人员快速准确地完成准备工作，快速进入施工阶段。该项目施工前模拟主要包括基于 BIM 技术预应力箱梁两端柱子、预应力箱梁底部支撑脚手架搭设、预应力箱梁底模和两侧模板安装模拟。施工前模拟如图 4. 12-2 所示。

图 4. 12-2　施工前模拟

（2）波纹管安装　波纹管的安装程序比较复杂，并且注意事项较多，安装时必须恰当地加以导向和固定才能使波纹管发挥作用，因此波纹管导向和波纹管固定支架的设计必须严格按照设计部门有关技术资料进行。

利用BIM技术对波纹管临时安装施工工艺进行模拟。首先在腹板内每隔2m安装一个临时支撑，将临时支撑和腹板相应高度的腰筋进行连接固定，然后4m一段将波纹管从端部穿入到腹部内，放置在临时支撑上，用钢丝进行临时的绑扎固定，将波纹管用接头进行连接，并且临时安装热缩带，最后用胶带将接头临时绑扎，并且在波纹管相应最高点、最低点位置处使用热熔机在波纹管上打孔，并安装出气孔接头。波纹管安装施工工艺模拟如图4.12-3所示。

（3）穿筋施工　预应力筋穿束的施工过程也不容易掌握，并且需要注意多个方面，如穿束前应检查锚垫板、喇叭口以及压浆孔内的灰浆是否清除等。如果施工不当十分容易造成施工结果不满足要求，需要重新返工等问题，使工期延误，因此，利用BIM技术进行穿筋施工的模拟也是十分必要的。

图4.12-3　波纹管安装施工工艺模拟

穿筋施工流程为：

1）在箱梁端部搭设预应力穿筋操作平台。

2）将穿束机和预应力穿筋架体用起重机放在操作平台上，并用起重机将成盘的钢绞线调至预应力穿筋架体中（用吊装带进行起吊）。

3）将钢绞线从架体里拉出并引入穿束机，用穿束机将单根钢绞线传至波纹管口时在钢绞线端部安装导帽。

4）继续运转穿束机，将预应力筋穿入临时支撑上的波纹管内。

5）当另一段预应力筋穿出波纹管一定长度后，停止穿筋施工，确定两端外露长度后，用砂轮锯将穿筋端的预应力筋切断。

6）重复上述1）~5）流程继续穿筋，完成全部钢绞线的穿筋施工。

穿筋施工工艺模拟如图4.12-4所示。

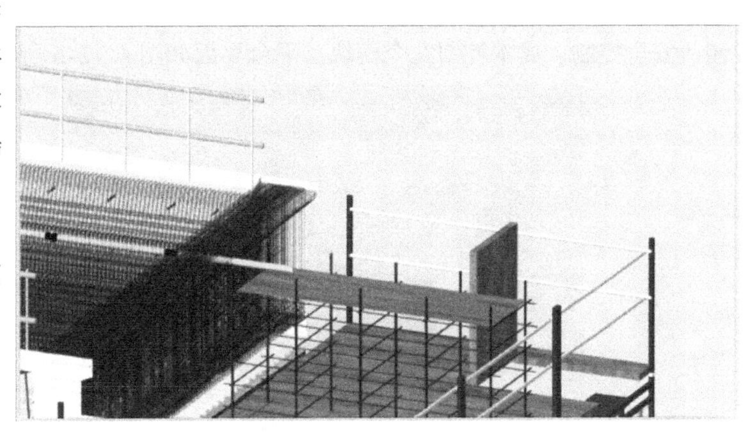

图4.12-4　穿筋施工工艺模拟

（4）落位施工　落位施工是施工中十分重要的一

步，它关系到波纹管最终放置的位置是否正确，而正确的施工方法也是保证波纹管最终位置的关键，通过 BIM 技术的模拟，使施工人员在进行落位施工时采取正确的施工方法，保证波纹管的最终位置。

落位施工流程为：

1）落位前根据预应力波纹管的矢高，安装定位支撑钢筋（500mm 间距）。

2）将临时支撑上波纹管的临时绑扎钢丝剪开。

3）在桥中间跨的临时支撑波纹管处用吊装带缠绕，准备起吊（4 个吊点）。

4）用两台起重机通过吊装带将临时支撑架上的波纹管吊起，脱离支撑即可。

5）将临时支撑拆除。

6）利用起重机缓慢将波纹管落位至相应的定位钢筋上。

7）解除波纹管处的吊装带，完成中间跨波纹管的落位施工。

8）重复 2）~6）步骤将两端的预应力波纹管落位至相应矢高的定位钢筋上。

落位施工工艺模拟如图 4.12-5 所示。

传统的施工只能单纯地通过语言进行指导，工人在接受时必然会出现不同程度的问题，延长施工的工期，而利用 BIM 技术进行施工工艺的模拟，既方便了对施工人员的指导，同时也使工人在了解施工工艺时更加的直观，不容易出错，大大地提高了指导施工的效率，缩短施工工期。

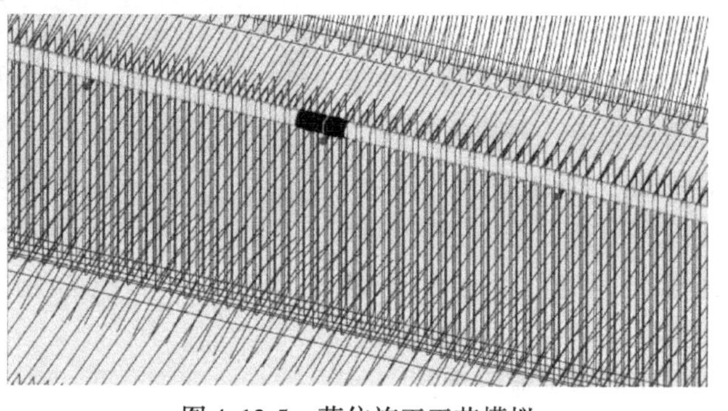

图 4.12-5　落位施工工艺模拟

3. 基于 BIM 的专项施工管理平台

由于该大桥工程巨大，BIM 工作也包括了模型以及施工模拟等多项内容。因此，在对业主进行 BIM 专项交付时会由于信息量大而变得麻烦，并且给业主在进行检查使用时带来很多的不便。为解决该问题，基于 BIM 和 Bentley 平台，进行该大桥预应力专项施工管理平台的二次开发。在平台中，将该项目的多项内容进行整合，方便业主进行各个专项内容的查找并指导施工人员进行专项施工。该管理平台主要包括工程概况、资源配置、预应力系统、深化设计、施工方法、质量控制、进度控制、安全控制、成本控制九个模块，平台界面如图 4.12-6 所示。

图 4.12-6　大桥管理平台界面

(1) 工程概况模块　该模块是项目管理平台的基础模块，在该模块中可以对项目进行快速的了解，在模块相应的内容中可以查看该项目的基本情况、CAD 图样、Revit 模型等多项内容，可以在各个视角对项目的 Revit 精细化模型进行预览。

该模块主要包括工程介绍、桥体预览、导游视角、视图显示以及模型测量五个方面。工程介绍中包括该工程的基本情况，比如建筑物位置、结构形式、投资额等内容。桥体预览中可以对项目的模型进行各类视角的观察。导游视角中，操作者可以以第三人的视角在大桥中的各个位置进行细部的查看，使操作者更为直观地了解桥体结构。视图显示中包含桥体的平、立、剖图样。在模型测量中可以任意测量模型中两点的位置，方便施工人员了解情况。管理平台中工程概况如图 4.12-7 所示。

(2) 资源配置模块　该项目工程量大，资源使用量多，因此，项目的资源配置十分重要，科学合理的管理方法能够大大地节省施工时间和成本。在该平台中，通过对资源配置模块的浏览，工作人员能够对该项目各个方面的情况进行了解，方便在后期的施工管理中对各种资源进行合理的调配，使工程更为科学地进行下去。

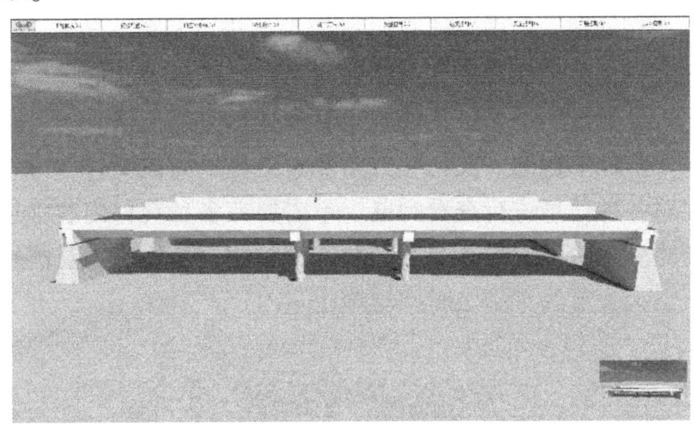

图 4.12-7　工程概况

资源配置包括组织机构、人员、材料、机具、结构构件五个方面。组织机构中以表格形式体现工程组织，并可查看其中人员具体职责。在人员方面中可以查看工程所涉及的所有人员信息，包括姓名、人员数量、职务等，方便工程管理。对材料部分进行管理，在平台中能够快捷地查询工程中的材料状况。结构构件能够对工程中所涉及的结构构件进行拆分显示，点击构件能够查询构件的细部节点详图，如图 4.12-8 所示。

图 4.12-8　喇叭口详图

(3) 预应力系统模块　预应力施工模拟是该项目的重点及难点，对快速准确地指导现场施工人员进行预应力施工十分重要。熟悉预应力系统模块后，可以随时对施工方法与施工顺序进行查看，更好地了解施工方案，更方便地指导工作人员进行施工。

预应力系统包括后张拉系统、材料及储存、工程序列及详细方法。后张拉系统详细描述后张拉工艺的内容，方便施工方进行查看。材料及储存主要对工程材料的管理进行详细的说明。工程序列对工程的施工顺序进行说明。详细方法对预应力施工的方法进行详细的描述，并可以随时调出相关工艺的详图。

（4）施工动画模块　在施工动画模块中，将之前的制作好的各施工工艺展示进行链接，可以直接在平台中进行查看，了解复杂工艺上的施工过程，指导施工。同时，还可以在平台构筑的三维场景中进行全方位的3D浏览，以了解建筑各个复杂的施工过程，透彻了解施工工艺，更加方便施工方进行查看与技术指导。

在管理平台中，还有质量控制、进度控制、安全控制、环境控制以及成本控制五个模块。在这五个模块中，可以随时对施工的各个方面进行管理，及时发现各种问题，提早与施工人员进行沟通修正，使施工管理变得方便快捷。

管理平台的开发，一方面能够更好地完成交付，方便业主的管理，业主可以在平台中直接对各种信息进行查看阅览，不需要在多种交付内容中进行一一的搜索。另一方面，能够方便对施工阶段进行各个方面的管理控制，使施工人员能够高质量、高水准地完成该项目的施工，大大节约了施工时间与施工成本。

本章考试大纲

1. 掌握招标投标的含义、特点。
2. 熟悉各案例的特点，深化设计要求及设计规范。
3. 了解 BIM 深化设计协调管理流程。
4. 熟悉 BIM 在各项目的应用点。
5. 掌握 BIM 系统实施保障。
6. 了解施工动态模拟的优点。

第5章 建筑全生命周期BIM应用

5.1 某预制装配式住宅信息管理平台 BIM 应用

5.1.1 导读

预制装配式建筑质量轻、抗震性能好、构件加工方便、施工周期短、绿色环保，已被广泛应用在住宅工程中。预制装配式建筑可以很好地提高建筑的建造速度和质量，但是该项技术在我国的研发时间并不长，技术不成熟，施工风险高。

预制装配式构件族相对复杂，而且国内采用的平法布筋规则束缚 BIM 模型的二维表达。基于 BIM 技术，尝试参数化控制手段，结合脚本程序语言，对构件参数进行有效的参变，并在今后的项目中通过参变的形式得到，可以提高建造速度。将构件在三维环境下进行预拼装，使施工中可能遇到的问题提前展现，能减少后期工作错误、提高效率。

为保证住宅的建造速度和质量，必须采用先进的全过程施工控制方法，建立信息管理控制系统。本案例主要针对 BIM 技术在预制装配式住宅工程施工信息管理中的应用进行研究，并对预制装配式住宅工程建筑信息管理平台进行研发，旨在建立一套符合我国国情和市场需求的预应力装配式住宅标准化建造体系，推动我国住宅工程的信息化、标准化和产业化。

5.1.2 项目中 BIM 的应用

1. 基于 BIM 技术的建筑信息管理平台概述

（1）建筑信息管理平台概述　建筑信息管理平台以相似预制装配式住宅工程管理经验、建筑信息化管理框架为指导，基于 PC 工程的 BIM 模型中心数据库，构建工程建筑信息管理系统，从工程设计、施工、材料、使用等全过程为工程提供全生命周期管理。建筑信息管理平台将建筑产业链各环节关联起来，进行集成化的管理，极大地提高了工作效率。针对预制装配式住宅的标准化构件生产、施工现场只需进行拼装工作的特点，提供模块化的设计和构件的零件库，与产业化住宅建造过程的信息管理需求契合，具有投入低、产出高的特点。

（2）建筑信息管理平台的功能及目标　建筑信息管理平台的功能主要包括深化设计数据库的提供，PC 构件生产阶段的进度、仓储、物流情况的模块化管理，现场施工阶段人员、材料、机具、工法、环境的一体化管理，施工进度的把控与矫正以及运维阶段数据库的移交等。针对不同的客户对象，包括政府机构、设计院、施工企业、房屋业主等，面向全社会提供建筑信息管理服务，为预制装配式住宅建筑设计、施工提供指导，为预防施工事故提供借鉴，为房屋的安全使用提供技术支持。

建筑信息管理平台旨在通过 BIM 技术的应用，以工业化的生产方式、集成化的管理方式促进住宅产业化、生产现代化，在降低成本的同时提高建筑质量，减少能源排放。

(3) 建筑信息管理平台整体架构　结合 BIM 技术的特点，预制装配式住宅的建造特点与需求以及建筑信息管理平台的目标，确定基于 BIM 的预制装配式住宅工程信息管理平台架构。

预制装配式住宅工程信息管理平台分为前台功能和后台功能。

预制装配式住宅工程信息管理平台的前台提供给大众浏览操作，核心目的是把后台存储的全部建筑信息、管理信息进行提取、分析与展示，包括深化设计节点选取功能、PC 构件检索功能、施工方案演示与施工进度浏览功能及运维阶段人员、资金、物流管理等功能。

预制装配式住宅工程信息管理平台的后台功能，主要是建筑工程数据库管理功能、信息存储和信息分析功能。一是保证建筑信息表达准确、合理，将建筑的关键信息进行有效提取；二是结合科研成果，将总结的信息准确地用于工程分析，并向用户对象提出合理建议；三是具有自学习功能，即通过用户输入的信息学习新的案例并进行信息提取。

预制装配式住宅工程信息管理平台的前台与后台的联系通过互联网以页面的形式进行互动和交流。因而本系统需进行相应的机房建设，并采购和租赁互联网设备及服务。为了本系统的拓展，需要进行社会推广工作，包括广告宣传、论文、会议等推介。

基于 BIM 的预制装配式住宅工程信息管理平台架构的具体内容如图 5. 1-1 和图 5. 1-2 所示。

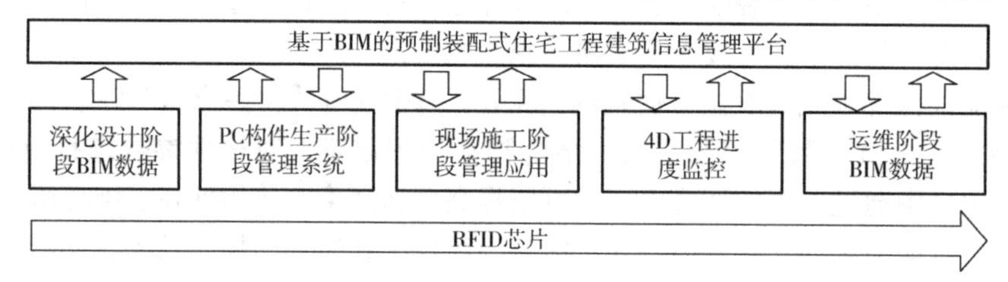

图 5. 1-1　基于 BIM 的预制装配式住宅工程信息管理平台总体架构

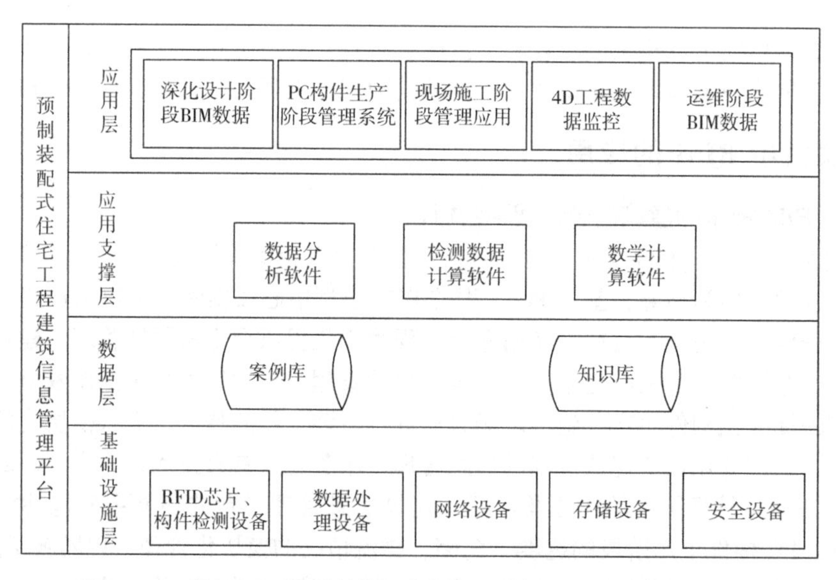

图 5. 1-2　基于 BIM 的预制装配式住宅工程信息管理平台分层架构

(4) 建筑信息管理平台研发技术路线　平台的开发涉及多学科的交叉应用，融合了 BIM 技术、计算机编程技术、数据库开发技术及 RFID 技术。根据制订的建筑信息管理平台整体架构，面向建筑结构项目数据实际应用确定建筑信息管理平台研发技术路线，并制订相应 IDEF0 (ICAM Definition method) 图，如图 5. 1-3 所示。

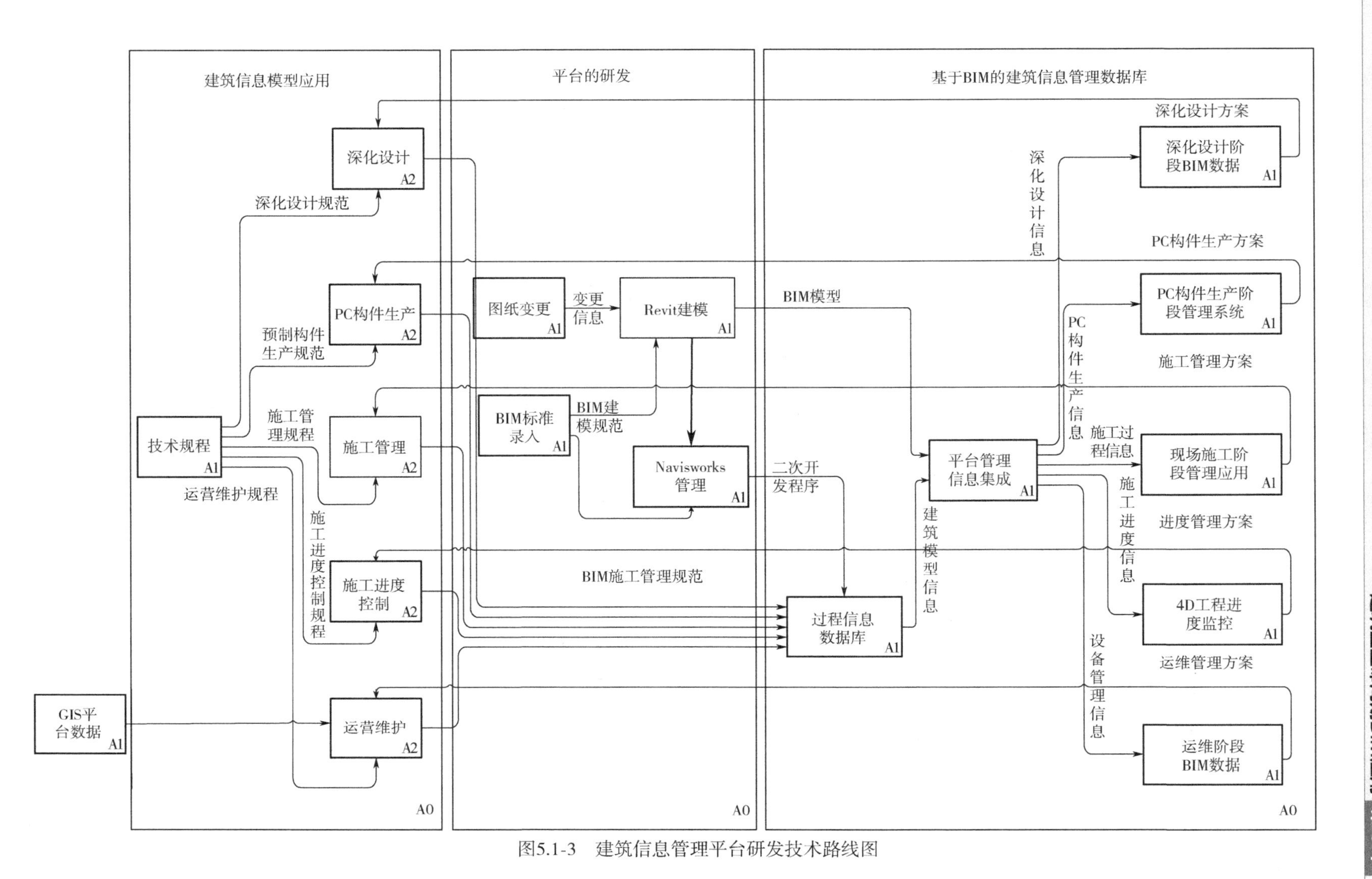

图5.1-3　建筑信息管理平台研发技术路线图

1）根据工程项目数据实际，结合 BIM 建模标准开发 BIM 族库与相应工程数据库。

2）整合相关工程标准，并根据特定规则与数据库相关联。

3）基于数据库和建筑信息管理平台架构，开发二次数据接口，进行信息管理平台开发。

4）配合工程实例验证应用效果。

5）完成平台开发。

2. 基于 BIM 技术的建筑信息管理平台

（1）深化设计阶段信息管理平台　预制装配式混凝土住宅的构件均为工厂提前预制，现场组装成结构，其整体性较差。这就要求混凝土节点具有足够的强度，并能满足结构抗震性能，因此混凝土的深化设计成为预制装配式住宅设计的一大难点。对预制装配式住宅混凝土结构而言，二维深化设计存在很多弊端，如缺乏三维概念，修改不便，不易处理孔道（波纹管）与梁柱节点钢筋冲突问题，无法进行施工模拟，施工出现问题多，缺乏对业主及其他专业的说服力，增加协调难度等。这就需要寻找新的深化设计方法，即深化设计阶段信息管理平台。

深化设计阶段管理平台的搭建主要包括梁、板、柱及复杂节点 BIM 模型，结构碰撞检查优化后信息模型文件以及二维施工图样的创建。开发相应二次接口，使模型文件与设计、管理信息相关联，即完成了深化设计阶段管理平台的搭建。

1）复杂节点 BIM 族库功能。对于装配式钢筋混凝土结构而言，梁、板、柱及墙体的交点（即节点）配筋是设计的难点，同时也是耗费时间多、出错率高的部分。BIM 模型集成了项目的大量数据信息，包括三维几何信息及各种非几何信息，如构件的材质、空间定位、时间属性、编码等。针对 BIM 模型信息化的特点，并考虑装配式住宅设计常用参数，项目组开发了复杂节点 BIM 族库功能。该族库包含常见的构件节点族，点击相应的节点处便会出现属性信息对话框，对话框中包括钢筋等级、半径、长度、角度及保护层厚度等参数，如图 5.1-4 所示。根据实际工程需要调整相应参数数据，构件族会自动按照参数更新，形成新的构件用于生成深化设计图样及三维施工指导。

另外，对于一些不常见的复杂节点，平台提供了基于 BIM 软件的族编辑功能，用户可以根据实际需求自定义节点参数来完成复杂族的创建。

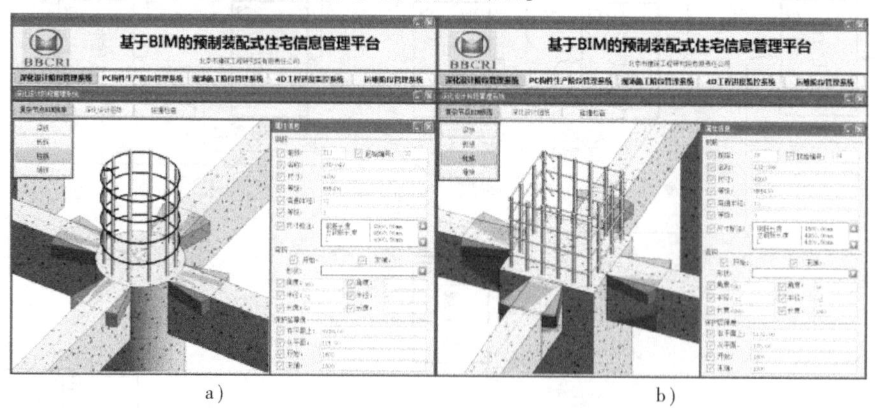

图 5.1-4　圆柱加腋、矩形柱加腋 BIM 族

a）圆柱　b）矩形柱

2）碰撞检查功能。对 Revit 软件进行二次开发，形成碰撞管理器插件植入建筑信息管理平台，开发平台智能碰撞检测功能。该功能可以检查出结构碰撞点，并进行相应方案调整，得到优化后的信息模型文件。碰撞检测功能可以及时排除项目施工环节中可能遇到的碰撞冲突，显著减少设计变更，提高生产效率，降低由于施工协调造成的成本增长和工期延误，从而给项目带来巨大的经济收益。在进行碰撞检查功能后，点击碰撞点显示按钮，系统将会局部放大碰撞点位置进行提醒，方便设计人员对碰撞处进行模型修改，利用平台对某工程实现碰撞检查功能及碰撞点显示如图 5. 1-5 和图 5. 1-6 所示。

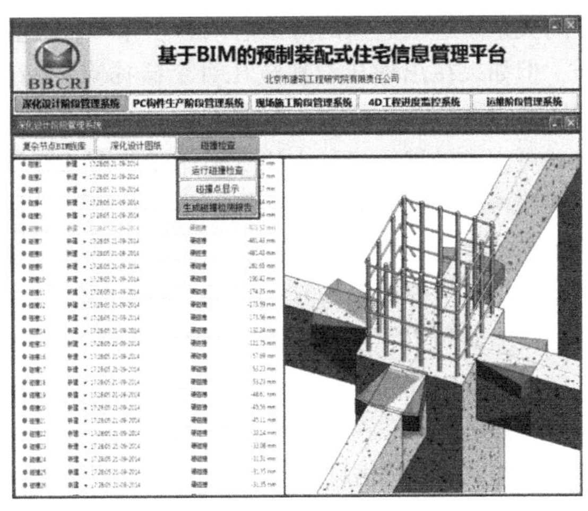

图 5. 1-5　碰撞检测功能实现示意图

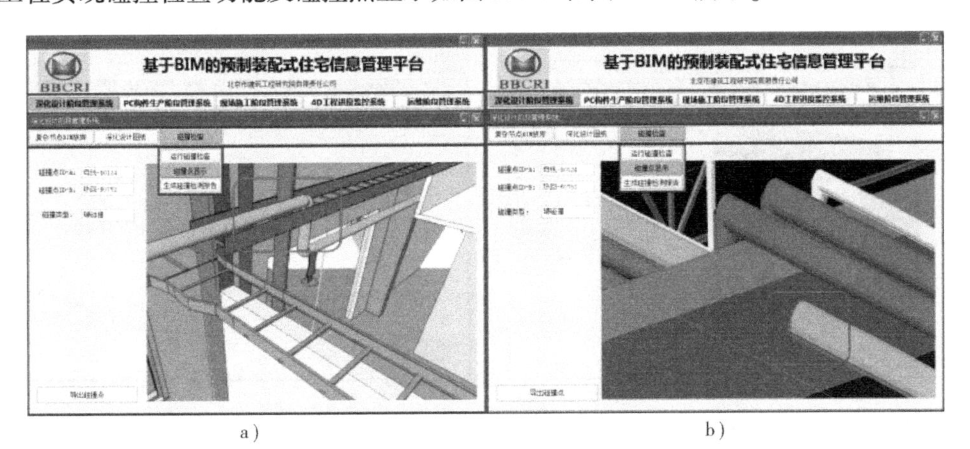

a）

b）

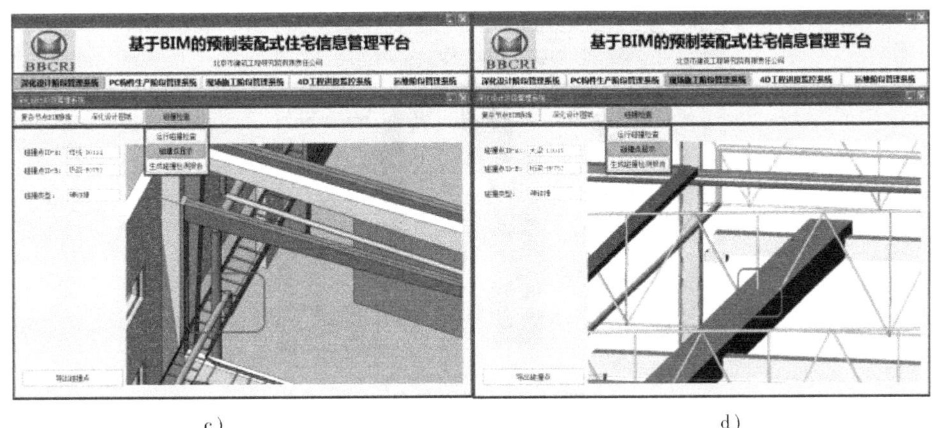

c）

d）

图 5. 1-6　碰撞点示意

a）碰撞点一　b）碰撞点二　c）碰撞点三　d）碰撞点四

3）深化设计图样自动生成功能。在生成深化设计图样前，应保证模型的准确性且没有碰撞点。利用碰撞检查功能出具的碰撞检测报告及碰撞点显示功能，能够迅速确定构件间的空间关系。解决碰撞的方法有两种：第一种为直接修改碰撞点处构件参数，这种方法针对性强，但如果在出现几十甚至几百个碰撞点的情况下比较费时；第二种为返回复杂构件 BIM 族库菜单进行参数修改，只需修改一种构件族，则整体模型中所有基于该构件族的构件都会自动更新，显然第二种方法更适用于装配式建筑。

当再次运行碰撞检查功能，出现的碰撞检测报告中提示碰撞点为 0 时，即可以利用 BIM 模型自动生成各平、立、剖面图以及构件深化详图。自动生成的图样和模型动态链接，一旦模型数据发生修改，与其关联的所有图样都将自动更新，省去手工绘图的时间。

（2）PC 构件生产阶段信息管理平台

1）PC 构件族库功能。预制装配式住宅具有房型简单、模块化等特点，采用 BIM 技术开发预制装配式构件族库，可以比较容易地实现模块化设计。基于设计详图，进行预制装配式构件族库开发，并将信息录入族库，族库内容包括梁族、板族、柱族、预留件族、附加构件族。一旦发生设计变更，可以在平台中找到相应构件族并修改参数，整个模型会随之更新。

在 PC 构件加工时，可以在构件族库功能窗口中找到对应的构件族，查看构件详细信息用于指导施工，控制施工质量。本项目所创建的 PC 构件族库中的部分构件族如图 5.1-7 所示。

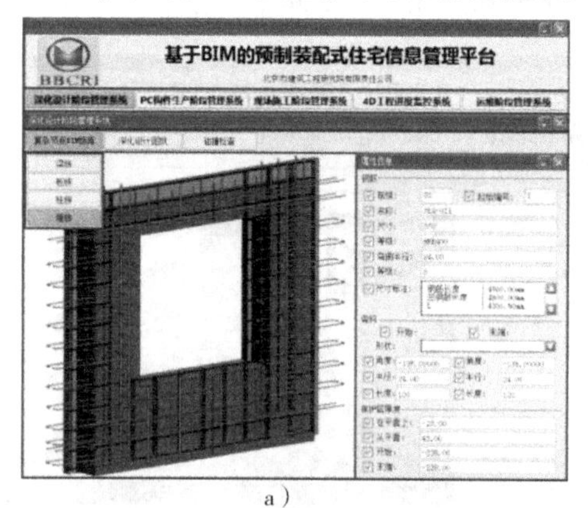

a）

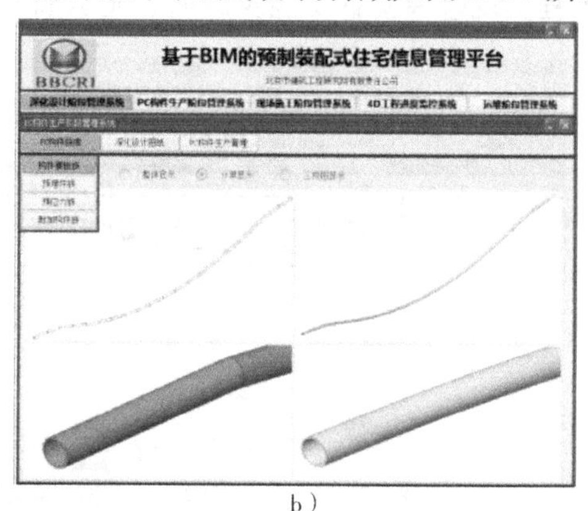

b）

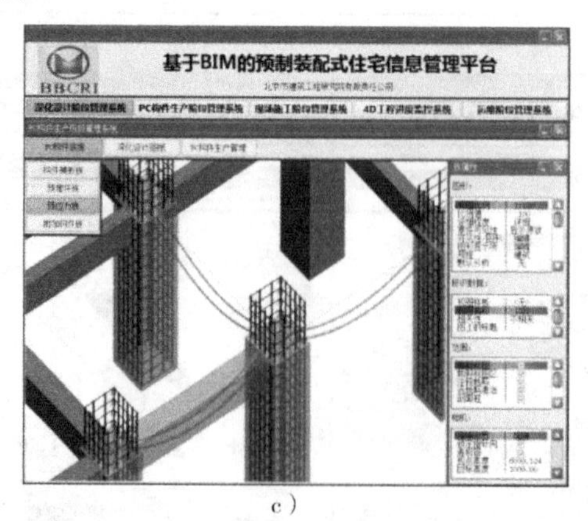

c）

图 5.1-7　部分构件族

a）墙体 BIM 族　b）Revit 孔道（波纹管）族　c）Revit 预应力筋族

另外，基于 BIM 技术开发的族库，建立预制装配式构件族样板文件，创建符合预制装配式结构设计习惯的项目样板，可为后期预制装配式结构 BIM 模型的建立提供依据。

2）PC 构件加工图样自动生成功能。预制装配式住宅的各种预制件种类多，如果工厂的加工深化设计师针对每个预制件都手工绘制详细的构件加工图样，工作量将非常巨大，且图样出错率高，导致预制件加工精度不够或不满足生产要求，造成材料浪费。

在PC构件生产阶段，可以选择生成构件加工图样指导工人施工；也可以选择基于PC构件族库，导出各构件尺寸、配筋、保护层厚度等信息，输入到构建数控加工机床，完成简单构件的加工制造。

3）PC构件生产管理功能。在PC构件生产管理阶段，将PC构件族通过数据传递导入结构计算软件，可快速确定构件脱模、存放时的吊装和支撑位置，减少二次建模时间。

预制装配式住宅构件多，且规格相似难以分辨，对生产过程进行统一管理有利于保证加工质量、提高生产效率。平台结合BIM模型与RFID技术，实现构件生产过程中的集约型管理。

在每个预制构件加工前期，根据其属性信息、空间定位信息等生成该构件专有的电子编码及RFID标签。在构件加工的某一阶段，将RFID标签附着于目标构件，这样就将此构件与RFID标签相关联，关于该构件的一切信息就可以通过该RFID标签与RFID读写器来传递。RFID读写器类似于条形码扫描器，工作原理是利用频率信号将信息由RFID标签传送至RFID读写器，在读写器中输入相关信息（如加工、运输、吊装、损坏等），RFID读写器会通过网络信号将这些信息传送至计算机管理系统。这样，就实现了构件从加工、脱模、存放、运输到安装的全过程监测、控制及管理，为实现建筑的全周期管理提供了技术支持。另外，RFID标签与读写器在该项目结束后可以重复利用到其他项目，能够有效节约成本。

（3）现场施工阶段信息管理平台　在现场施工阶段，基于BIM模型开发了施工人员、材料、机具、工法、环境管理模块，现场施工阶段信息管理平台架构如图5.1-8所示。

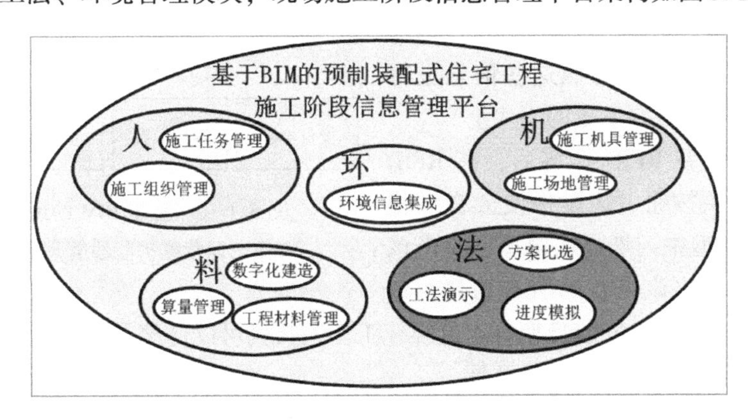

图5.1-8　基于BIM的预制装配式住宅施工阶段信息管理平台架构

其中，基于施工人员管理模块可以对施工任务进行统筹分配，合理配备施工人员数量；基于施工材料管理模块能够编制生产材料供给计划，结合BIM模型进行可视化管理；基于施工机具管理模块能够对构件进行模拟吊装，指导现场构件的码放；基于施工工法管理模块能够给BIM模型添加时间维度和现金流维度信息，模拟生产与施工流程；基于施工环境管理模块能够对施工现场进行场地布置，减少运输路程并避免对周围环境的噪声污染。

对于预制装配式结构而言，施工顺序、吊装方案影响着结构的整体性，故对其进行优化尤为重要。目前国内施工方案的制订只能依靠项目经理及技术人员的施工经验，其合理性有待商榷。在管理平台的施工工法管理菜单下，可以查看不同的施工方案并对比其优缺点，能够及时发现实际施工中存在的问题或可能出现的问题，避免二次返工带来的工期滞后，如图5.1-9所示。

另外，管理平台中包含与 Revit 软件的接口，打开接口可以直接在管理平台中修改 Revit 中创建的施工过程模拟文件，直到符合施工要求。

（4）进度监控阶段信息管理平台　平台支持施工进度的查询与施工进度计划的调整，可以在 4D 施工模拟下的进度查询对话框中输入一个指定的日期，便可以查看当天的施工情况及进度；如果发生工期滞后或意外情况导致施工停滞，则可以通过修改 Project 工程进度文件或在施工模拟页面直接拖动时间节点的方式来纠正施工进度。

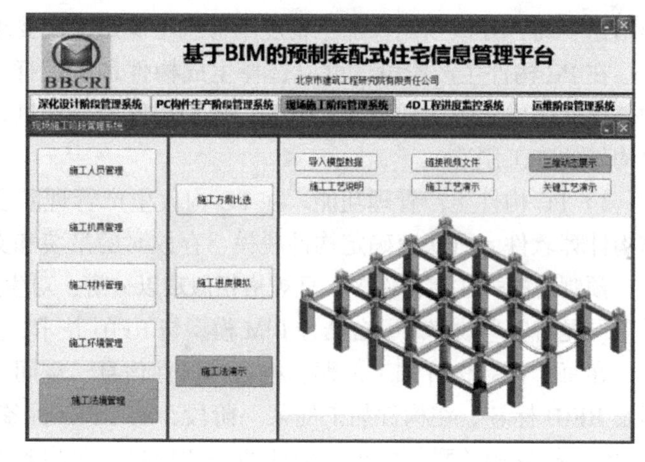

图 5.1-9　基于 BIM 的预制装配式住宅施工阶段信息管理平台

（5）运营维护阶段信息管理平台　运营维护阶段信息管理平台包括设备的识别，构件及设备维护、维修信息的查询和应急仿真模拟功能，其具体组成如图 5.1-10 所示。

1）设备识别功能。与 PC 构件生产阶段的构件追踪管理类似，在运营维护阶段，依然可以用 RFID 读写器扫描设备上的 RFID 标签，该设备相关信息便会出现在 RFID 读写器中，这样装修工人就可以参照这些信息进行施工，也可以避免不必要事故的发生。

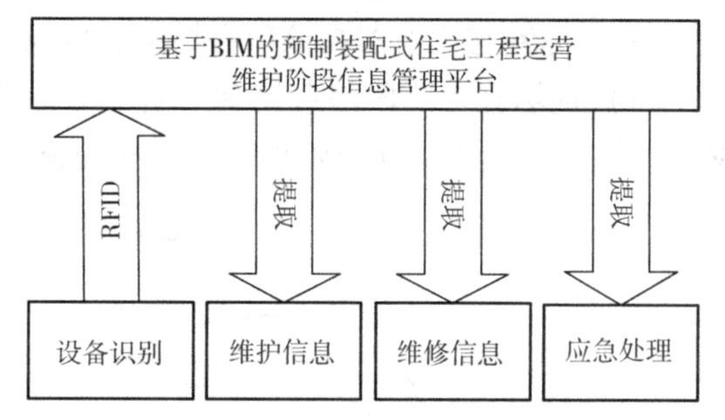

图 5.1-10　基于 BIM 的预制装配式住宅运营维护阶段管理平台架构

另外，扫描设备 RFID 标签后，在 RFID 读写器中按下相关按钮，该设备便会在远程计算机 3D 信息模型中闪烁，在模型中点击该设备系统将自动跳出该设备的所有信息，包括生产厂家、尺寸信息、安装日期等。这样，工作人员就可以迅速了解该设备的空间位置及属性信息，方便维修、维护工作的开展。

2）维护信息管理。平台中包含丰富的设备维护数据库，物业人员在 3D 模型中选定需要维护的设备或构件，选定设备类型添加至维护清单，平台会自动搜索数据库，制订适用于该设备或构件的维护计划并生成维护计划表。不仅如此，平台还提供维护提醒功能，用户可以设置提前提醒时间，平台依据该时间差在维护日期来临前给予自动提醒。在维护人员进行维护工作后，可以在平台维修记录窗口中添加维修记录，以便后续维护工作的进行。

3）维修信息管理。当住户需要对设备进行维修时，物业人员将该楼层需要报修的项目进行统计，形成维修设备统计表，链接至管理平台中。平台会自动搜索与该设备相同型号的设备，提醒用户存放位置及数量，当备品库设备数量不足时，系统会自动提醒建议购买数量及购买厂家历史。在维修工作完成后，用户输入提取设备数量，则备品库中对应的备品减少，并录入维修日志。

4）应急处理功能。管理平台中的应急处理功能提供紧急事故发生后的处理方法，能够有效控制事故蔓延，迅速开展救援工作，减少因事故带来的损失。打开管理平台的应急处理窗口，选择事故模拟类型并定义事故发生点及严重情况，系统将会演示3D动画来模拟在事故现场怎样展开救援工作，动画包括以下几个内容：

①对于火灾事故，选择事故发生点后，系统自动识别离事故点最近的安全出口，并高亮显示逃生路线。

②对于水管泄露等事故，系统会给出建议的维修设备和运送路线。

③对于恶劣天气下设备损坏事故，系统将弹出对话框提示解决措施及预防措施，避免该类事故再次发生。

5.2 某保障房项目BIM应用

5.2.1 导读

BIM技术适用于从设计到施工到运营管理的全过程，贯穿工程项目的全生命周期。应用BIM技术就是要求工程项目的建设和管理要在考虑工程项目全寿命过程的平台上进行，在工程项目全寿命期内综合考虑工程项目建设的各种问题，使得工程项目的总体目标达到最优。通过了解项目选用BIM软件的方法和步骤，掌握建筑安装工程BIM技术在设计阶段、施工阶段及运维阶段的应用价值、思路及应用点。

本项目为某市保障性住房项目，项目包括多个建筑单体。项目总建筑面积为540，000平m^2的，主体为框架－剪力墙结构，地上首层为商铺，二层以上为公租房，地下一层为商业、库房，地下二～四层为自行车库，地下五层为库房。本项目难点是项目管理平台的建立与运维系统的管理。

5.2.2 项目中BIM应用

1. BIM技术应用环境

（1）BIM应用软件　项目中运用软件有Revit，Navisworks Manage，Lumion，Project，BIM 360Glue。Revit符合项目建模要求，Navisworks Manage用于施工模拟和碰撞检测等，Lumion用于场景渲染，Project用于管理项目资料，BIM 360Glue用于移动终端查看。项目中的BIM软件选择是企业BIM应用的首要环节，在选用过程中需要采取相应方法和措施，以保证本项目整个流程的运作和实施。

下面是软件选择的四步骤。

1）进行调研和初步筛选。全面考察和调研市场上现有的国内外BIM软件及应用状况。结合本项目的项目需求和人员使用规模，筛选出可能适用的BIM软件。筛选条件包括软件功能、数据交换能力和性价比等。

2）分析及评估。对每个软件进行分析和评估。分析评估考虑的因素包括是否符合企业整体的发展战略规划，工程人员接受的意愿和学习难度，特别是软件的成本和投资回报率以及给企业带来的收益等。

3）测试及试点应用。对参与项目的工程人员进行BIM软件的测试，测试包括是否适合企业自身要求，软件与硬件是否兼容；软件系统的成熟度和稳定度；操作难易性；是否易于维护；是否支持二次开发等。

4）审核批准及正式应用。基于 BIM 软件调研、分析和测试、备选软件方案，由企业决策部门审核批准最终软件方案，并全面部署。

（2）BIM 应用硬件配置和网络　该项目 BIM 应用的硬件配置较高，公司 BIM 小组计算机机房拥有满足配置要求的计算机 10 台，全套 Autodesk 最新版本的 BIM 系列正版软件。计算机均为 I7 双核处理器，内存 16G。针对施工企业 BIM 硬件环境包括：客户端、服务器、网络及存储设备等。BIM 应用硬件和网络在企业 BIM 应用初期的资金投入相对集中，对后期的整体应用效果影响较大。鉴于 IT 技术的快速发展，硬件资源的生命周期越来越短。所以，施工企业 BIM 应用对硬件资源环境的建设不能盲目投入，既要考虑 BIM 对硬件资源的要求，也要将企业未来发展与现实需求相结合，避免后期投入资金过大或不足导致资源不平衡的问题出现。

2. BIM 技术应用目标

（1）设计质量　BIM 技术的设计，在复杂形体、管线综合和碰撞检测中起到了核心的作用。该项目重点在于幕墙和框架体系复杂的节点设计，参数化的三维模型为整个项目解决了技术难题。在错综复杂的管线排布和定位等设计中，进行了调整，更好地为后期的施工及其他阶段服务。为更好地提高设计质量，采用 BIM 技术的设计，有效合理地解决了碰撞检测方面的难题。

（2）施工管理　围绕 BIM 建筑信息模型，对施工阶段物料的投资和采购、材料的统计和招标投标管理等进行全方位的管控，有效控制成本。在施工现场建造时，对施工方案探讨、4D 施工模拟和施工现场监控等进行合理管理与布局，从而更好地避免了施工现场错乱的情况。

（3）运维管理　在运维管理阶段，设备信息维护和空间使用变更，是 BIM 建筑信息模型在交付后期管理的重要环节。因此，建筑信息模型是基础，而运维管理才是整个 BIM 体系的重中之重。

3. BIM 技术应用效果

本项目在 BIM 应用过程中取得了良好的效果，在 BIM 团队建立初始阶段，制订了 BIM 技术应用标准及框架路线，整个团队从接到设计图开始，开始分专业进行 BIM 模型搭建，先分别建立各专业 BIM 模型，然后进行统一合模，然后单专业碰撞检测，发现问题返回整改，完成了最终的模型，并得出最终的模型和成果，包括各专业施工图、工程量数据表、施工工艺模拟和 BIM 运维管理平台。

4. 建筑安装工程 BIM 技术在设计阶段的应用

（1）BIM 技术在设计阶段历程

1）方案设计阶段。在初步设计阶段，由于模型很大，加上各参与方专业不同，所以必须各专业分开建模，然后把所有模型进行叠合以及碰撞检查，在碰撞检查的基础上，对模型进行修正。参与各方合作建出来的模型，还可能存在一些问题，业主就要推动 BIM 顾问对模型进行整合和修正。由于各参与方的 BIM 能力不同，实际在过程中难免会遇到翻模的情况。

2）初步设计阶段 。初步设计提交了 100% 的模型后，进行碰撞检查，所有参与方拿到模型后对自己负责的部分进行检测。具体工作顺序为：首先是建筑专业对一些细节和形体进行推敲，接下来是结构专业，再接下来是机电专业。这些工作要一步一步来的，前面的工作完不成，后边的工作做了也是徒劳，因为后面的工作做完之后前面的内容可能又变了。

在工作过程中做一些漫游，通过漫游可以清晰地看到自己负责的专业具体存在的问题，一些在平面图上很难以甄别的碰撞在模型上做一个筛选就可以找出来。还有一些没有检修空间，只需设定检修数值，即刻就可以找出问题来。对于净高的检测和控制、机电管线不满足要求等问题，这些在初步设计在合模以后就可以发现。另外可以检测出一些综合性问题，包括屋顶和人身高的对比，以及汽车库净高不够，都可通过模型检测出来。

3）施工图设计阶段。在施工图设计阶段，基本也维系这样一个体系。施工图首先要进行深化，设计模型到了施工图阶段还有很大的空间要去完善，包括精度、各个参与方的工作内容，在施工图设计阶段就可以全部细化，落实到可以出施工图的深度。

施工图过程和初步设计差不多，全专业模型叠合和碰撞检查也很重要。除此以外还会导出工程量清单给合约采购部门，下一步的采购工作就可以和 BIM 挂钩。在施工图模型的深化工作中，通过 BIM 可以非常有效地发现在平面图上很难发现的问题。随着模型的深入，对初步设计过程中一些专业问题可以不断进行修正；验证设计修改和深化中的专业协调，同时避免新的专业间碰撞及空间问题产生；还有一些特殊部位，尤其在设计中容易出现问题的区域，通过模型可以进行深入的设计复核。合模以后对所有的专业进行综合，车的模拟主要是检查车道下去后空间适不适当，包括上面管线和结构部件是否要进行检查。

（2）BIM 技术在设计阶段应用内容

1）参数化设计。参数化设计为整个项目体量的调整和细节的参数化模型赋予更高效地整合，使得每一个构件每一个复杂节点都能够调控。Revit 软件平台在实现参数化设计中起到了核心作用。

2）可视化设计。传统的建筑设计可视化通常需要根据平面图、小型的物理模型、艺术家的素描或彩画展开丰富的想象。观众理解二维图纸的能力，制作模型的成本或者艺术家渲染画作的成本，都会影响这些可视化方式的效果。3D 和三维建模技术的出现实现了基于计算机的可视化，弥补了上述传统可视化方式的不足。带阴影的三维视图、照片级真实感的渲染图、动画漫游，这些设计可视化可以非常有效地表现三维设计。

大多数建筑设计工具都具有内置或在线的可视化功能，以便在设计流程中快速得到反馈。然后可以使用专门的可视化工具来制作高度逼真的效果及特殊的动画效果，这就是当前可视化的特点。设计人员使用 BIM 解决方案来设计建筑，最有效的可视化工作流程就是重复利用这些数据，省却了在可视化应用中重新创建模型的时间和成本。

在设计同一建筑时，还会用到类似的建筑应用，如结构分析或能耗分析应用。有些应用利用建筑 信息模型来进行相关的建筑分析，避免了使用冗余模型。同样，设计可视化工具，如 3dsMax，也辅助建筑信息模型进行视觉效果分析。

3）可持续设计。我们应当考虑每一个设计对社会、经济，尤其是生态环境的影响。该项目基于可持续设计的理念，将未来社会的资源优化和合理使用等因素都考虑在内，对后期整个建筑的使用和运维中监控等都起到资源的合理利用和成本管控的作用。

4）多专业协同 。该项目充分运用 BIM 技术实现工程设计方法的改变，建立以 BIM 为核心的多专业协同设计，对推动行业设计水平的提高做出了典范作用。基于 Revit 软件，各专业位于同一平台，通过权限的明确划分，使各专业设计者能够同时工作而不互相干扰，实现资料的实时交互。同步构建整体项目的 BIM 三维模型，一旦发现设计问题，各专业设计师能够实时进行讨论和修正，在设计过程中可以主动地消除各专业的碰撞问题，而不必全部依赖于设计后校审的碰撞检查。多专业同时工作，将整个设计流程整合起来，大大提高了设计效率。

5. 建筑安装工程 BIM 技术在施工阶段的应用

（1）施工阶段 BIM 3D 协调　在施工阶段，要进行施工的协调。本项目在 BIM 施工阶段现场的机械设备的布置，依照现场的实际情况，搭建临时结构，增加后浇带，放置大型机械设备如塔式起重机等等，对制作好的设备模型进行有规划的合理地布置，进行 BIM 3D 现场协调，从而指导机械设备进场后进行有效作业。

（2）可视化最佳施工方案　现场进驻的大型设备应该与模型整体协调才可以完全利用好整个施工场地。因此，在软件平台的基础上，进行场地布置及协调，如塔式起重机的施工范围利用率要受场地大小和周围环境的影响。

（3）5D 施工模拟　将时间和资金成本结合 3D 模型，模拟实际施工，以便于在早期设计阶段就发现后期施工阶段会出现的各种问题，进行提前处理，为后期施工打下坚固的基础。在后期施工时能作为施工的实际指导，也能作为可行性指导，以提供合理的施工方案及合理的人员、材料配置，从而在最大范围内实现资源合理运用。

6. 建筑安装工程 BIM 技术在运维阶段的应用

（1）BIM 运维系统　建筑安装工程 BIM 技术在运维阶段应用技术路线如图 5.2-1 所示。

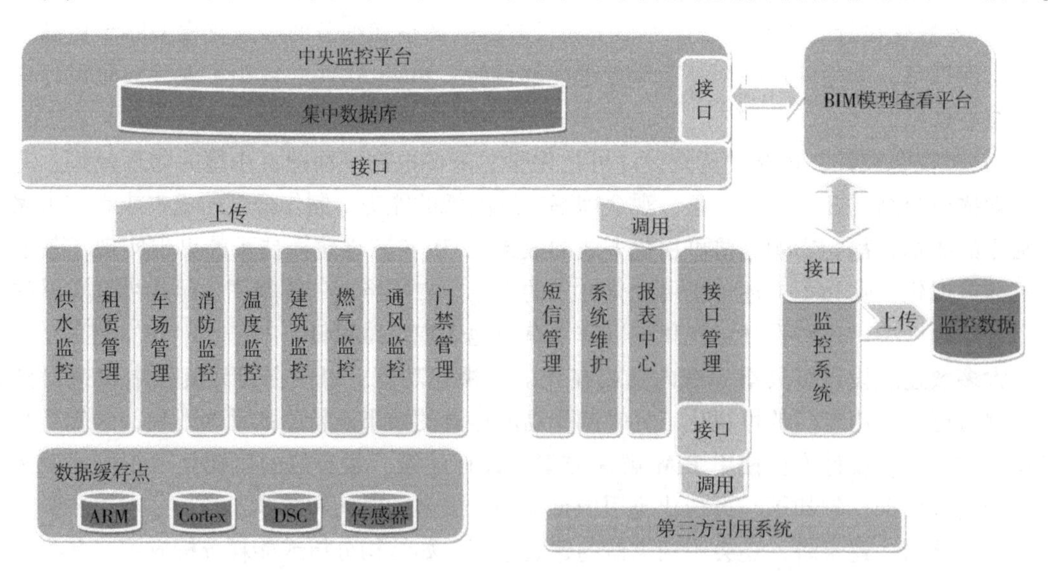

图 5.2-1　BIM 运维阶段应用技术路线

该系统通过现代电子技术、传感技术、网络技术及多媒体技术为基础，融合数据库技术、图形用户界面、客户服务器结构、计算机辅助开发工具、可移植的开放系统等对运维资源进行了有效集成，构成系统的物理层及人机交互应用层。系统可在 BIM 三维场景中进行可视化游历，虚拟场景中设备通过相应接口实时读取或操作对应的真实设备，再增设虚拟监控摄像头实时读取监控摄像头视频，实现信息实时报、数据可视化、监控便捷性、管理直观化，以系统化的管理思想，为结构安全检测、设备维护、后续设计、管理决策、空间管理提供了技术支持和保障，为企业决策层及员工提供一个决策运行手段的 BIM 运维管理平台。系统应用流程如图 5.2-2 所示。

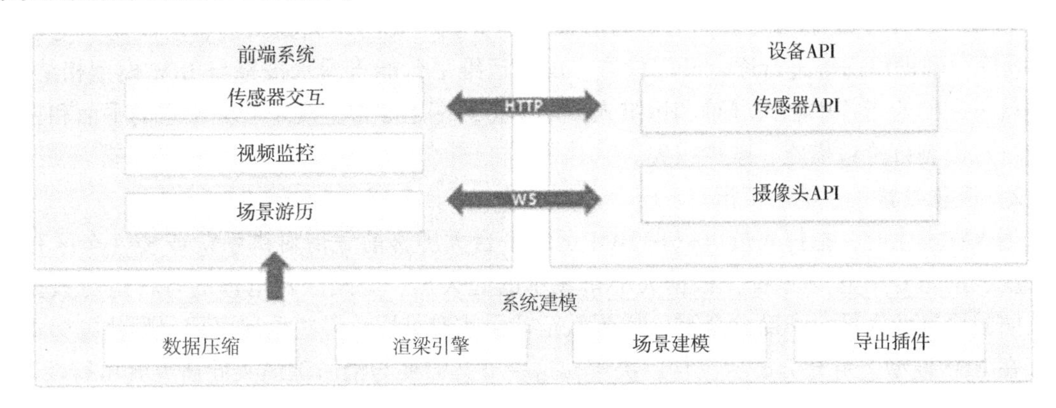

图 5.2-2 系统应用流程

BIM 运维系统集成各类智能化系统传感器，各类传感器则可以确保管理系统始终了解例如结构是否安全，结构检测信息的科学分析与可视化呈现，如什么时候抽水马桶需要维修，哪里正在释放腐蚀物质，或者人们聚集在哪里等信息，以及应该使用哪种安全机制，或是哪些房间需要通风等。利用传感器对内部设施状态进行监控测量并通过自控软件，系统地管理相互关联的设备，发挥设备整体的优势和潜力，提高设备利用率，在不影响设备工效的情况下，优化设备的运行状态和时间，从而可延长设备的使用寿命，降低能源消耗，有效减少维护工作人力资源。BIM 运维系统网络架构图如图 5.2-3 所示。

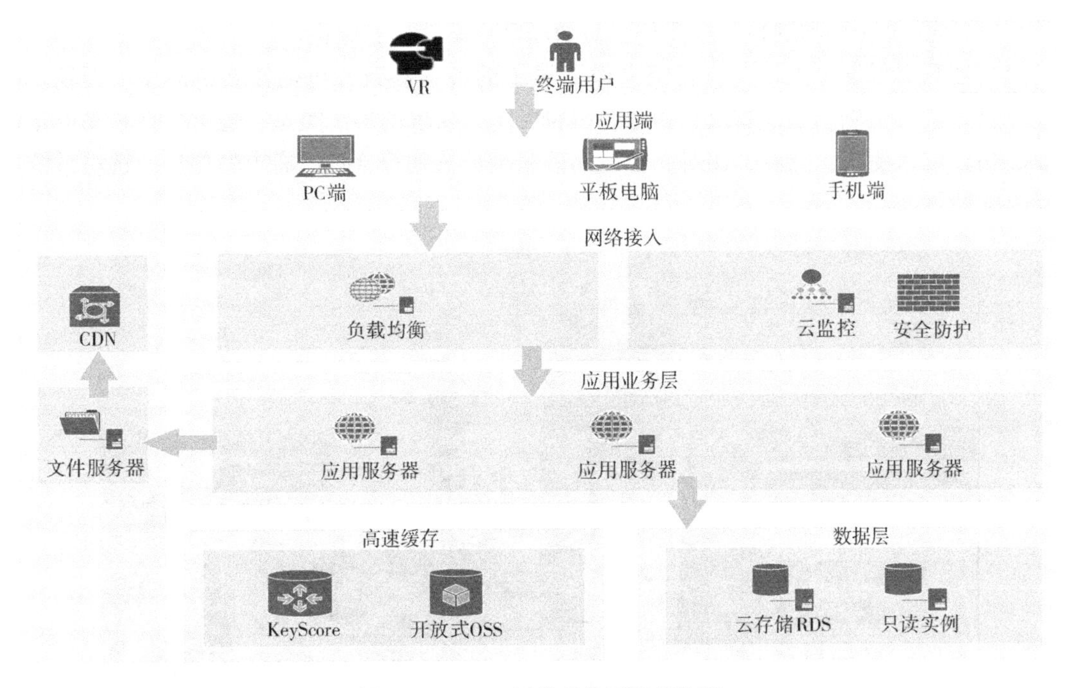

图 5.2-3 BIM 运维系统网络架构图

(2) 运维管理平台功能

1) 应急处置——工程应急处置。

如果市政自来水外管线破裂，水从未完全封堵的穿管进入楼内地下层，尽管有的房间有漏水报警，但水势较大，且从管线、电缆桥架、未作防水的地面向地下多层漏水，即使有CAD 图纸，但地下层结构复杂，上下对应关系不直观，要动用大量人力，对配电室电缆夹层、仓库、辅助用房等进行逐一开门检查。BIM 运维平台能将漏水报警与 BIM 模型相结合，我们就可在物业指挥中心大屏幕和运维人员的手持终端上非常直观地看到浸水的平面和三维图像，从而制订抢救措施，减少损失。

2）应急处置——消防疏散。

当火灾发生时，指挥人员可以在 BIM 运维平台大屏幕前凭借对讲系统或楼（全区）广播系统、消防专用电 话系统，根据大屏幕显示的起火点、蔓延区及电梯的各种运行数据指挥消防救援专业人员，帮助群众乘电梯疏散至首层或避难层。哪些电梯可用，哪些电梯不可用，在 BIM 模型上可充分显示，帮助决策。这一方案需要与消防部门共同研究其可行性。

3）应急处置——安防监控管理。

BIM 运维平台与视频监控系统的对接，可以清楚地显示出每个摄像头的位置，单击摄像头图标即可显示视频信息；同时也可以和安防系统一样，在同一个屏幕上同时显示多个视频信息，并不断进行切换。利用视频识别及跟踪系统，对不良人员、非法人员，甚至恐怖分子等进行标识，利用视频识别软件使摄像头自动跟踪及互相切换，对目标进行锁定。在夜间设防时段还可利用红外、门禁、人脸识别等各种信号一并传入 BIM 模型的大屏幕中。

4）空间管理——公租房租赁管理系统。

在 BIM 运维平台提供与公租房租赁信息管理相关的功能模块，通过这些模块可以全方位管理公租房租赁信息，并可以从不同角度统计和汇报当前公租房租赁信息数据。

5）选房系统（移动端）——多信息参数联动方案选择和优化。

选房者只需根据个人情况，自定义设置房子的各项参数，包括楼层、户型、面积、朝向、家庭人员等信息，通过系统自动筛选出符合个人要求的房子类型，也可以在移动设备端动动手指，输入要求，查看、比对，就能高效精准地选到符合自己需求的住房。选房系统如图 5. 2-4 所示。

图 5. 2-4　选房系统

6）租赁空间与付费管理系统——电、水、冷、热一站式管理。

租户使用的电、水、冷、热耗能统一接入，记录、统计历史数据，对能源使用情况进行合理控制和数据分析，也为公租房租户管理的精细化提供数据基础。。

7）租赁空间与付费管理系统——租户能源状况实时监控。

使用能源异常等事件报警、快速定位报警，确保租户的正常使用，保障公租房使用时的安全；还能监测租户是否符合规定正常使用。

8）租赁空间与付费管理系统——租金收取、催租提示等。

租金已收或未收，租金催缴过或未催缴过，可通过平台进行可视化统计与系统操作（听取业主单位的操作流程和需求，BIM 运维平台对此进行嵌入）。

9）液位监测。

为加强对雨季或大降雨量时小区建筑和道路的积水及可能引发安全事故地区的监控，可通过 BIM 运维集成监测系统来监测特定区域的积水状况，以向小区管理者和业主方发布危险地段预警信息，有效预防因此造成的财产或人员的损伤。

10）信息化分析与管理。

在 BIM 运维平台中，提供丰富空间管理业务。使用这些功能可以帮助管理者快速分配空间。当空间资产状态发生变化时，可以快速通过可视化图形界面进行变更。同时，相关空间数据统计报表信息也发生相应变化。信息总览、资料管理、报表报告生成系统、设备台账管理系统等，将信息手段与现代物业管理工作相结合，帮助物业管理团队及时响应客户需求，降低运营成本，提升服务品质。

本章考试大纲

1. 了解项目选用 BIM 软件的方法和步骤。
2. 掌握 BIM 技术在设计阶段的应用的历程、内容及要求。
3. 掌握 BIM 技术在施工阶段的应用内容。
4. 掌握 BIM 技术在运维阶段的应用价值、思路及应用点。

第6章 BIM工程项目综合性应用案例

6.1 哈尔滨火车站站房 BIM 应用

6.1.1 导读

哈尔滨火车站位于哈尔滨市市中心，是我国东北北部地区与东北亚、欧洲各国经济贸易往来的窗口和桥梁。哈尔滨火车站站房改造工程作为全国省会城市大型铁路站房收官之作，项目采用欧洲“新艺术运动”风格设计理念，是国内少有的纯欧式建筑风格的站房。

该项目主要包括新建南站房、北站房、高架站房、站台、雨棚和改造第二候车室。总建筑面积73624m²，其中南站房29030m²，新建北站房10844m²，高架站房33750m²，项目效果图如图6.1-1所示。

图6.1-1 哈尔滨火车站效果图

北站房中间部分为混凝土拱形屋面。混凝土拱形屋面为单面起拱，其中Ⅲ-3～Ⅲ-8轴/Ⅲ-A轴、Ⅲ-3～Ⅲ-8轴/Ⅲ-C轴、Ⅲ-3～Ⅲ-8轴/Ⅲ-D轴梁为拱形梁，Ⅲ-3～Ⅲ-8轴/Ⅲ-A轴～Ⅲ-D轴为拱形梁（沿字母周方向起拱）。拱形梁所对应的圆弧半径分别为：5.682m、11.645m、12.046m、60m，大跨度拱形屋面圆弧半径为60m。拱形屋面的跨度分别为12m和24m。北站房A.C、D轴BIM模型如图6.1-2、图6.1-3、图6.1-4所示。

哈尔滨站房改造项目有以下几个难点：

（1）深化设计要求高，复杂方案多　由于哈尔滨火车站是哈尔滨甚至我国整个东北方的交通枢纽，工程性质特殊，且本次钢屋架工程跨度大，施工工艺复杂，业主方非常重视，所以对深化设计提出了更高的要求。

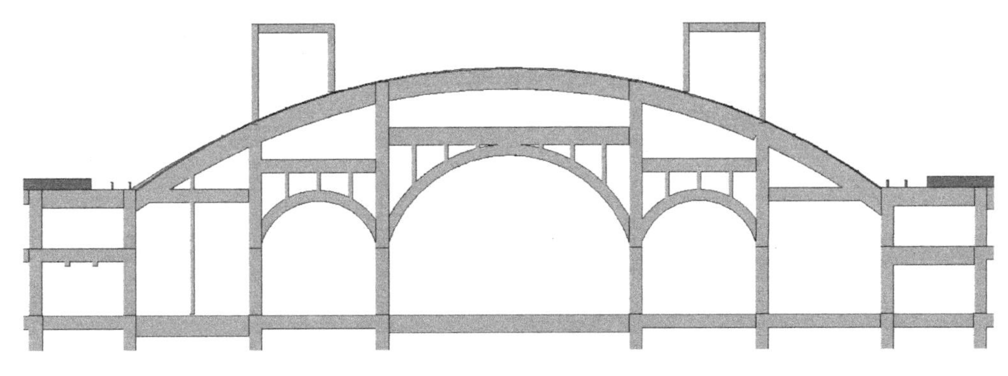

图 6. 1-2　北站房 A 轴 BIM 模型

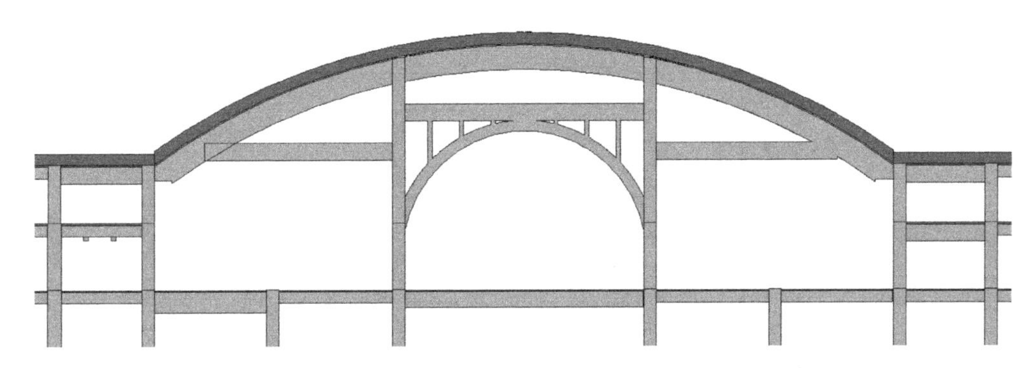

图 6. 1-3　北站房 C 轴 BIM 模型

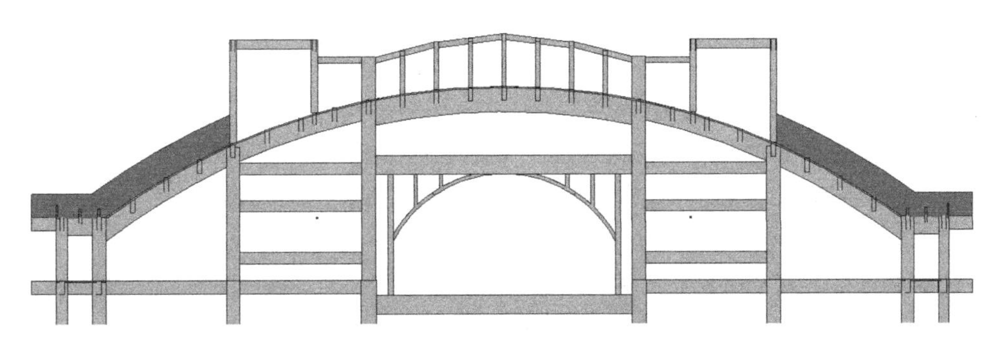

图 6. 1-4　北站房 D 轴 BIM 模型

（2）时间紧张，工期不得拖延　该项目为大型公共建筑，且火车站房改造完成后急需投入使用；且该项目地处哈尔滨，冬季天气寒冷，夏季炎热，恶劣的气候条件给施工造成不便，容易延误工期，无形中给施工进度的保证增加难度。

（3）质量要求高　本项目施工需要考虑的因素多，包括工程施工质量、工程对环境质量的影响等。项目对各种质量保证的要求也成为建设过程中的主要难点。

6. 1. 2　项目中 BIM 的应用

1. BIM 技术应用的必要性

以哈尔滨火车站站房改造项目为依托，结合该项目复杂程度高，工期紧张、质量要求高等难点，针对项目设计、施工过程中存在的难题，将 BIM 技术引入本项目中，通过设计变更、管线碰撞与排布、深化出图进行基于 BIM 技术深化设计应用；可视化交底、4D 施工模拟实现了 BIM 的可视化应用；通过对哈尔滨站房进行 VR 展示及三维扫描将 BIM 技术与高科技技术结合起来，更好地指导施工；在 4D 的基础上加入成本信息，实现对成本的管控和绿色施工。BIM 应用技术路线如图 6.1-5 所示。

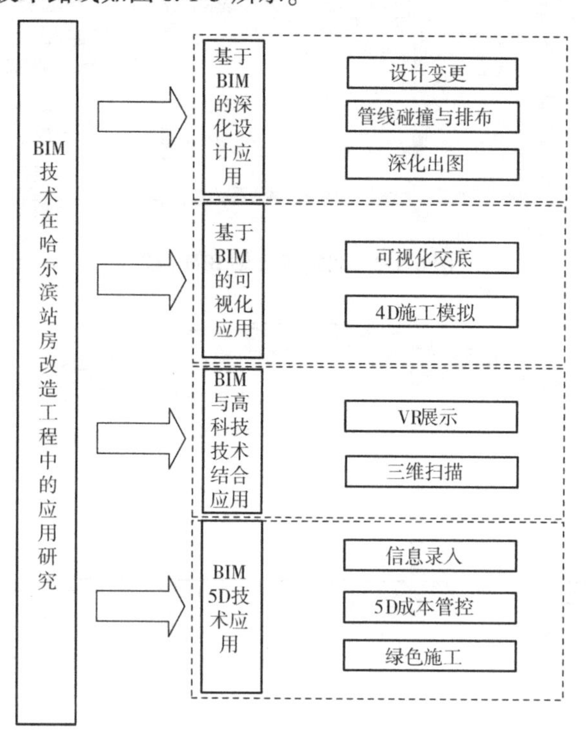

图 6.1-5　BIM 应用技术路线

2. 基于 BIM 的深化设计应用

（1）设计变更　通过 BIM 精细化建模，发现传统 CAD 图样错误处，及时反馈给项目技术部进行讨论、分析，生成图样会审记录，确认问题后图样上交设计院修改，为设计院提供设计变更单。

设计变更直接影响工程造价，施工过程中反复变更图样易导致工期和成本的增加。本项目引入 BIM 技术，可提前修改完善 CAD 图样中的错误，三维可视化模型能够准确地再现各专业系统的空间布局、管线走向，设计师利用三维设计可以更容易地发现和修改错误，提高设计深度，大大减少“错碰漏缺”现象，从而减少后期的设计变更，节约项目成本（图 6.1-6）。

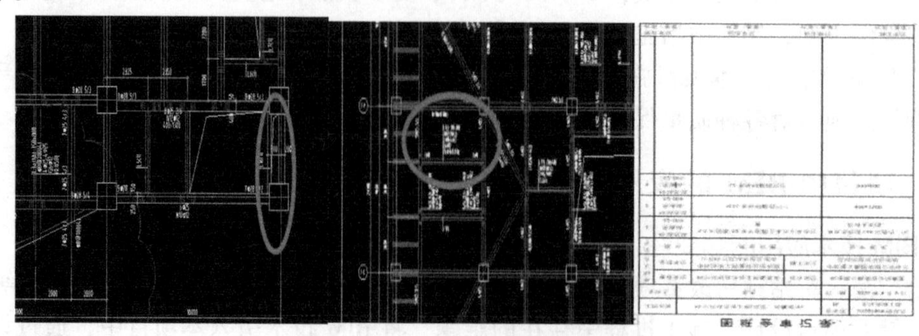

图 6.1-6　CAD 图样错误处及设计变更单

（2）管线碰撞与排布　本项目涉及的机电管线有给水排水管线、暖通管线等，系统组成多，管线布置较为复杂，因此使用Revit建立全专业的三维机电管线模型，利用Navisworks进行碰撞检测和三维管线综合排布，杜绝因碰撞造成的拆改，保证模型与现场施工高度一致。

通过将BIM技术应用到管线综合排布中，能够将传统的二维图样转变为形象的三维模型，工程技术人员能够直观地了解到管线布置的具体位置，更好地减少管线布置错误的发生。其次，BIM技术自带管线碰撞检查功能，能够将管线综合排布中出现的管线碰撞情况有效的检查出来，更好地保证管线综合排布的质量（图6.1-7）。

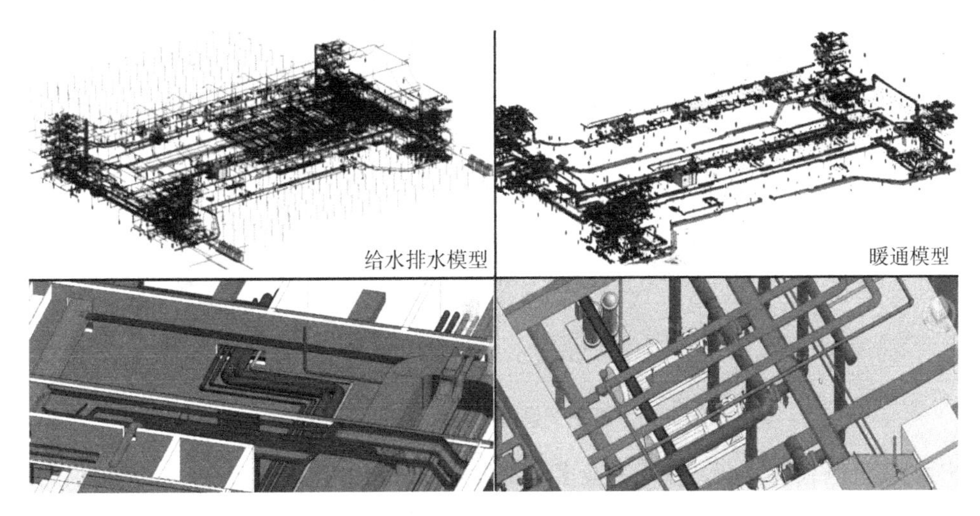

图6.1-7　机电模型及碰撞检查

（3）深化出图　机电专业深化出图的深度要求近似机械制图。出图后进行图模比对，发现问题，利用三维模型更改，图样自动更新，大大提高深化设计效率。项目设计团队应用Revit软件进行深化设计，利用三维模型自动生成各种平面、剖面、大样图（图6.1-8）。

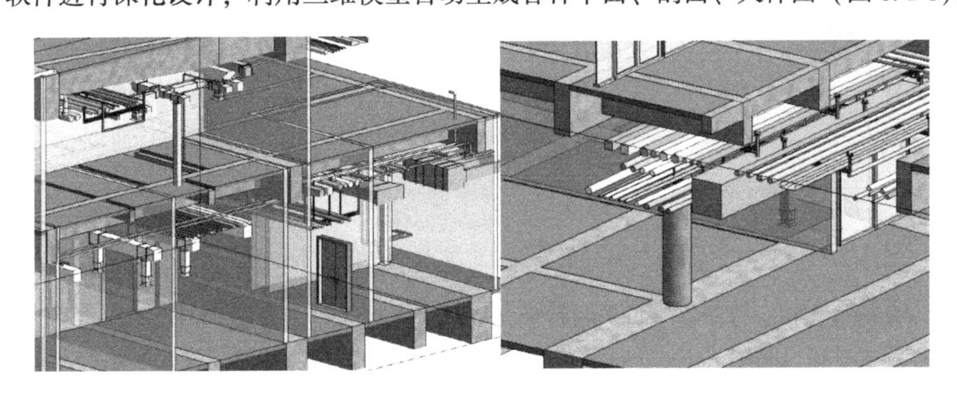

图6.1-8　Revit出图

3. 基于BIM的可视化应用

（1）可视化交底　传统纸质交底方法繁琐，实用性不强，哈尔滨火车站站房改造工程基于BIM技术采用三维模型可视化交底，形象客观，实用性强。例如施工现场有大量盘扣式脚手架，脚手架连接处插销多、工艺复杂，利用基于BIM技术的三维模型交底方式，可将脚手架模型的插销、扣接头、连接盘等工艺复杂的部分清晰地展示出来，可视性强，方便安装人员理解设计意图，保证脚手架安全搭建（图6.1-9、图6.1-10）。

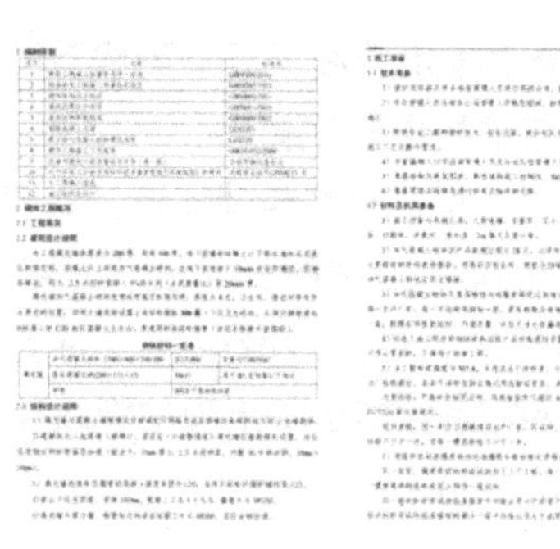

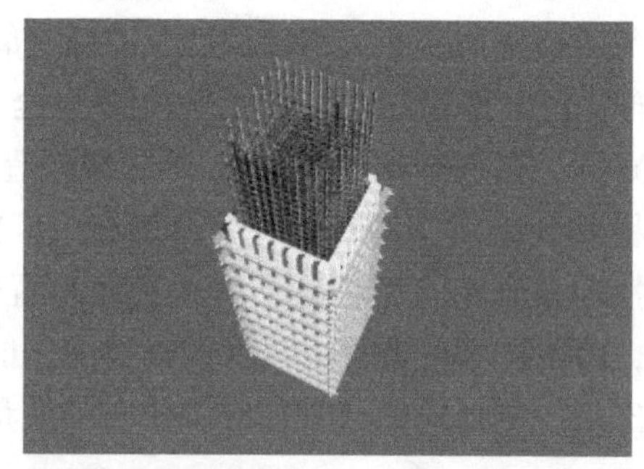

图 6.1-9　传统纸质交底与三维交底

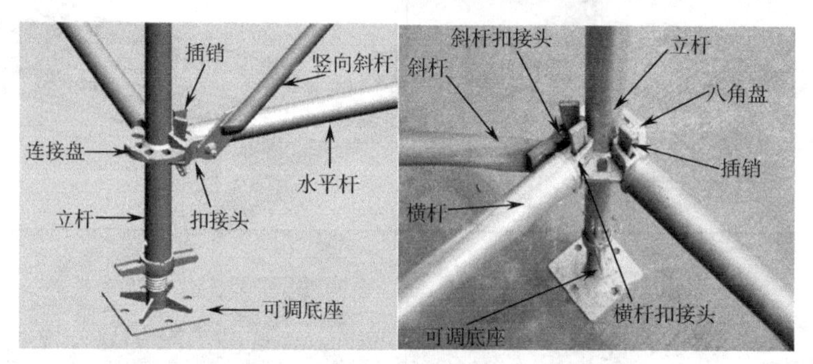

图 6.1-10　脚手架模型图与现场脚手架实景图

施工现场机电系统复杂，涉及专业多，易发生安装与图样不符现象。根据提供的二维图样搭建机电管线模型，进行可视化交底，大大提高机电管线安装的准确率；施工现场钢屋架采用现场焊接后整体提升工艺，制作施工过程动画，形象生动，使工人们了解整个施工过程，达到缩短工期的效果（图 6.1-11）。

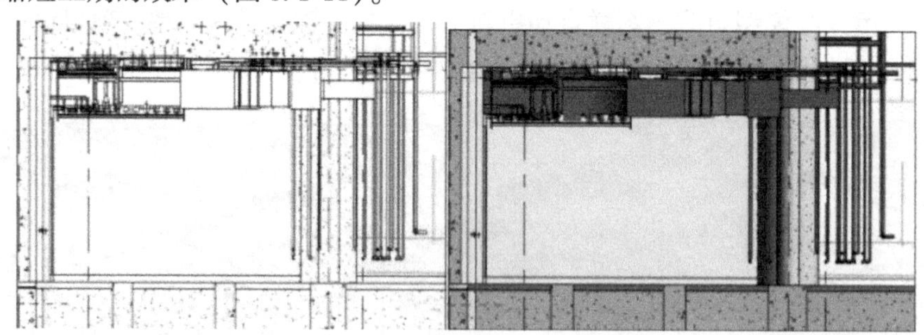

图 6.1-11　机电管线二维图与三维图对比

（2）4D 施工模拟　针对该项目工期紧张、常温作业时间短、分南北两区施工等特点，项目组应用 4D 施工模拟，利用 Navisworks 软件验证进度计划安排的合理性，过程中添加实际完成时间进行进度比对，高效地把控整体施工进度，保证项目进度工期节点按时完成（图 6.1-12）。

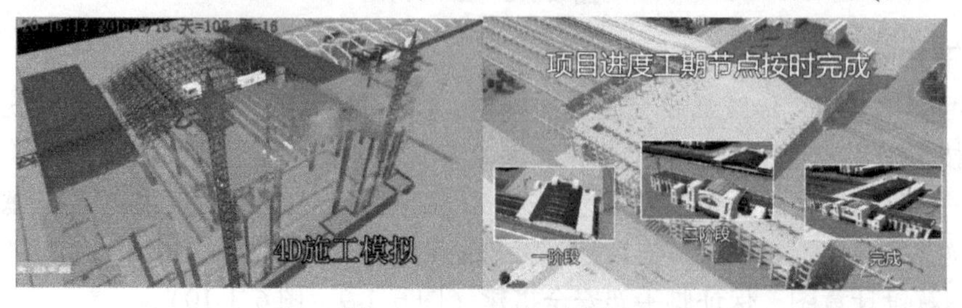

图 6.1-12　4D 施工模拟

4. BIM 与高科技技术结合应用

（1）VR 展示　VR 技术即虚拟现实技术，是利用计算机模拟产生一个三维空间的虚拟世界，可以让使用者如身临其境一般，及时、没有限制地观察三维空间的事物。本项目在模型建成后，将三维模型导入 Unity 3D 中进行加工、处理，之后利用 VR 设备进行了 VR 实景演示。可利用 VR 技术展示样板间装修方案，提供多种方案供业主选择，提前确定装修方案，节约施工时间；使用 VR 漫游查看现场场地布置，并可查看施工材料，以及现场防护结构，提前熟悉场地，避免安全事故发生（图 6.1-13）。

图 6.1-13　VR 实景演示

（2）三维扫描　哈尔滨火车站站房项目利用先进的三维扫描仪，扫描现场钢屋架，将现场扫描数据导入专业软件中，经过整合、加工得到百分百真实现场施工现状的点云数据，然后与 Revit 建立的三维模型进行对比，查看施工现场是否与模型一致，并提出针对现场施工的修改意见，指导施工工作。

按照现场点云数据将 Revit 模型转化成 Midas 计算模型，验证其施工过程的可靠性。通过 Midas 计算软件分析可得，钢屋架施工过程内力、变形、位移、梁端弯矩等数据均符合规范要求（图 6.1-14）。

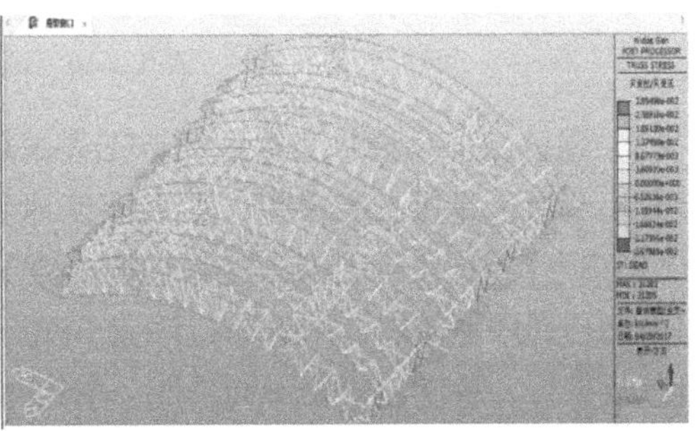

图 6.1-14　三维扫描结果与 Midas 计算模型

5. BIM 5D 技术应用

（1）信息录入　将 BIM 三维模型导入广联达 BIM 5D 软件中，生成构件二维码信息，建立二维码库，通过扫描二维码即能查看构件详细信息。利用 BIM 5D 软件生成项目专项信息查询平台，一键查询建筑构件包括库存、厂家、规格等所有信息（图 6.1-15）。该平台可进行材料精细化管理，大大节约施工成本。

（2）BIM 5D 成本管控　在原有 4D 施工模拟的基础上加入成本因素，形成 BIM 5D 成本管理体系，根据构件二维码信息对于施工进度、成本一目了然，实时监控工程成本数据，达

图 6. 1-15　BIM 5D 信息查询平台

到节约成本的目的，为项目精细化管理提供技术支持（图 6. 1-16）。

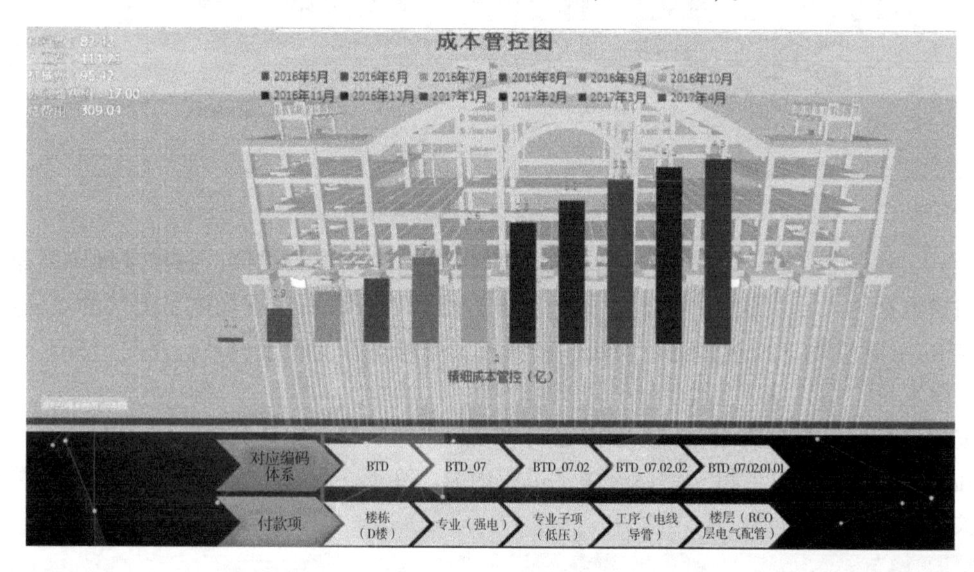

图 6. 1-16　BIM 5D 成本管控

（3）绿色施工　哈尔滨站房改造工程采用 Navisworks、BIM 5D 等软件对施工场地进行场地分析及绿色建筑三维模拟，最大限度地节约资源与减少对环境的负面影响，努力实现“四节能一环保”，争取打造三星绿色标准建筑（图 6. 1-17）。

节能：利用斯维尔、ANSYS、鸿业 BIM 等建筑分析软件对声环境、光环境、风环境等进行分析模拟，科学地根据不同功能、朝向和位置选择最适合的构造形式。

节地：通过施工用地的合理利用，建筑设计前期的场地分析、运营管理中的空间管理，达到节约施工场地的目的，为项目绿色施工加分。

节水：利用 BIM 技术协助进行土方量计算，模拟土地沉降、场地排水设计；分析建筑的消防作业面，设置最经济合理的消防器材。设计规划每层排水地漏位置，对雨水等非传统水源进行收集，循环利用，达到节水目的。

节材：利用 BIM 算量统计技术，通过参数化嵌入及二维码，使设备材料有据可查，施工过程定位管理。在设备材料采购前完成族库构件的参数，使用 BIM 5D 进行限额领料，避免物料的二次运输以及不必要的损耗，大大降低物料的消耗，节约成本。

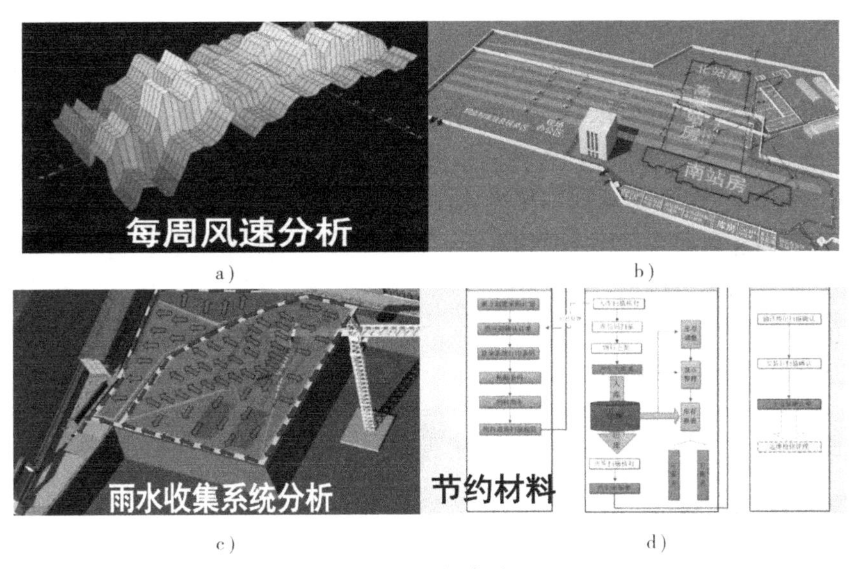

图6.1-17 绿色施工

a）节能 b）节地 c）节水 d）节材

6.2 南京洺悦府BIM应用

6.2.1 导读

南京洺悦府是一个低密墅质生活社区，其中别墅和商业用楼为框架结构，其余住宅楼为框架剪力墙结构，运用BIM技术对施工进行指导和管理，分别进行BIM模型建立、施工场地布置、深化设计和施工模拟，达到缩短工期，提高施工质量的目的，同时为BIM技术在工程中的应用积累经验，为其他工程提供参考。

洺悦府项目地块四，位于南京市栖霞区万寿村伏家场迈尧路611号，东依华山路，南临迈化路，西近乐居雅花园一、二期，北靠神农路。总建筑面积为131027.5m²，地上总建筑面积约为91967.2m²。拟建建筑物共25栋，主要由别墅、住宅楼、商业用房及临街变用电房组成，其总平面图如图6.2-1所示。

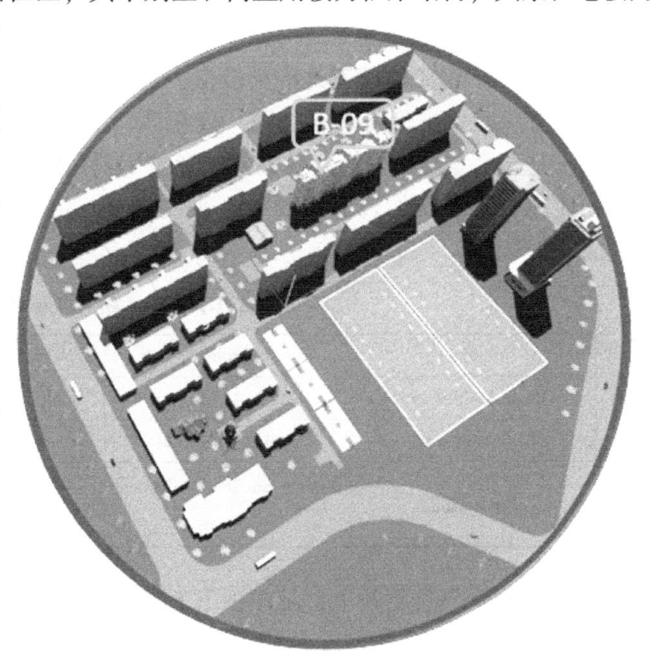

图6.2-1 洺悦府地块四项目总平面图

其中别墅6栋均采用框架结构，

下设 1 层地下室，基础埋深约为 3.50m；住宅楼均采用框架剪力墙结构，均设 1 层地下室，基础埋深约 5.50m；D-2 栋 ~ D-6 栋为商业用房，高 2 ~ 3 层，框架结构；A-04 栋、B-04 栋，均高 1 层，框架结构；在 B-03 栋、B-07 栋、B-11 栋和 B-13 栋的南侧，B-05 栋、B-08 栋和 B-11 栋的北侧，B-01 栋和 B-02 栋的东侧范围内设一层地下车库（兼做人防地下室），基础埋深约为 5.50m。住宅楼和地下车库基础不相连接。地块四拟建建筑物室内 ±0.00 标高为 15.00 ~ 19.45m。

本项目 BIM 工作内容依据：

1）我方与建设方签订的设计合同。

2）建设方提供的施工图样。

3）南京洺悦府项目施工现场。

4）我国现有 BIM 相关标准。

5）国家相关建筑规范。

南京洺悦府项目建设过程中面临的主要难点如下：

（1）工期紧　由于项目地址位于南京，容易受到夏季高温影响、夏季降水影响，并且项目穿插附属工程，这会给施工带来一系列的问题和不方便的因素，容易影响施工进度，给本就紧张的工期增加了压力。

（2）现场协调难　南京洺悦府项目立体交叉作业多，并且现场施工场地狭小，设备吊装难度大，给施工流水段划分带来困难，使施工工序安排难度加大。

（3）质量要求高　本项目施工需要考虑的因素众多，包括沟通协调质量、工程施工质量、工程对环境质量的影响等。项目对各种质量保证的要求也成为建设过程中的主要难点。

6.2.2　项目中 BIM 的应用

1. BIM 建模软件选择

目前国内外 BIM 建模工具种类较多，且各系列建模软件建模特色、使用特征、适用环境、硬件要求及实施价格不尽相同，故在项目 BIM 实施之初——BIM 建模阶段选择合适的建模软件是至关重要的，直接关系到后期整个项目的应用与实施。

BIM 核心建模软件公司主要有 Autodesk、Bentley、Graphisoft/Nemetschek AG 以及 Gery Technology 公司等（表 6.2-1）。

表 6.2-1　BIM 核心建模软件表

公司	Autodesk	Bentley	NeMetschek Graphisoft	Gery Technology Dassault
软件	Revit Architecture	Bentley Architecture	Archi CAD	Digital Project
	Revit Structural	Bentley Structural	AllPLAN	CATIA
	Revit MEP	Bentley Buiding Mechanical Systems	Vector works	—

在 BIM 建模软件选择上，总结国内大量实际工程 BIM 的应用情况，可初步得出以下参考结论：

1）民用建筑可选用 Autodesk Revit。

2）工厂设计和基础设施可选用 Bentley。

3）单专业可选择 ArchiCAD、Bentley、Revit。

4）异形建筑或预算充裕可选择 Digital Project。

该项目属于民用建筑且在后期需要与其他软件实现互用链接，故选用 Autodesk Revit 作为初期主要建模软件。

2. BIM 建模标准及原则

BIM 模型是 BIM 技术在项目中应用的基础与前提，BIM 模型是否标准、模型精度是否足够，直接决定了 BIM 模型的实用性、协同性及准确性，对后期项目 BIM 应用过程及成果影响重大。故在 BIM 模型建立之前，需对建模标准及模型精度进行明确规定。

因为各个项目具有不同特征及应用需求，针对不同的应用需求，往往模型标准及精度也不尽相同。本项目根据中国建筑标准设计研究院编制的工程国家标准《建筑工程设计信息模型分类和编码》《建筑工程设计信息模型交付标准》，参考其他工程项目实际应用，结合南京洺悦府项目自身特点，进行明确规定。

（1）建筑建模要求

1）文件命名：洺悦府-建筑-人名。

2）标高命名为：…，-F1，F1，F2，…，屋顶。

3）轴网：无。

4）原点：CAD 轴网 1-A 轴交点。

5）构件命名：层高-构件名-尺寸（如：F1-外墙-240mm）。

6）分层建模，禁止一顶到顶。

7）对于无法按层高命名的构件，以“唯一确定”原则对其命名（如：幕墙-尺寸/阶段 1）。

8）尽量避免闪面。

9）所有构件必须添加材质，材质命名为：适用范围-构件名-材质名（如：F1-F6-外墙-瓷片）。

（2）结构建模要求

1）文件命名：洺悦府-结构-人名。

2）标高命名为：…，-F1，F1，F2，…，屋顶。

3）轴网：无。

4）原点：CAD 轴网 1-A 轴交点。

5）构件命名：层高-构件名-尺寸（如：F1-柱-240×360mm）。

6）分层建模，禁止一顶到顶。

7）对于无法按层高命名的构件，以“唯一确定”原则对其命名（如：幕墙-尺寸/阶段 1）。

8）尽量避免闪面。

9）所有构件必须添加材质，材质命名为：适用范围-构件名-材质名（如：F1-F6-梁-灰泥）。

（3）机电建模要求

1）文件命名：洺悦府-机电-人名。

2）标高命名为：…，-F1，F1，F2，…，屋顶；轴网：无。

3）原点：CAD 轴网 1-A 轴交点。

4）构件命名：层高-构件名-尺寸（如：F1-排水-80mm）。

5）分层建模，禁止一顶到顶；尽量避免闪面。

6）对于无法按层高命名的构件，以“唯一确定”原则对其命名（如：立管-排水）。

7）所有构件必须添加材质，材质命名为：构件名-材质名（如：排水-铸铁）。

8）所有管线添加阀门、散热器片。

9）管线系统：可不严格区分。注意连接点。

根据洺悦府项目施工图样拟选用地块四中的 B-09、B-03 栋小高层以及地库（一层变两层）进行模型搭建；BIM 模型主要包含但不限于建筑、结构、机电、施工工艺模拟用的模版、脚手架、塔式起重机等 BIM 模型。所有 BIM 模型建立的流程都是一致的，具体的建模流程图如图 6. 2-2 所示。

3. 参数化族库构建

在项目建筑过程中，往往不可避免地存在图样变更及工程改动，随之也会导致模型的修改及调整，在模型变更过程中费时费力，这不仅影响工程进度，同时也将造成大量人力物力的浪费。大量构件造型及参数类别相似，只是其中某个或几个参数数值不同，如果采用传统方式对其分别进行一一建模，重复工作较多，费时较大，同时也会造成整个模型繁杂庞大。

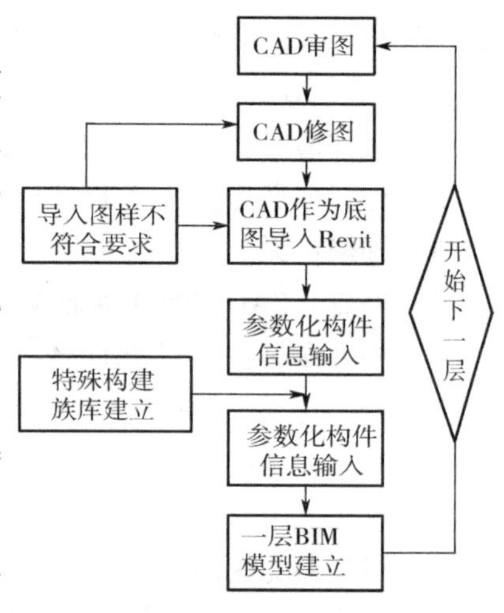

图 6. 2-2　建模流程图

本项目工程在建模过程中基于 BIM 技术的参数化特征，建立支持实时快捷修改的参数化专项构件族库，通过参数化的定义及调整可快速建立或修改构件模型，从而有效实现数据库与模型的链接。同时参数的赋予，也是后期模型应用的数据基础及前提条件。

首先根据后期应用，对其 BIM 模型数据库需求参数类型进行确定，主要包括几何参数、材料参数、时间参数及成本参数等，而后结合施工图样数据及现场具体情况对其各类型参数进行落实及赋值。

（1）构件族的定义　构件是对项目中采用的实际建筑组件的物理和功能特性的数字化表达。一个构件（在 Revit 中被称为“族”）是一个可在多种场合重复使用的个体图元。例如：门、窗、楼梯、家具、幕墙面板、柱、墙等。参数化构件：BIM 构件或图元中的信息属性是通过参数化的形式进行输入及保存的，通过参数的改变即可实现对图元的修改。族是一个包含通用属性（称作参数）集和相关图形表示的图元组。属于一个族的不同图元的部分或全部参数可能有不同的值，但是参数（其名称与含义）的集合是相同的。族中的这些变体称为族类型或类型。窗构件族如图 6. 2-3 所示。

族分为常规构建族和特定构建族。在一个项目模型中，常规构建族可以通过设定现有的参数进行控制，从而实现在项目中的独特性与适用性。而往往项目中无法通过常规族进行搭建的就必须找到特定族，如果在族库中存在特定的族库可以直接调用，然后进行参数控制以满足项目所需。当然族库不是万能的，有些项目上需要的族在族库中可能无法找到直接调用，那么就需要自行创建一个符合项目所需的特定族。

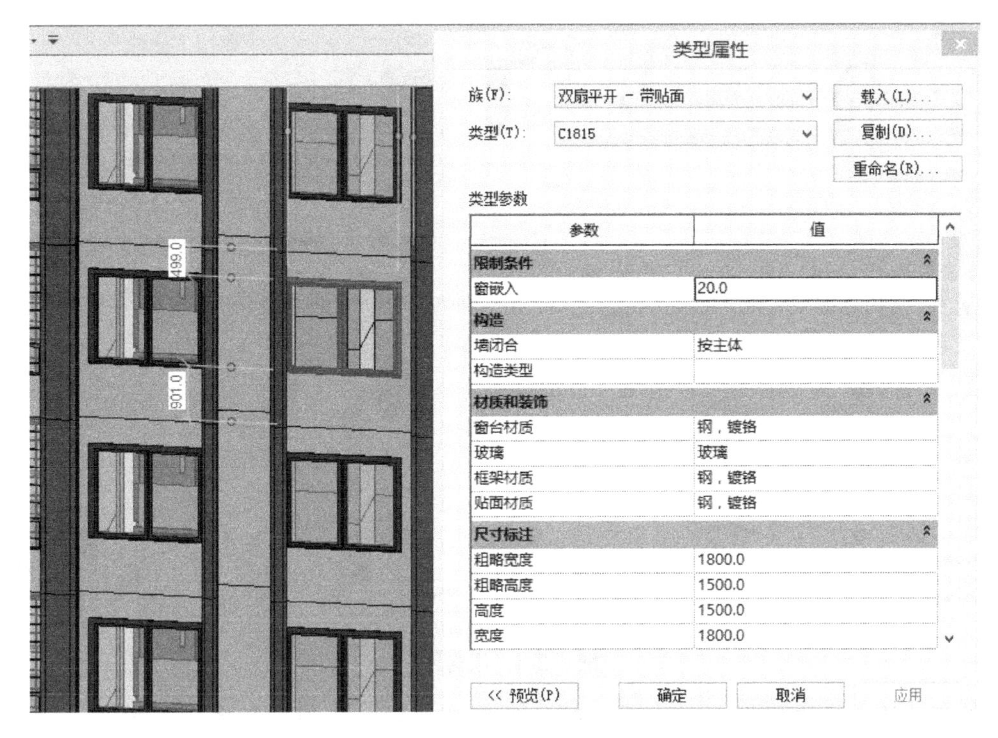

图 6.2-3　窗构件族

（2）可载入族的分类　可载入族具有以下特征的族：

独立于项目进行创建并根据需要载入到项目中。用于创建安装的建筑构件，如门和装置以及注释对象。通常以系统族为主体。例如，门和窗以墙为主体。建模族：表示真实对象的可载入族，如门、楼板或家具。这些族显示在所有视图中。注释族：用于进行注释的可载入族，如文字、尺寸标注或标记。这些族不具有三维用途，仅显示在放置它们的视图中。例如，族可以是一个带观察玻璃的门，类型是该样式的门的3种不同尺寸。实例属性：包含与项目中族图元的特定实例相关的信息。例如，门的实例属性可能包括门下缘高度和框架材质。对实例属性所做的更改仅影响族的该实例。类型属性包含应用于项目中同一族类型的所有实例的信息。例如，门的类型属性可能包括厚度和宽度。对类型属性所做的更改会影响从该类型创建的族的所有实例。

族是一个包含通用属性（称为参数）集和相关图形表示的图元组。属于一个族的不同图元的部分或全部参数可能有不同的值，但是参数（其名称与含义）的集合是相同的。族中的这些变体称为族类型或类型。

在项目中使用特定族和族类型创建图元时，将创建该图元的一个实例。每个图元实例都有一组属性，从中可以修改某些与族类型参数无关的图元参数。这些修改仅应用于该图元实例，即项目中的单一图元。如果对族类型参数进行修改，这些修改将仅应用于使用该类型创建的所有图元实例，如图6.2-4所示。

在项目模型搭建之前，首先进行族库标准制订，参数化（尺寸、材质、密度、造价）设计及专用族库开发。

（3）项目专项族　根据本项目的项目需求，开发了项目专项族库。本项目的专项族可以分为以下三个类型。

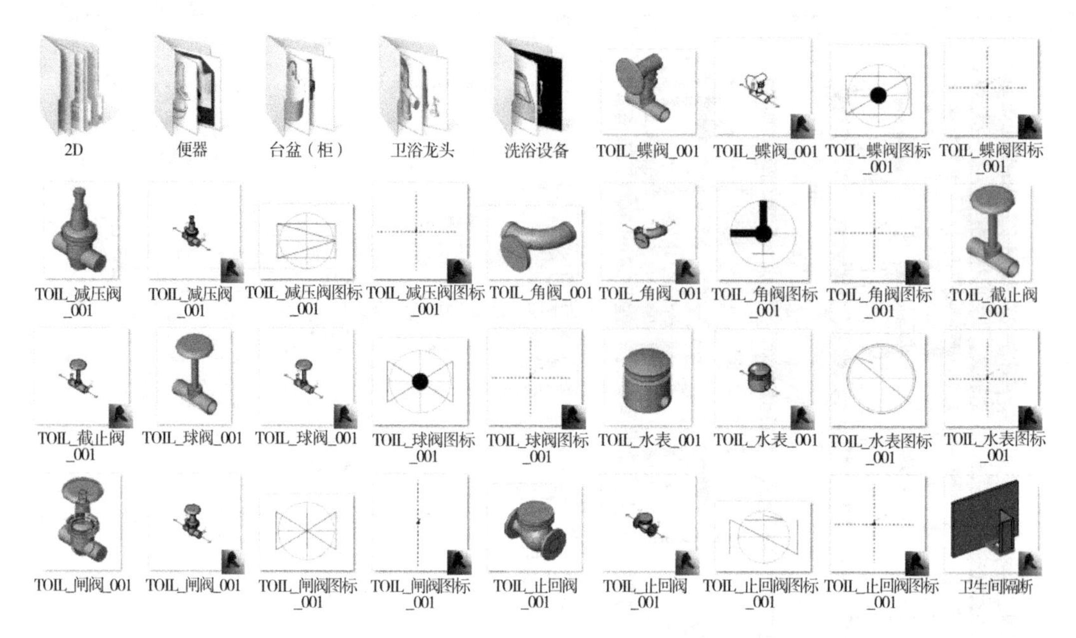

图 6.2-4　族构件

1）系统族：系统族是在 Autodesk Revit 中预定义的族，包含基本建筑构件，例如墙、窗和门。例如，基本墙系统族包含定义内墙、外墙、基础墙、常规墙和隔断墙样式的墙类型。如图 6.2-5 所示，可以复制和修改现有系统族，但不能创建新系统族。可以通过指定新参数定义新的族类型。

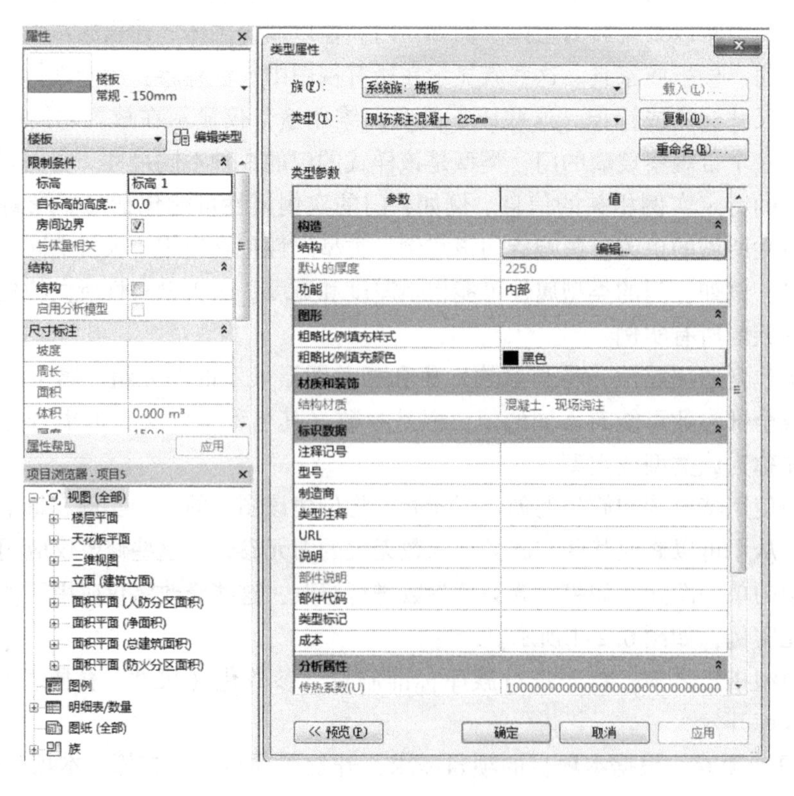

图 6.2-5　楼板系统族

2）标准构件族：在默认情况下，在项目样板中载入标准构件族，但更多标准构件族存储在构件库中。使用族编辑器创建和修改构件。可以复制和修改现有构件族，也可以根据各种族样板创建新的构件族。族样板可以是基于主体的样板，也可以是独立的样板。基于主体的族包括需要主体的构件。例如，以墙族为主体的门族，如图 6.2-6 所示。独立族包括柱、树和家具。族样板有助于创建和操作构件族。标准构件族可以位于项目环境外，且具有 .rfa 扩展名。可以将它们载入项目，从一个项目传递到另一个项目，而且如果需要还可以从项目文件保存到您的库中。

图 6.2-6 门族

3）内建族。内建族可以是特定项目中的模型构件，也可以是注释构件。只能在当前项目中创建内建族，如图 6.2-7 所示，因此它们仅可用于该项目特定的对象，例如，自定义墙的处理。创建内建族时，可以选择类别，且您使用的类别将决定构件在项目中的外观和显示控制。

结合南京洺悦府项目，按照现实设备进行了专业族库的创建，创建步骤为菜单栏→新建→族→新族选择样板文件→公制常规模型等→族编辑器→“建立相关可变参数族”→载入到项目中→“所对应在项目中布置”。

（4）族库在项目中的作用　依据项目的需求建立本项目构件族库，并结合项目提供专业的族库管理平台，方便业主结合此平台实行查看和管理。族模型所包含的材质和尺寸信息，方便实现整体构件材质和尺寸信息的快速提取。

族库中包括建筑专业族、结构专业族、暖通专业组族、给水排水专业族、电气专业族等。

族库在本项目中的作用：将族导入相关的性能化分析软件，得到相应的分析结果，原本需要专业人士花费大量时间输入专业数据的过程，利用可调节属性的族可以自动完成，这大大降低了性能分析的周期，提高了设计效率。

在项目中利用族文件，设计师在三维环境下会发现设计中的碰撞冲突，从而大大提高了管线综合的设计能力和工作效率。这不仅能够及时排除项目施工环节中可能遇到的碰撞冲突，显著减少由此产生的变更单，而且大大提高了施工效率，降低了由于施工协调造成的成本增加和工期延误。

族拥有直观的表现力，为专业人员之间的交流减少障碍。这些有助于缩短施工时间，降低由于设计协调造成的成本增长，提高施工现场生产效率。将建筑物空间信息和设备参数信息有机地整合起来，从而为业主获取完整的建筑物全局信息提供平台。通过族与施工过程的记录信息相关联，甚至能够实现包括隐蔽工程图像资料在内的全生命周期建筑信息集成，不仅为后续的物业管理带来便利，并且可以在未来进行翻新、改造、扩建过程中为业主及项目团队提供有效的历史信息，提高运维效率，降低风险。

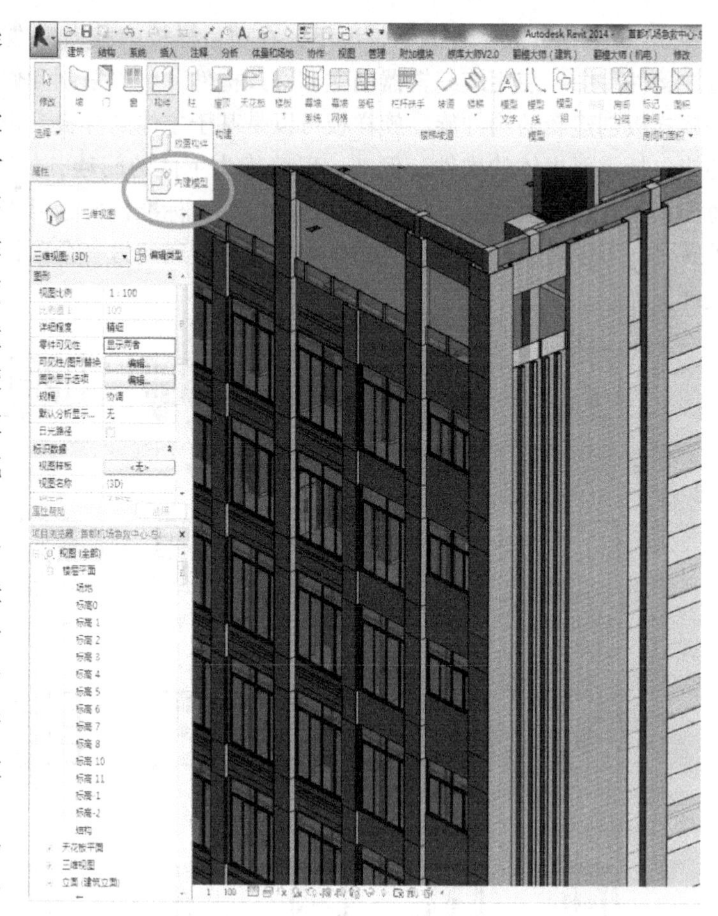

图 6.2-7　内建构件族

4. **模型建立**

本项目利用 Autodesk Revit 软件进行模型的搭建，关键步骤如下：

（1）建立网格及楼层线　建筑工程师绘制建筑设计图、施工图时，网格以及楼层为其重要的依据，放样、柱位判断都须依赖网格才能让现场施作人员找到基地上的正确位置。楼层线则为表达楼层高度的依据，同时也描述了梁位置、墙高度以及楼板位置，建筑师的设计大多将楼板与梁设计在楼层线以下，而墙则位于梁或楼板的下方，若没有楼层线，现场施工人员对于梁位置、楼板位置以及墙高度的判断将产生困扰。因此在绘图的第一步，即为在图面上建立网格以及楼层线。

（2）导入 CAD 文档　将 CAD 文件导入软件，在下一步建立柱梁板墙时，可直接点选图面或按图绘制。导入 CAD 时应注意单位以及网格线是否与 CAD 图相符。

（3）建立柱梁板墙等组件　将柱、梁、板、墙等构件依图面放置到模型上，依构件的不同类型选取相符的形式进行绘制工作。柱与梁应依其位置放置在网格线上，如果有梁柱位置移动时，方便一并修正。柱与梁建构完成后，即可绘制楼板、墙、楼梯、门、窗与栏杆等组件。

1）建筑 BIM 模型。南京洛悦府项目 B-09 号楼住宅楼 11 层，高 36m，采用框架剪力墙结构，地下一层基础埋深约 5.50m。对该项目的地下和地上部分的建筑、结构及机电模型分别建模，然后将所有模型合并为一个模型。

①地上建筑模型，如图 6.2-8、图 6.2-9 所示。

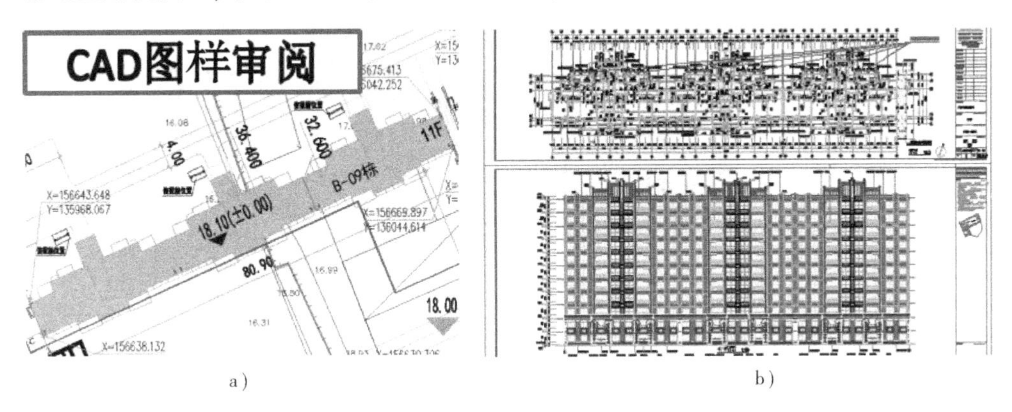

a） b）

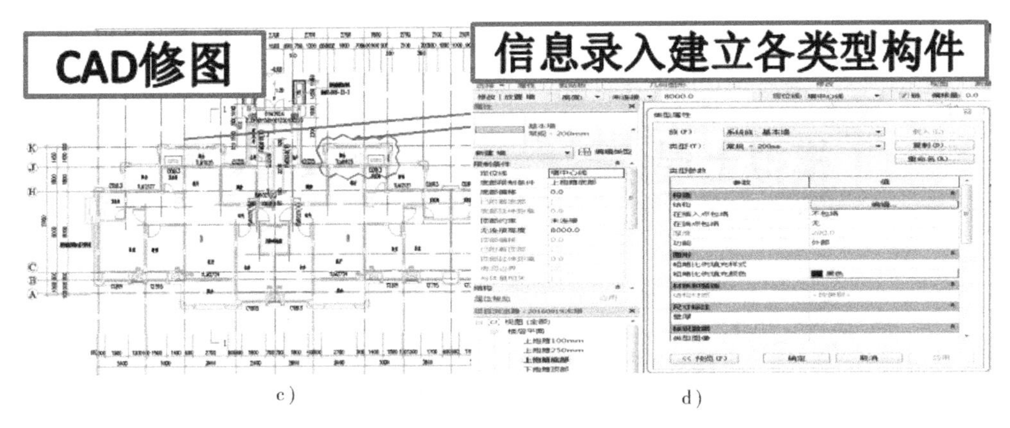

c） d）

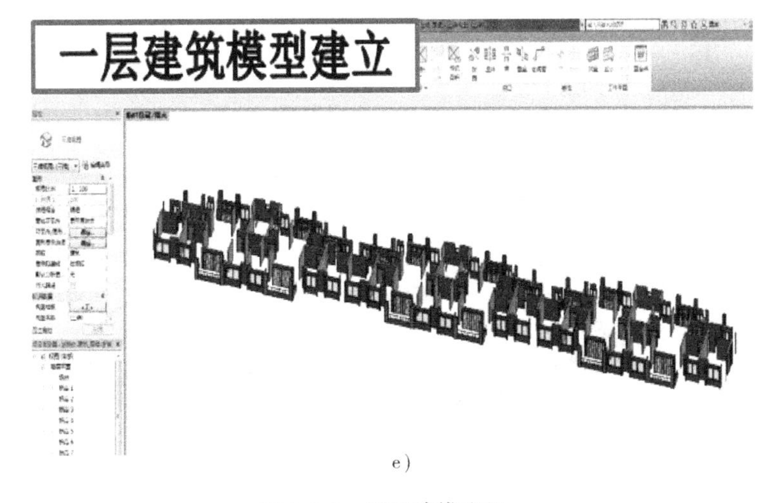

e）

图 6.2-8 项目建模流程

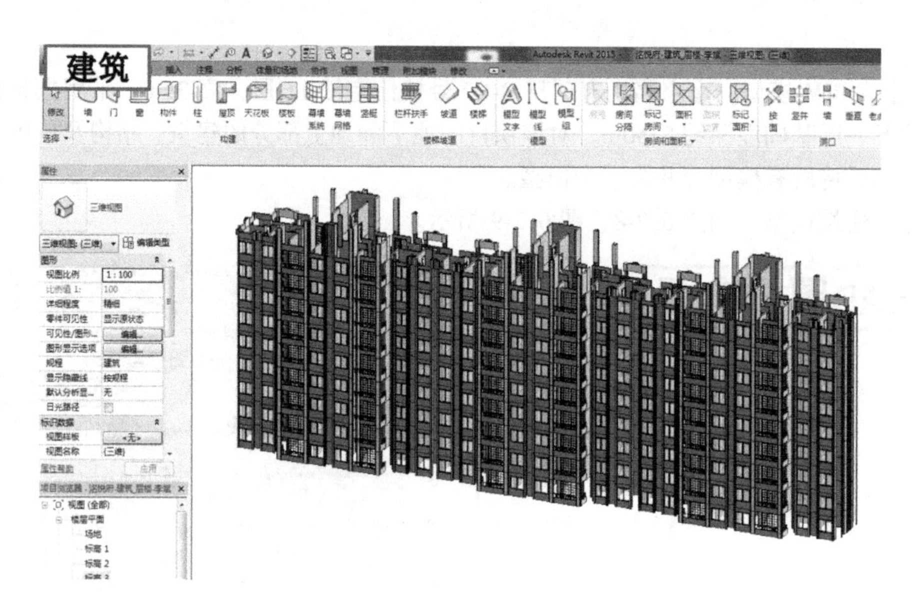

图 6. 2-9　地上建筑模型

②地下建筑模型。在 Revit 软件首先输入项目的地址信息模拟土层，然后进行基坑的开挖，建立基础模型，最后建立地下建筑模型，如图 6. 2-10 ~ 图 6. 2-12 所示。

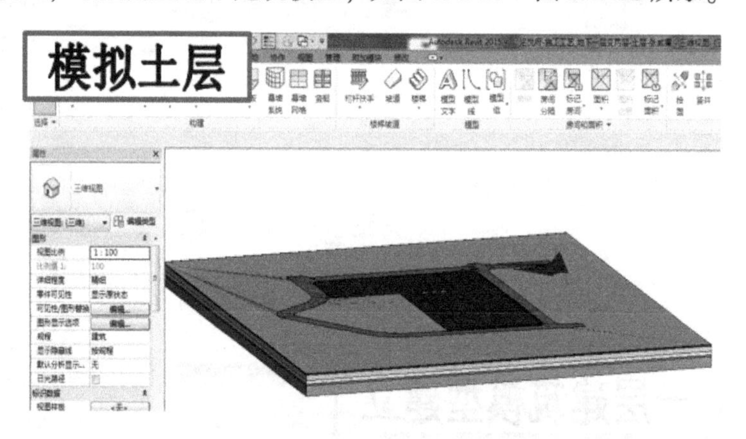

图 6. 2-10　土层模型

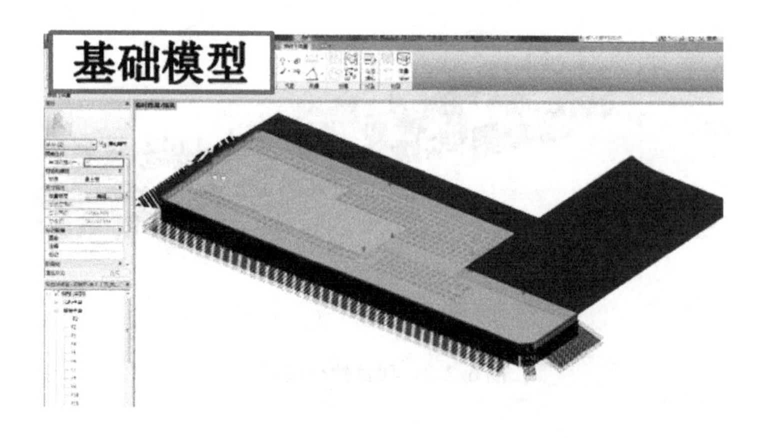

图 6. 2-11　基础模型

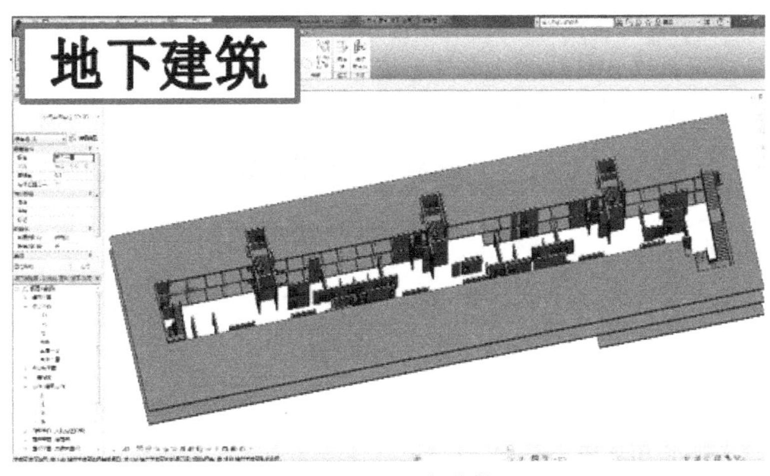

图 6. 2-12　地下部分模型

2）结构 BIM 模型。依据南京洺悦府结构建筑图样，建立了结构 BIM 模型，如图 6. 2-13、6. 2-14 所示。

图 6. 2-13　地上结构模型

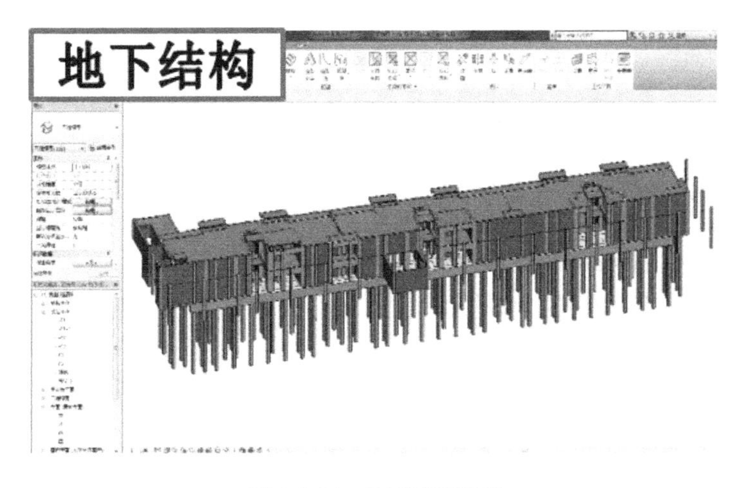

图 6. 2-14　地下结构模型

3）机电 BIM 模型。南京洺悦府项目机电 BIM 模型包括给水排水系统 BIM 模型、消防系统 BIM 模型、暖通系统 BIM 模型、电气系统 BIM 模型。利用 Autodesk Revit 2014 三维制图软件中的 MEP 模块进行机电 BIM 模型建模，如图 6. 2-15 所示。

图 6. 2-15　MEP 模块

①给水排水系统：包括给水系统、污水系统、消防系统。依据“南京洺悦府-给水排水-施工图”进行给水排水 BIM 模型搭建。

②暖通系统：《南京洺悦府-暖通-施工图》。

③电气系统：《南京洺悦府-电气-施工图》。

绘制给水排水系统 BIM 模型、暖通系统 BIM 模型、电气系统 BIM 模型等。需要进行系统配置，将相对应的管件载入项目进行配置。系统类型配置需在项目浏览器中进行添加，如图 6. 2-16 所示。

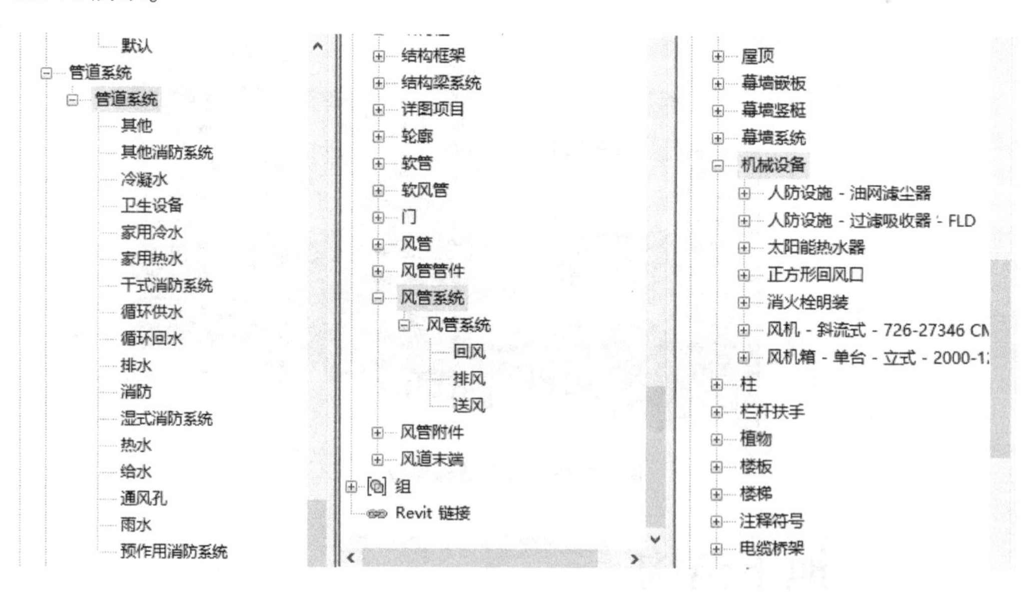

图 6. 2-16　系统类型配置

4）给水排水系统 BIM 模型。南京洺悦府项目给水排水系统 BIM 模型包括给水系统 BIM 模型、排水系统 BIM 模型、消防系统 BIM 模型。依据给水排水图样以及 BIM 建模标准及原则进行给水排水系统 BIM 的搭建。运用 Autodesk Revit 2014 三维制图软件中的 MEP 卫浴和管道模块进行模型搭建，如图 6. 2-17

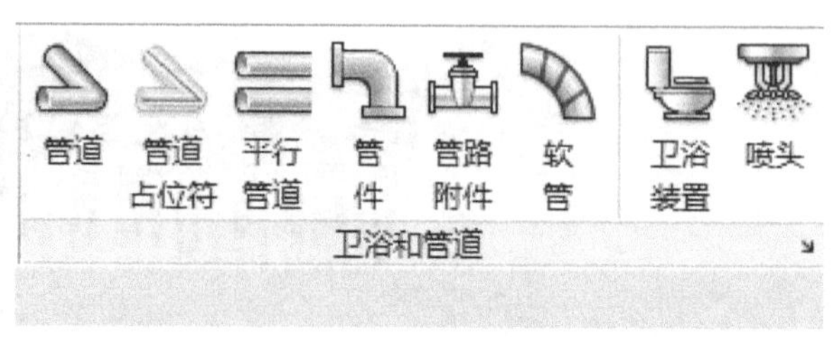

图 6. 2-17　Autodesk Revit 2014 MEP 模块

所示。

①创建项目文件。启动 Autodesk Revit 2014，选择【新建】→【项目】命令，弹出“新建项目”对话框，如图6.2-18所示，在“新建项目”中选择“机械样板”，确认“新建”类型为“项目样板”，单击【确定】，完成新项目样板的创建。

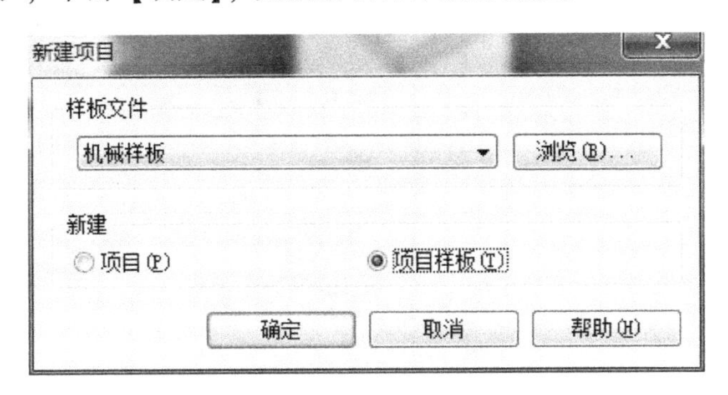

图6.2-18　新建项目样板

a）单击“项目浏览器”→“族”→“管道系统”进行管道系统的创建，如图6.2-19所示。

b）给水系统的创建：双击“给水”系统族，弹出“给水”“族与类型”对话框，如图6.2-20所示。

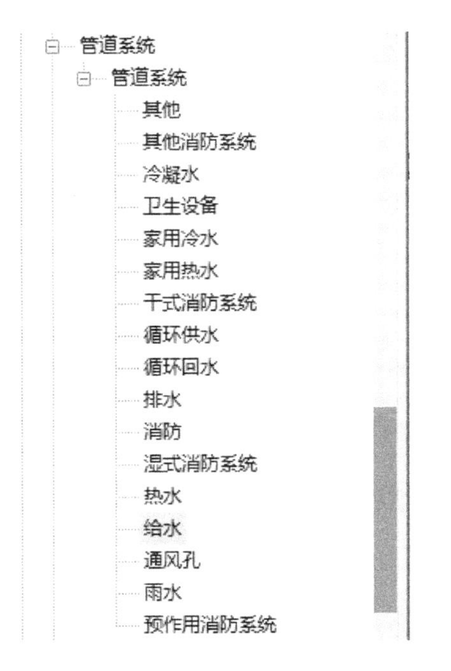

图6.2-19　选择管道系统“给水”系统

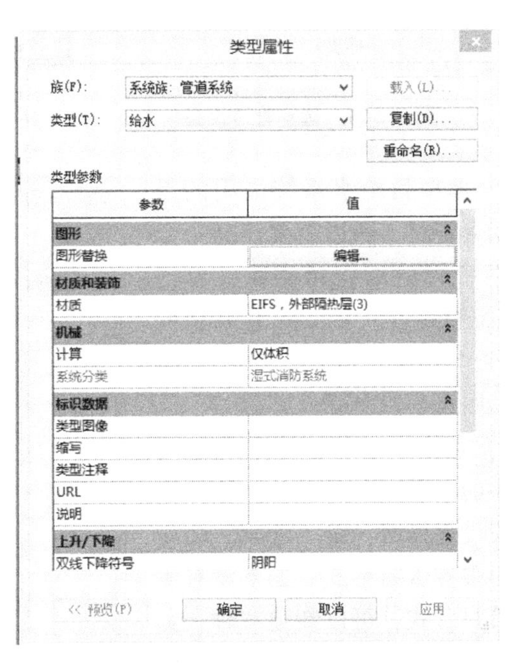

图6.2-20　给水“族与类型”

c）在“族与类型”对话框中修改修改材质和装饰，点击确定。

d）同理，创建“排水”“冷凝水”“消防”“热水”“雨水”系统。

②创建管道类型

a）单击“项目浏览器”→“族”→“管道类型”进行管道系统的创建，如图6.2-21

所示。

b）管道创建：双击“标准”系统族，弹出管道类型、族与类型对话框，如图 6.2-22 所示。

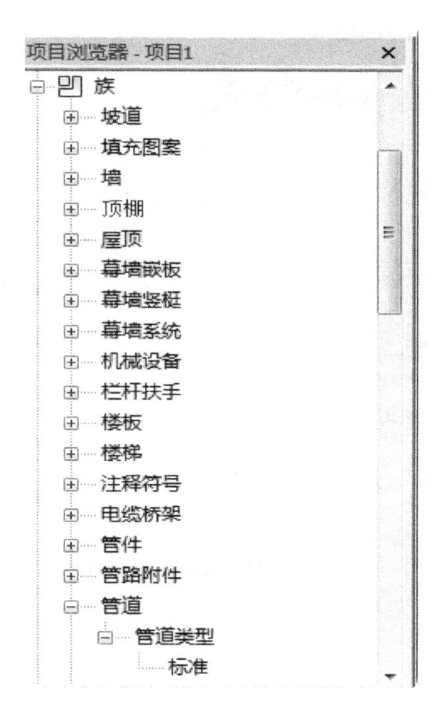

图 6.2-21　选择管道类型

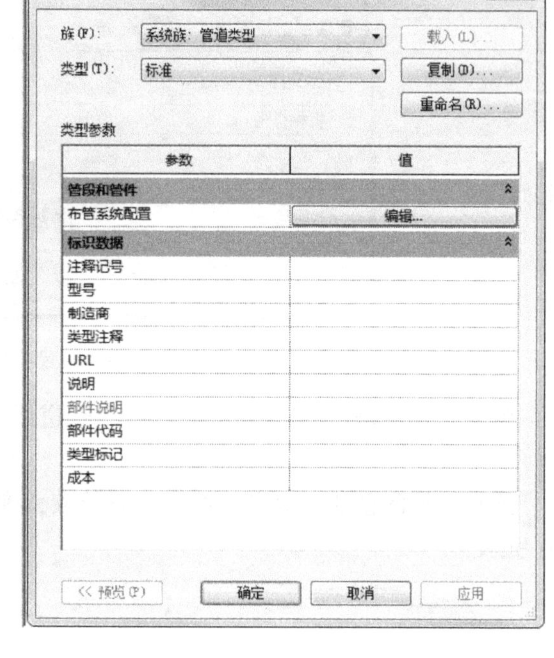

图 6.2-22　管道类型对话框

c）本项目给水系统采用的是不锈钢管管材，所以需要建立一个不锈钢管管材的管道类型，单击“管道类型属性”→“布管系统配置”→“编辑”按钮，进入编辑器，如图 6.2-23 所示。

d）点击“布管系统配置”对话框中的“管道和尺寸”按钮，进入管段设置界面，在“管段”命令中有很多种管材形式，如果没有需要的管材形式，可以新建一种，如果有可以直接进行选择使用，如图 6.2-24 所示。

e）单击图 6.2-25 中“管段”下方的下拉列表，选择不锈钢管管段形式，其他选项进行相应调整，如图 6.2-26 所示。

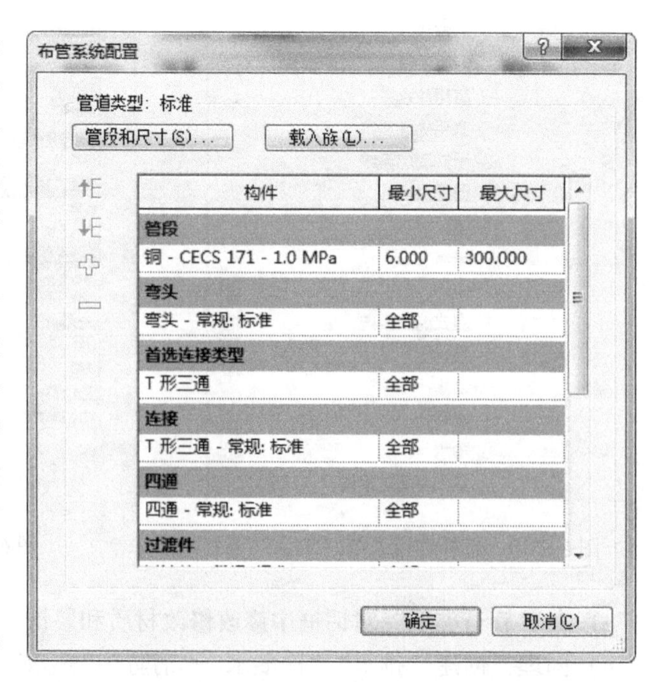

图 6.2-23　布管系统配置

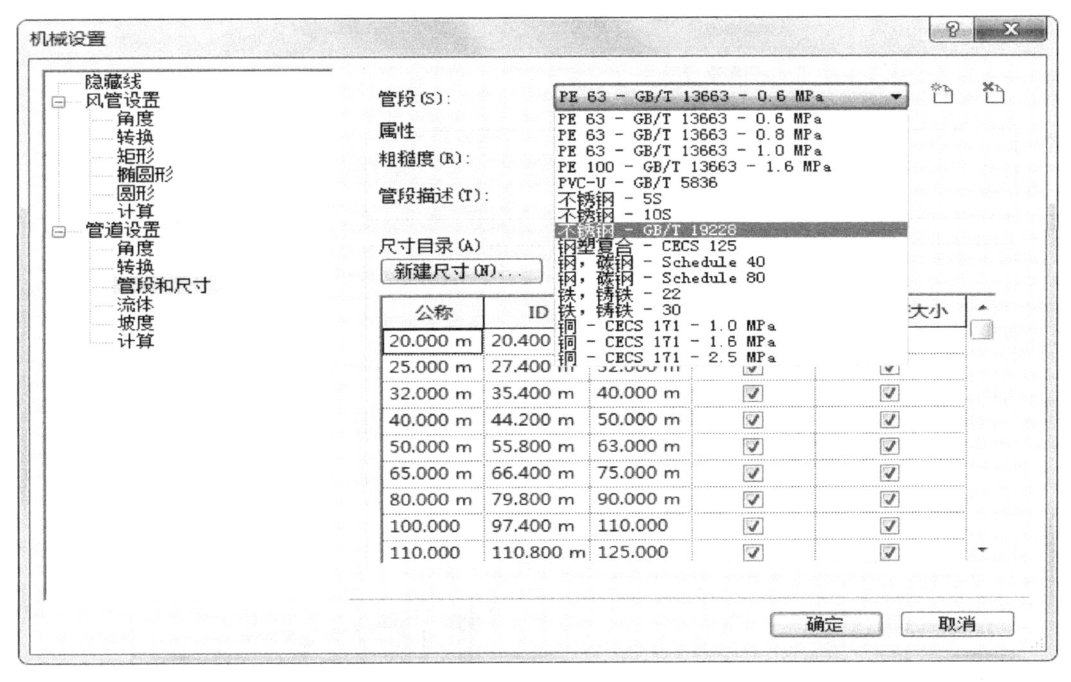

图 6.2-24　管材创建

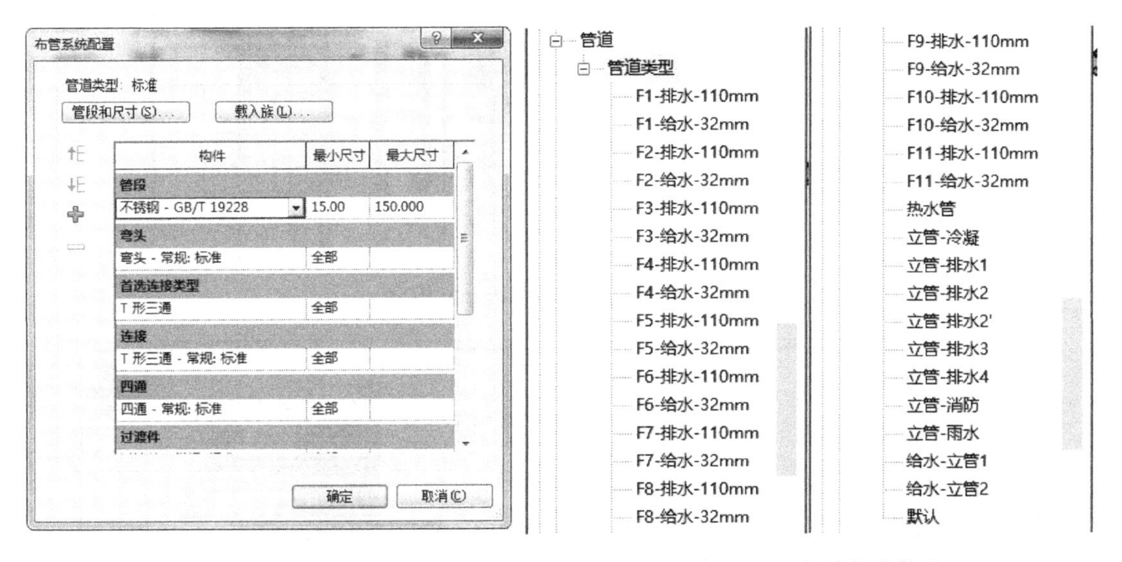

图 6.2-25　管段设置　　　　图 6.2-26　创建管道类型

f) 在管道“类型属性”对话框上，通过点击复制按钮的方法来建立本项目所需要的管道类型，方法同管道系统创建，如图 6.2-27 所示。

最终根据 CAD 图样创建的给水排水系统 BIM 模型如图 6.2-28 所示。

5) 暖通系统 BIM 模型。南京洺悦府项目暖通系统包括送风风管、排风风管、回风风管系统。依据“南京洺悦府-暖通-施工图”以及 BIM 建模标准及原则进行暖通系统 BIM 模型的搭建。运用 Autodesk Revit 2014 三维制图软件中的 MEP 模块进行模型搭建，如图 6.2-29、6.2-30 所示。

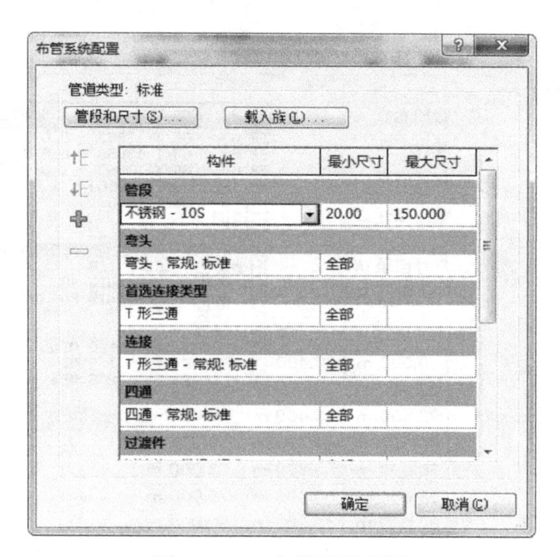

图 6.2-27　布管系统配置

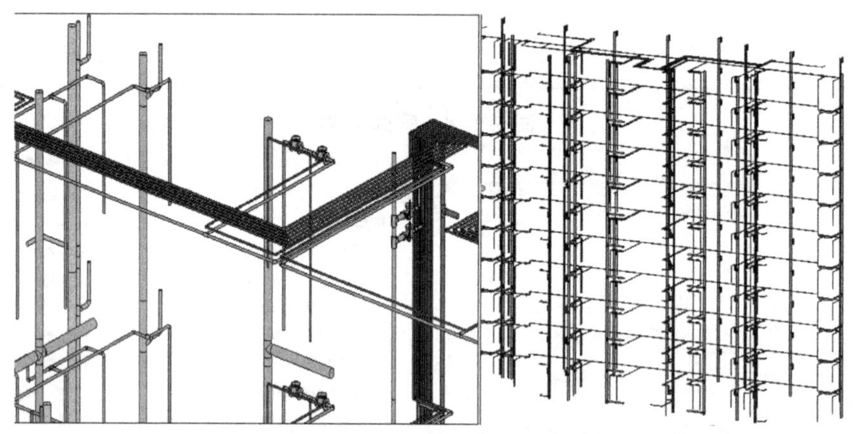

图 6.2-28　给水排水系统 BIM 模型

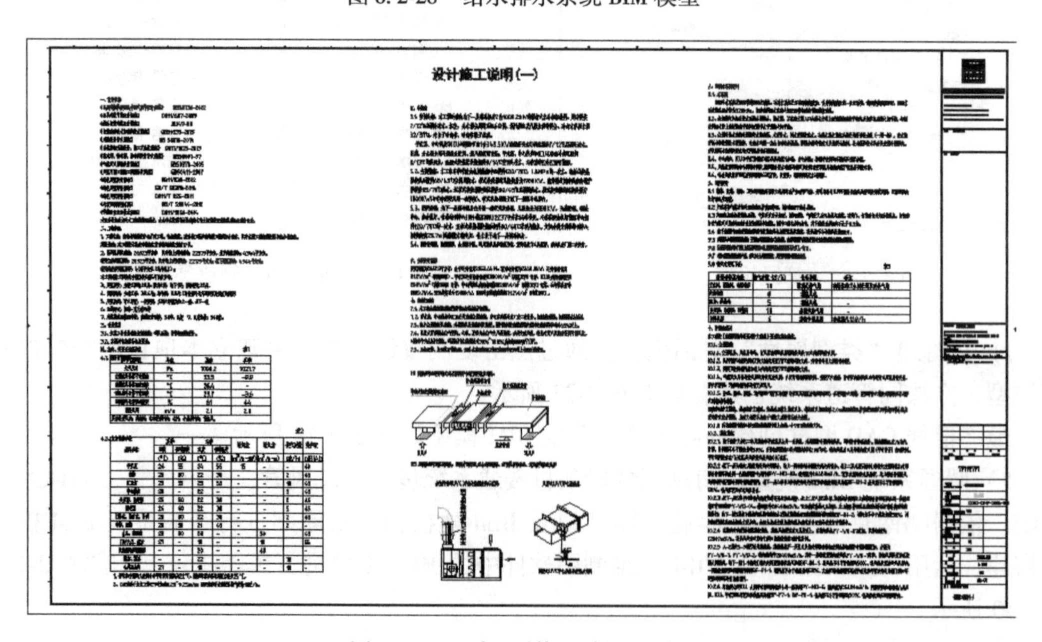

图 6.2-29　暖通系统设计施工说明

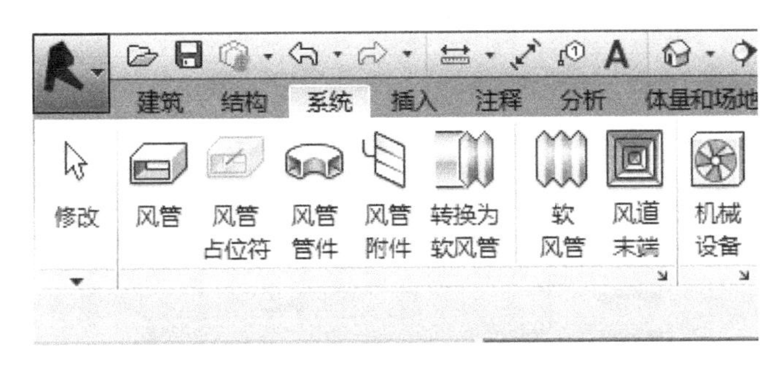

图 6.2-30　MEP 暖通模块

创建项目文件。启动 Autodesk Revit 2014，选择【新建】→【项目】命令，弹出“新建项目”对话框，如图 6.2-31 所示，在“新建项目”中选择“机械样板”，确认“新建”类型为“项目样板”，单击【确定】，完成新项目样板的创建。

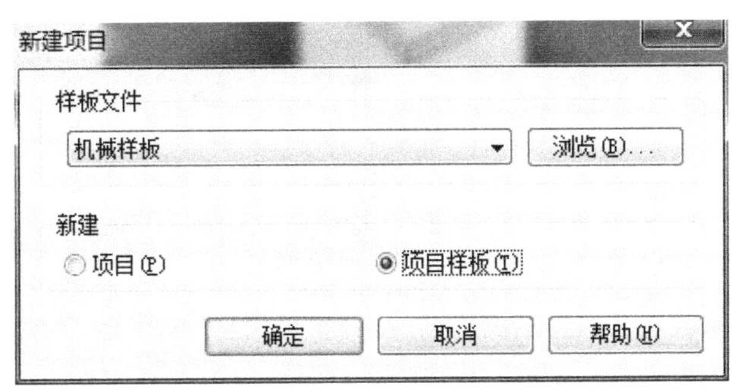

图 6.2-31　新建项目样板

a）单击“项目浏览器”→“族”→“风管系统”进行暖通系统的创建，如图 6.2-32 所示。

b）暖通系统的创建：双击“送风风管”系统族，如图 6.2-33 所示。弹出“风管系统”“族与类型”对话框，如图 6.2-34 所示。

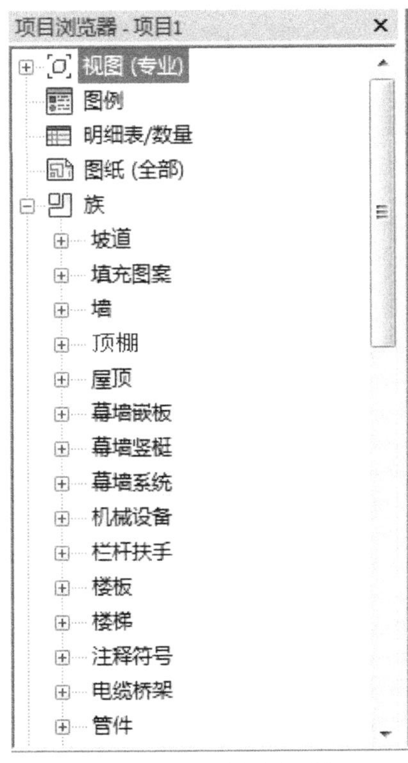

图 6.2-32　选择风管系统

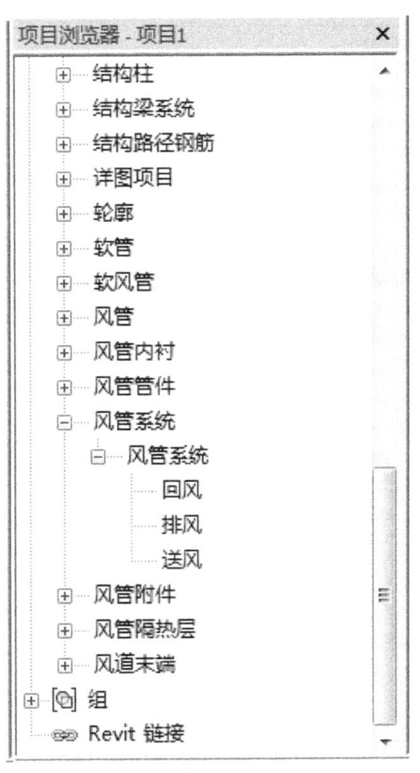

图 6.2-33　送风

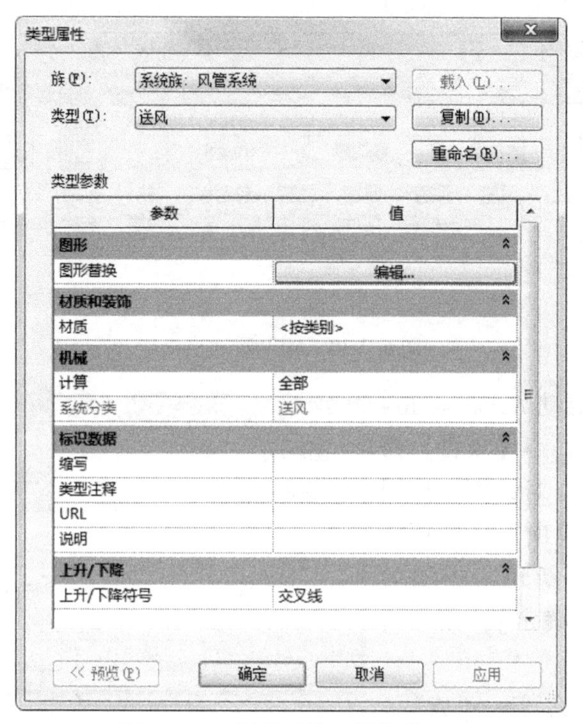

图 6.2-34　风管系统“族与类型”

c）点击“族与类型”对话框中“类型”选项中的复制按钮，如图 6.2-35 所示，修改名称为“送风风管”，点击确定。

d）同理，创建“回风风管”“排烟风管”。

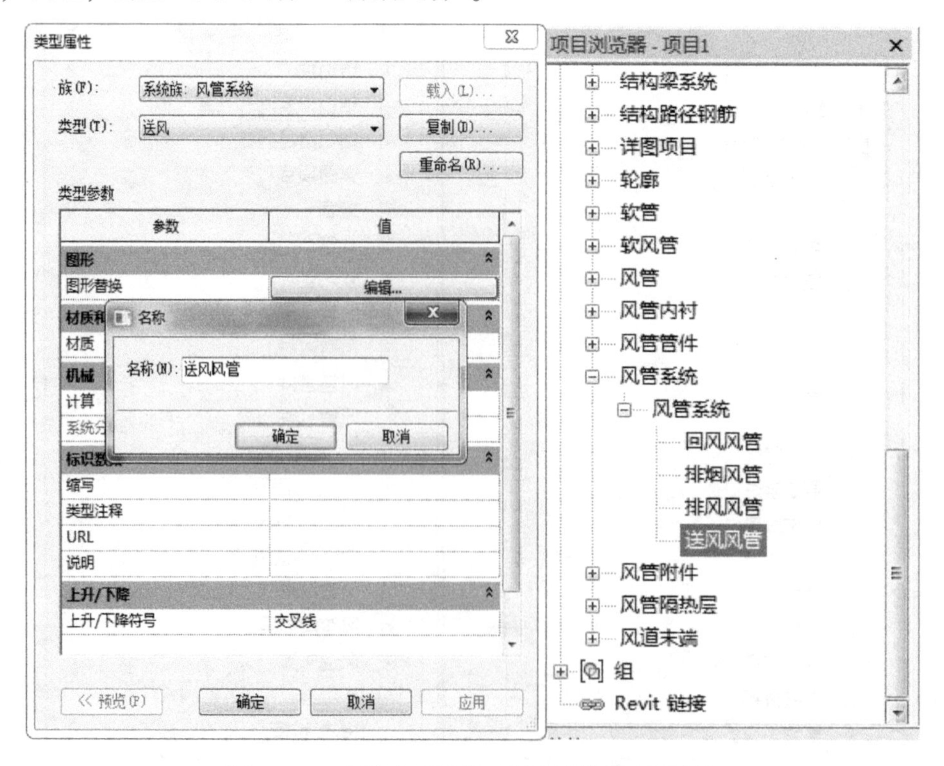

图 6.2-35　创建送风风管、回风风管及排烟风管

最终根据CAD图样创建的暖通系统BIM模型，如图6.2-36所示。

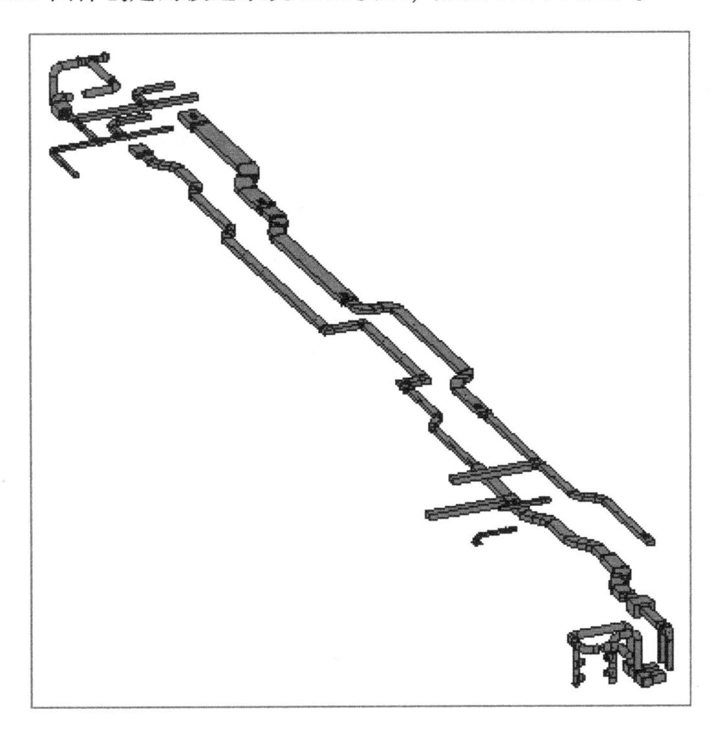

图6.2-36 暖通系统BIM模型

6）电气系统BIM模型。本项目电气系统分为：人防设施、太阳能热水器、消火栓、风机等。依据“南京洺悦府-电气-施工图”以及BIM建模标准及原则进行电气系统BIM模型的搭建。

创建项目文件。启动Autodesk Revit 2014选择【新建】→【项目】命令，弹出“新建项目”对话框，如图6.2-37所示，在“新建项目”中选择“机械样板”，确认“新建”类型为“项目样板”，单击【确定】，完成新项目样板的创建。

单击“项目浏览器”→“族”→“机械设备”进行暖通系统的创建，如图6.2-38所示。

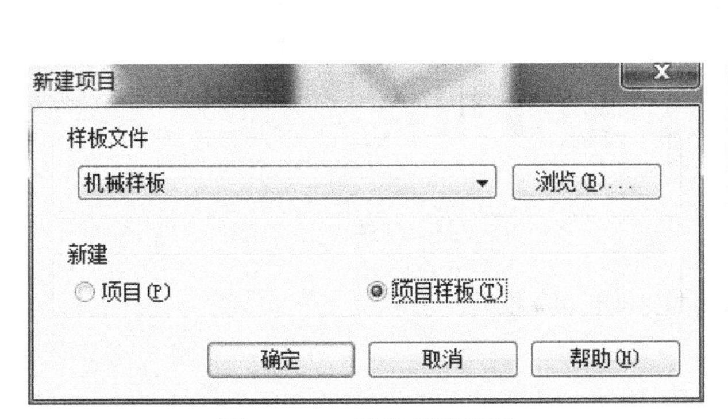

图6.2-37 新建项目样板

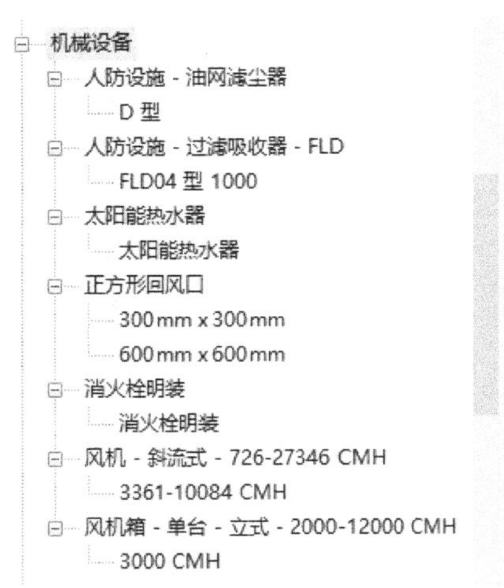

图6.2-38 系统族创建

最终根据 CAD 图样创建电气系统 BIM 模型如图 6. 2-39 所示。

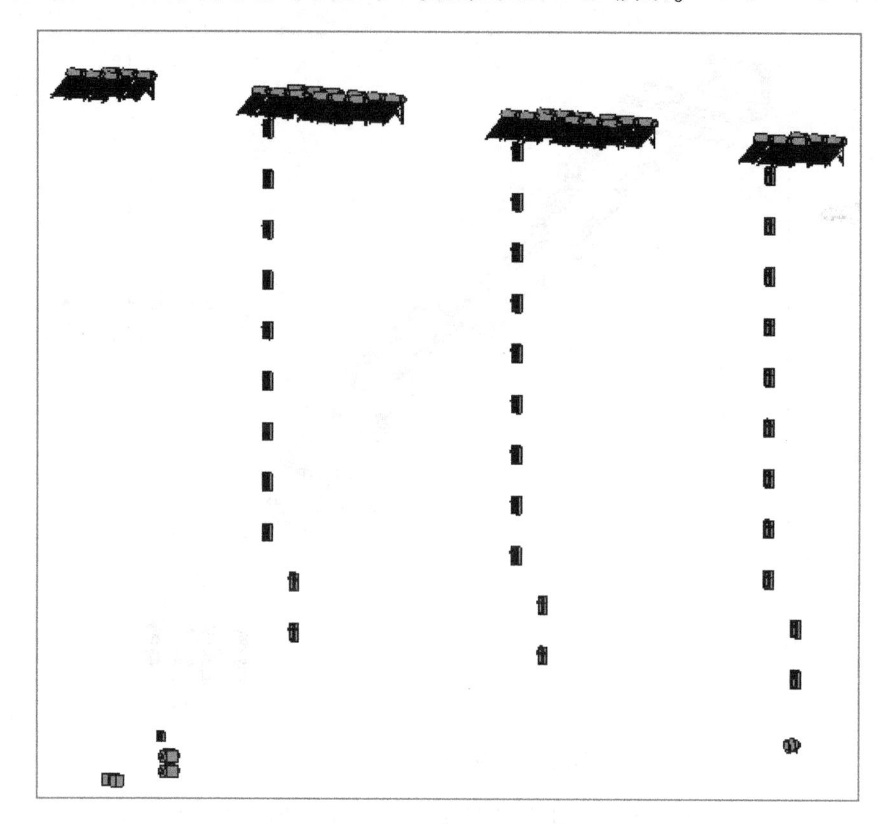

图 6. 2-39　电气系统 BIM 模型

最终建立的机电模型如图 6. 2-40 所示。

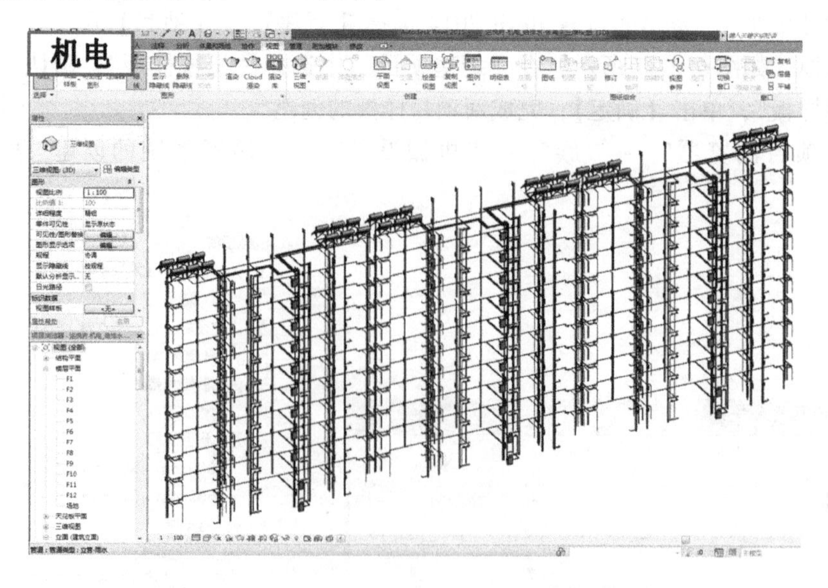

图 6. 2-40　机电 BIM 模型

7）模型整合与深化

①模型整合。将建筑 BIM 模型、结构 BIM 模型、机电 BIM 模型整合后的结果如图

6.2-41所示。

图6.2-41　地上部分整体模型

②模型深化。BIM工程师使用BIM集成平台，将各专业的BIM深化模型进行集成，利用BIM技术三维可视化的特性，进行漫游展示，协助施工总承包发现和分析深化设计是否与设计意图一致，是否符合相应的规范。

在建筑总平面设计的同时，根据有关规范和规定，综合解决各专业工程技术管线布置及其相互间的矛盾，从全面出发，使各种管线布置合理、经济，最后将各种管线统一布置在管线综合平面图上。根据各种管线的介质、特点和不同的要求，合理安排各种管线敷设顺序。利用BIM模型检测出各专业碰撞，实时进行调整，三维模型更直观地反映出各个专业的关系，帮助设计人员理解复杂的建筑空间。避免在施工中出现安装空间不足的现象，减少返工，合理安排材料和工人进场，如图6.2-42、图6.2-43所示。

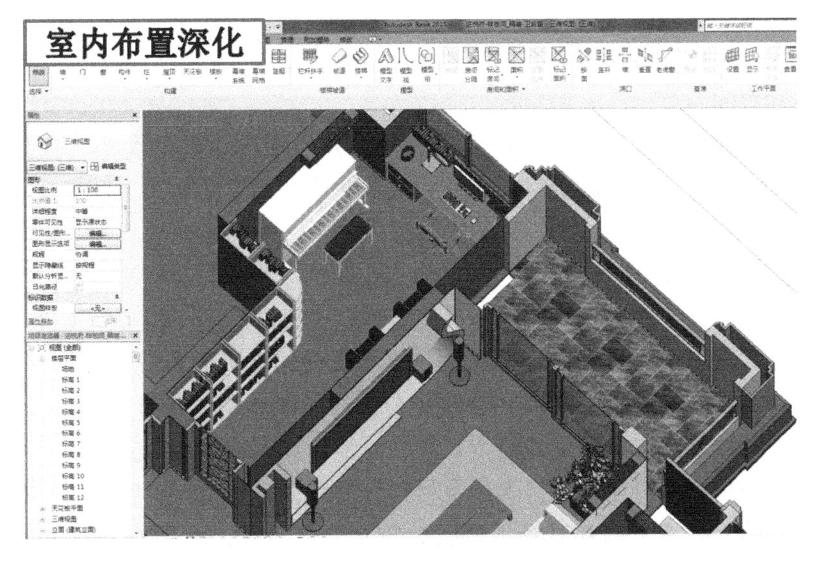

图6.2-42　室内布置深化

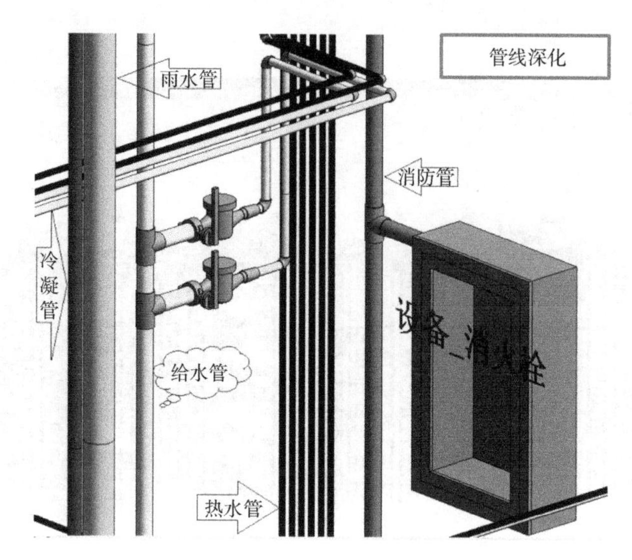

图 6.2-43　机电管线排布

6.2.3　基于 BIM 的施工模拟及整体漫游

1. 施工场地布置

项目施工过程是一种多因素影响的复杂建造活动，往往在实施过程中参与方较多，甚至出现多工种、多专业的同时相互交叉运作，故在施工前期对其场地进行合理的优化布置很有必要。场地合理的功能分区划分及布置，有利于后期施工过程的准确高效进行，对施工安全质量的保障影响重大。

通过已经建立好的模型对施工平面组织、材料堆场、现场临时建筑及运输通道进行模拟，调整建筑机械（塔式起重机、施工电梯）等安排；利用 BIM 模型分阶段统计工程量的功能，按照施工进度分阶段统计工程量，计算体积，再和建筑人工和建筑机械的使用安排结合，实现施工平面、设备材料进场的组织安排。具体应用组织如下：

临时建筑：对现场临时建筑进行模拟，分阶段备工备料，计算出该建筑占地面积，科学规划施工时间和空间。

场地堆放的布置：通过 BIM 模型分析各建筑以及机械等之间的关系，分阶段统计出现场材料的工程量，合理安排该阶段材料堆放的位置和堆放所需的空间，利于现场施工流水段顺利进行，如图 6.2-44 所示。

机械运输（包括塔式起重机、施工电梯）等安排：塔式起重机安排，在施工平面中，以塔式起重机半径展开，确定塔式起重机吊装范围。通过四维施工模拟施工进度，显示整个施工进度中塔式起重机的安装及拆除过程，和现场塔式起重机的位置及高度变化进行对比。施工电梯安排应结合施工进度，利用 BIM 模型分阶段备工备料，统计出该阶段材料的用量，加上该阶段的人员数量，与电梯运载能力对比，科学计算完成的工作量。

南京洺悦府项目涉及专业较多，人员及材料较复杂，且建筑多，空间较狭窄，导致施工现场更为复杂。故需在施工前对其场地进行分析及整体规划，处理好各分区的空间平面关系，从而保障施工组织流程的正常推进及运行。施工场地规划主要包括承包分区划分、功能分区划分、交通要道组织等。基于 Revit 软件中的场地建模功能可对项目整体分区及周边交

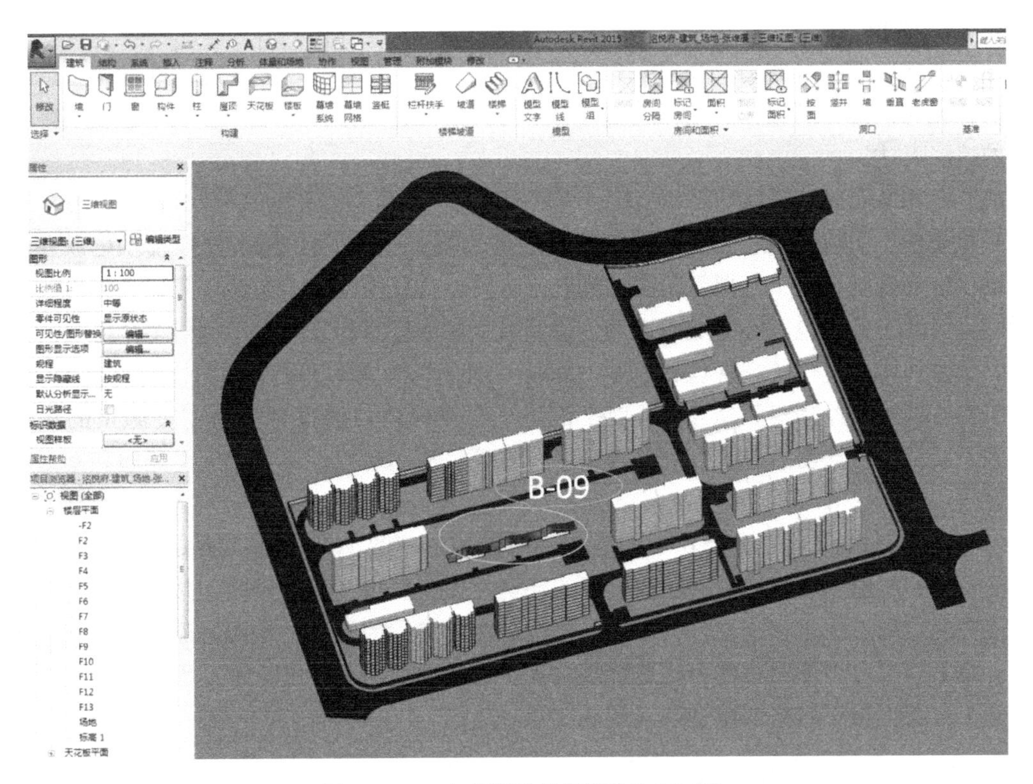

图 6.2-44　南京洺悦府项目整体布局图

通进行三维建模布置，通过三维高度可视化的展示，可对其布置方案进行直观检查及调整。其中基于 BIM 技术的项目施工场地整体规划如图 6.2-45 所示。

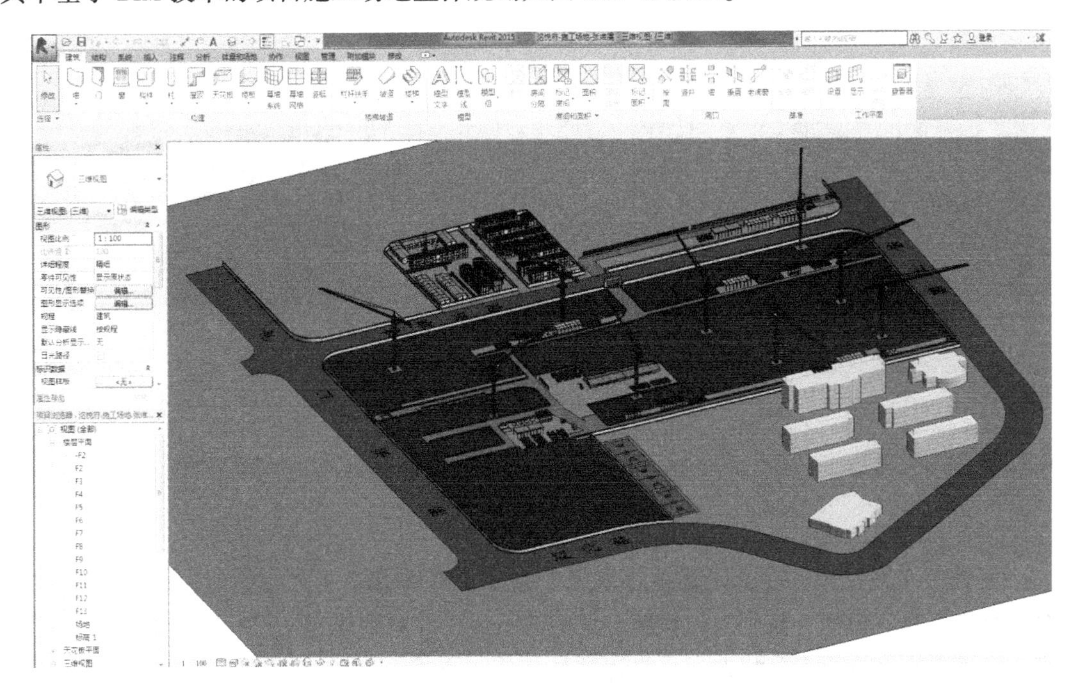

图 6.2-45　施工场地整体规划

2. 施工模拟

施工进度模拟的目的是，在总控时间节点要求下，以 BIM 方式表达、推敲、验证进度计划的合理性，充分准确显示施工进度中各个时间点的计划形象进度，以及对进度实际实施情况的追踪表达。

通过将 BIM 与施工进度计划相链接，将空间信息与时间信息整合在一个可视的 4D（3D + 时间）模型中，可以直观、精确地反映整个建筑的施工过程。4D 施工模拟技术可以在项目建造过程中合理制订施工计划、精确掌握施工进度，优化使用施工资源以及科学地进行场地布置，直观地对各分包、各专业的进场、退场节点和顺序进行安排，达到对整个工程的施工进度、资源和质量进行统一管理和控制，缩短工期，降低成本，提高质量。此外借助 4D 模型，BIM 可以协助评标专家从 4D 模型中很快了解投标单位对投标项目主要施工的控制方法、施工安排是否均衡、总体计划是否基本合理等，从而对投标单位的施工经验和实力做出有效评估。

（1）施工进度模拟　基于 BIM 的虚拟建造技术的进度管理通过反复的施工过程模拟，让那些在施工阶段可能出现的问题在模拟的环境中提前发生，逐一修改，并提前制订应对计划，使进度计划最优化和施工方案最优，再用来指导实际的施工，从而保证项目施工的顺利完成。施工模拟应用于项目整个建造阶段，真正地做到前期指导施工、过程把控施工、结果校核施工，实现项目的精细化管理（图 6.2-46）。

图 6.2-46　施工进度模拟

（2）施工工艺模拟　在本工程重难点施工方案、特殊施工工艺实施前，运用 BIM 系统三维模型进行真实模拟，从中找出实施方案中的不足，并对实施方案进行修改，同时，可以模拟多套施工方案进行专家比选，最终达到最佳施工方案，在施工过程中，通过施工方案、工艺的三维模拟，给施工操作人员进行可视化交底，使施工难度降到最低，做到施工前的有的放矢，确保施工质量与安全。

模拟方案包括但不限于以下几点（图6.2-47～图6.2-50）：

1）施工节点模拟。通过BIM模型加工深化，能快速帮助施工人员展示复杂节点的位置，节点展示配合碰撞检查功能，将大幅增加深化设计阶段的效率及模型准确度，也为现场施工提供支持，更加形象直观地表达复杂节点的设计结果和施工方案。模型可按节点、按专业多角度进行组合检查，不同于传统的二维图样和文档方式，通过三维模型可以更加直观地完成技术交底和方案交底，提高项目人员沟通效率和交底效果。

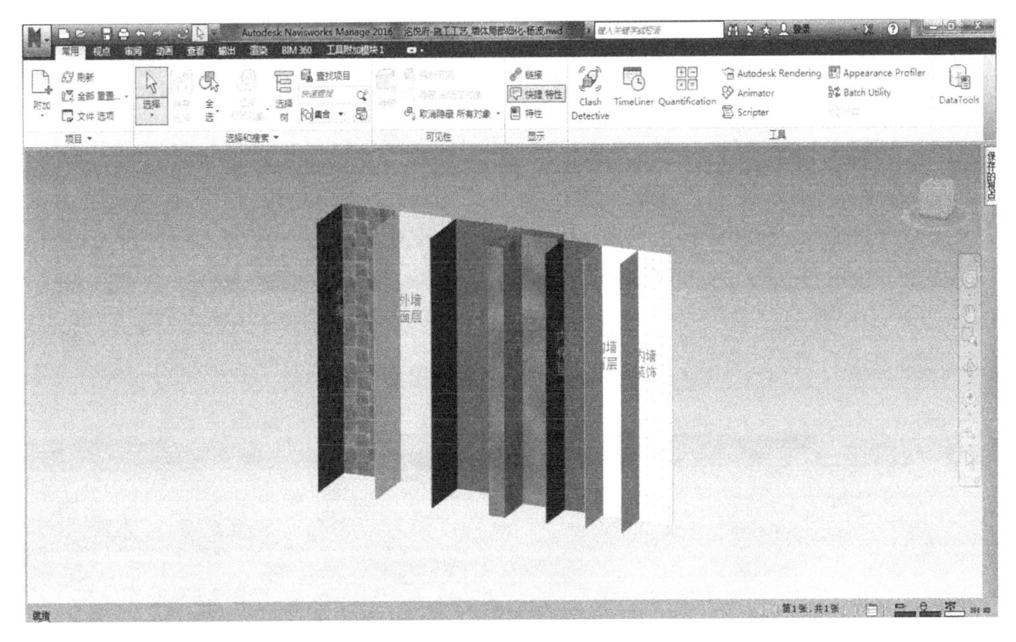

图6.2-47　砌体工艺

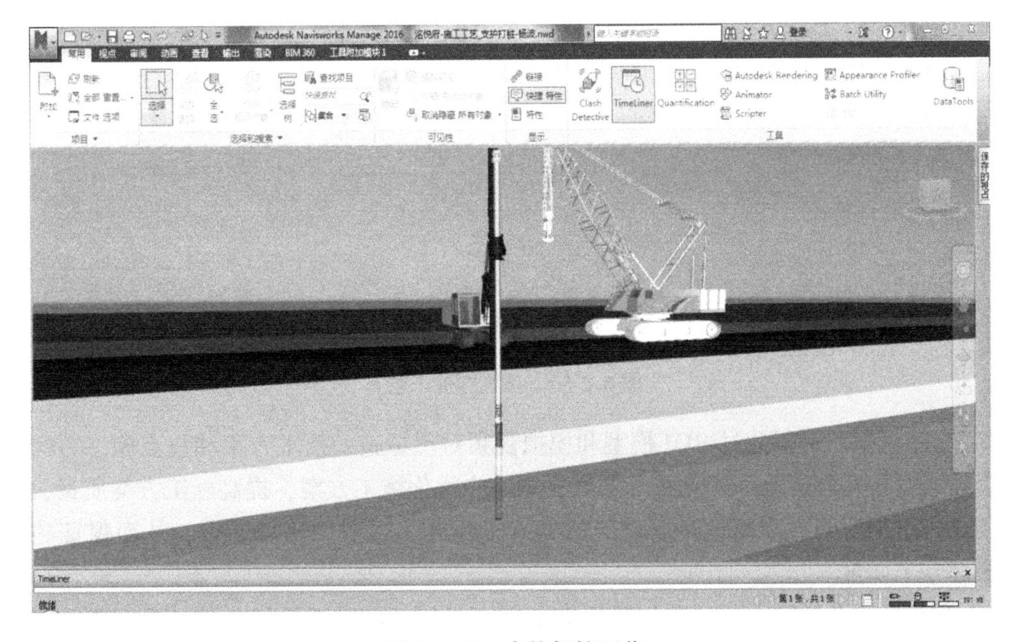

图6.2-48　支护打桩工艺

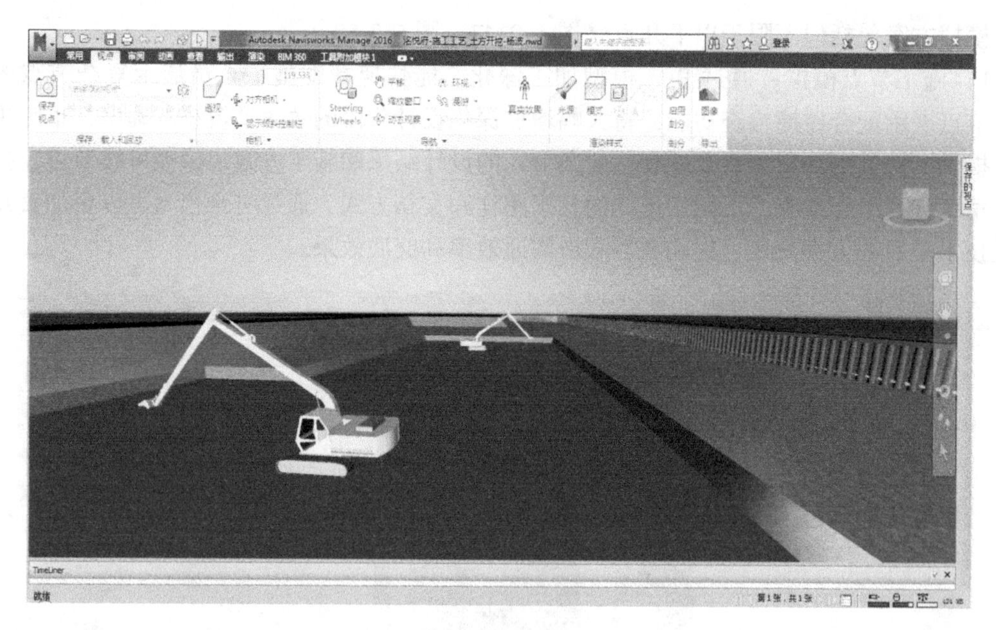

图 6.2-49　基坑开挖

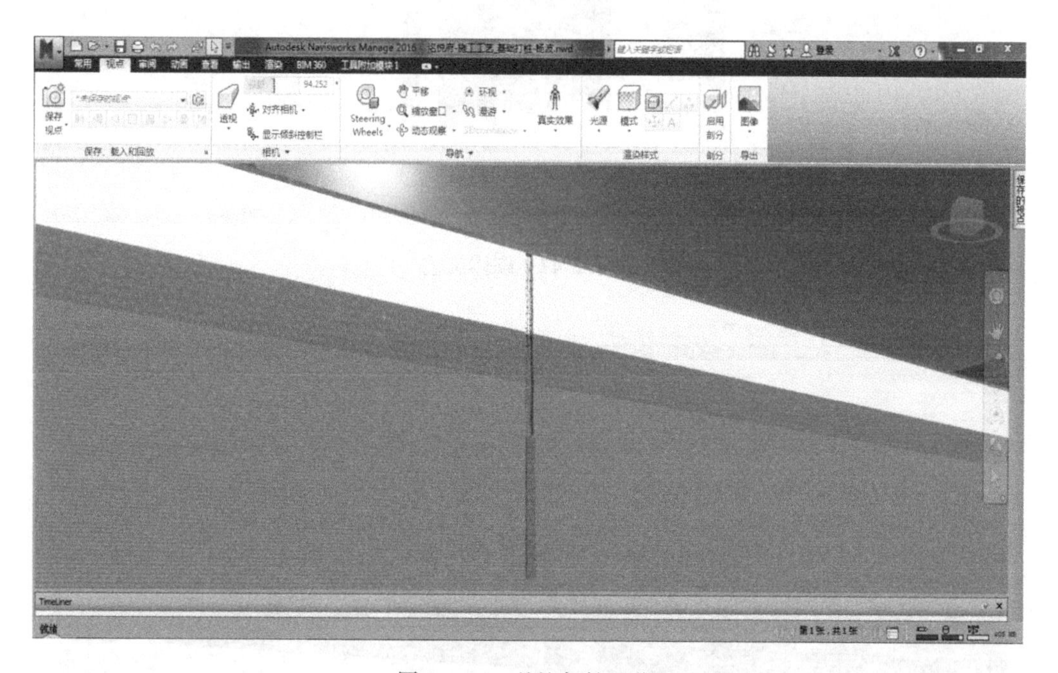

图 6.2-50　基坑打桩工艺

2）工序模拟。可以通过 BIM 模型和模拟视频对现场施工技术方案和重点施工方案进行优化设计、可行性分析及可视化技术交底，进一步优化施工方案，提高施工方案质量，有利于施工人员更加清晰、准确地理解施工方案，避免施工过程中出现错误，从而保证施工进度、提高施工质量。

3）方案优化及模拟。通过采用基于 BIM 模型的模板脚手架设计软件，进行脚手架布置验算、模板配模算量、模架体系安全验算与用量优化。精确算量统计：软件可精确统计模板接触面积，整张模板用量，加工模板（非标）用量，对拉螺栓用量，木模背楞用量，新型体系模板代码、品号、数量、面积、重量、总面积、总重量等以及阶段模板周转量，脚手架各种规格管材用量，扣件用量，密布网用量，脚手板用量等材料用量统计。模板拼模设计：软件可提供智能模板拼合方案，提供精确模板下料加工图，并能提供优化方案。三维施工模拟：软件提供真实的模板脚手架三维搭设，并可在任意部位剖切，输出施工详图。

3. 整体漫游

利用BIM模型，建立虚拟现实场景，并在场景中定义第一视角的人物。利用BIM技术和虚拟现实技术，将BIM三维模型赋予照片级的视觉效果，以第一人称视角，浏览建筑内部，使感受更加具体；通过对建筑及其周边的环境进行直观的展示，方便各方了解整个建筑的布局，可以快速了解洺悦府建成后的全貌。

利用已建BIM模型对洺悦府项目进行综合整体的漫游演示，将在不同时间节点，不同角度进行全方位动态展示，如图6.2-51～图6.2-58所示。

图6.2-51 整体漫游截图

图6.2-52 厨房漫游截图

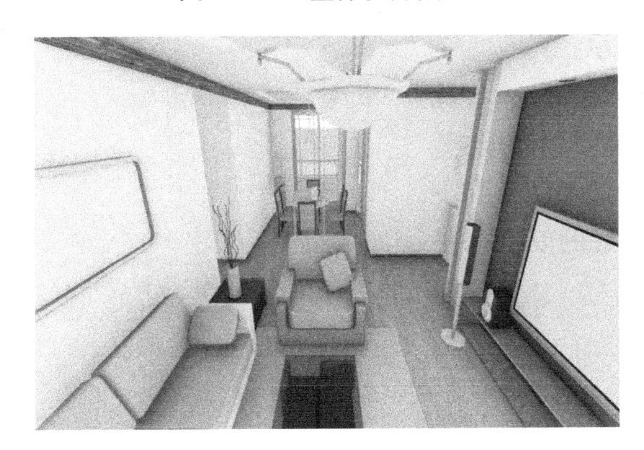

图6.2-53 客厅漫游截图

图6.2-54 客厅漫游截图

图6.2-55 书房漫游截图

图6.2-56 书房漫游截图

图 6. 2-57　洗手间漫游截图

图 6. 2-58　卧室漫游截图

6. 2. 4　基于 BIM 的施工关键工艺库开发

1. 基于 BIM 的钢筋复杂节点配筋演示

对复杂节点进行工艺拆分和比对，进行模板架设等工艺展示，对复杂的施工工艺进行提前建模，能直观反映复杂节点内的钢筋构造，从而利用 BIM 进行节点形式的选择，使节点布设更合理、更安全、更节省，在施工交底时更容易，避免因工人对节点详图的错误理解，提高建筑效率（图 6. 2-59）。

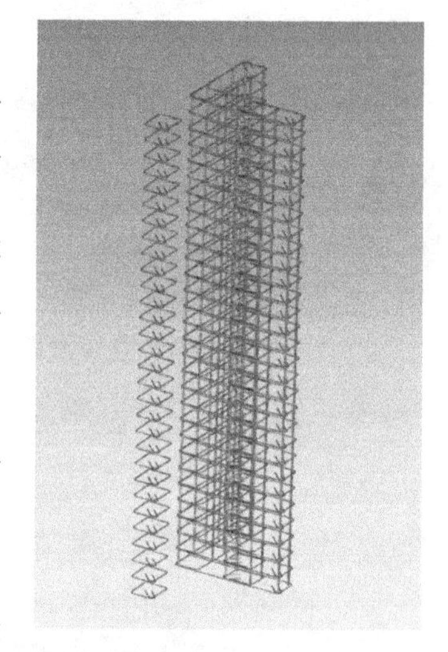

图 6. 2-59　钢筋节点

2. 模板、脚手架、高支模 BIM 辅助工艺展示

基于 BIM 技术模拟模板、脚手架、高支模的安装、拆除的工艺，为模板、脚手架、高支模工程的实施提供参考依据。动态可视化的展示方式，能更好地辅助模板、脚手架、高支模的架设，为工程节约更多的是时间，提供更好的安全保障（图 6. 2-60 ~ 图 6. 2-62）。

图 6. 2-60　模板模型

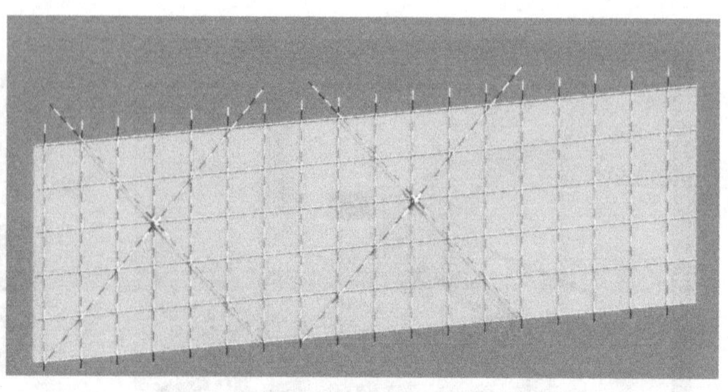

图 6. 2-61　脚手架模型

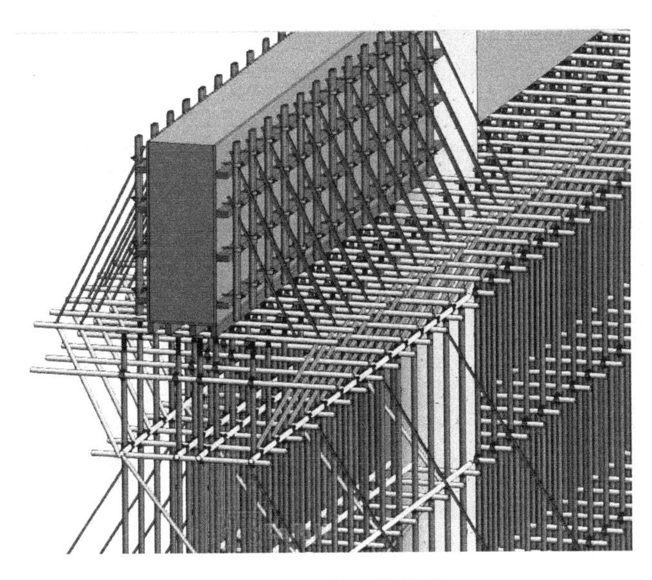

图 6.2-62　高支模模型

6.2.5　基于 BIM 技术辅助施工具体应用

1. 砌体工程深化

利用 BIM 技术对建筑复杂部位的墙体的组成进行拆分演示，使施工人员更好地了解墙体构件和构造形式，方便施工交底，并对工程验收提供依据；使业主清楚了解工程的构造特点，将各面层及最后的效果直观地展现。

2. 钢筋节点的深化

对钢筋部分的接头及连接节点处进行深化，将钢筋的排布形式进行直观的展示，并将钢筋的相关数据进行集成，并可出具相关的明细以方便对数据的使用和对节点处的深化（图 6.2-63～图 6.2-65）。

3. 碰撞检查及不同专业的冲突检测

设备管线碰撞等引起的拆装、返工和浪费有时会造成成千上百万的损失。BIM 技术的应用能够安全避免这种无谓的浪费。传统的二维图样设计中，在结构、水暖电等各专业设计图样汇总后，由总图工程师人工发现和解决不协调问题，这将耗费建筑结构

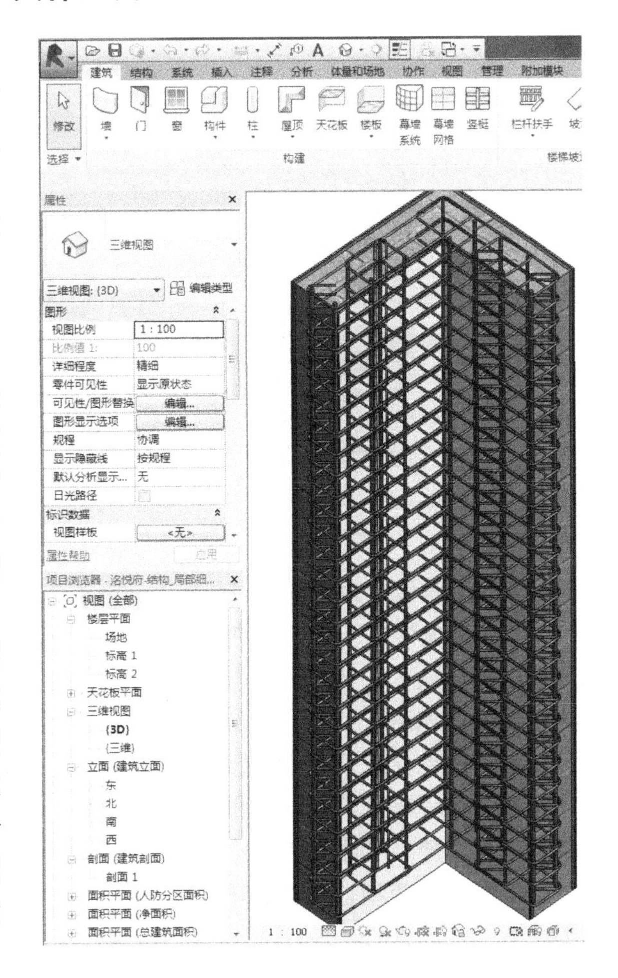

图 6.2-63　钢筋节点

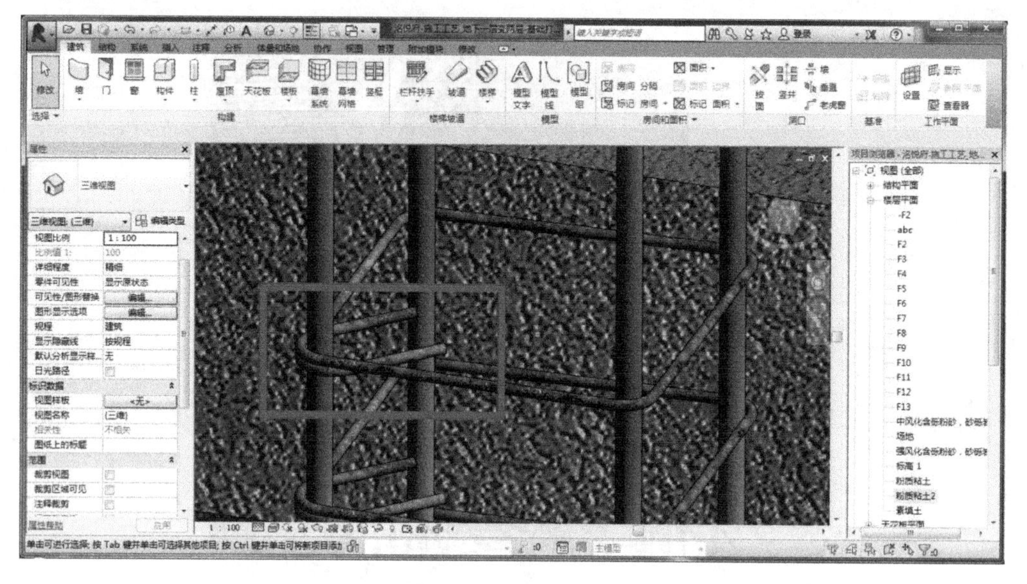

图 6.2-64　钢筋接头

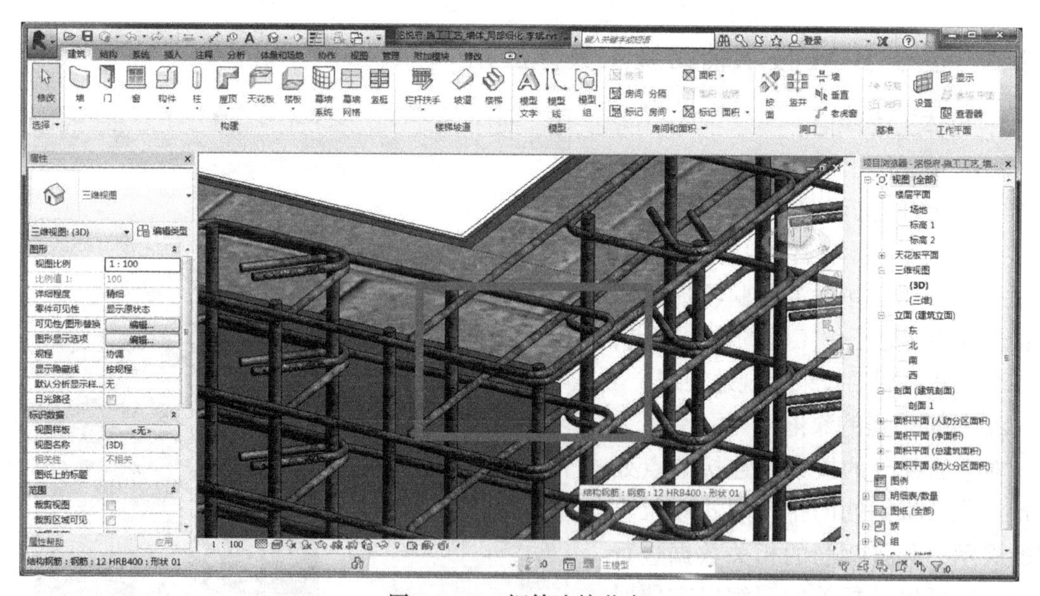

图 6.2-65　钢筋连接节点

设计师和安装工程设计师大量时间和精力，影响工程进度和质量。由于采用二维设计图来进行会审，人为的失误在所难免，使施工出现返工现象，造成建设投资的极大浪费，并且还会影响施工进度。

应用 BIM 技术进行三维管线的碰撞检查，不但能够彻底消除硬碰撞、软碰撞，优化工程设计，减少在建筑施工阶段可能存在的错误损失和返工的可能性，而且优化净空，优化管线排布方案。最后施工人员可以利用碰撞优化后的三维管线方案，进行施工交底、施工模拟，提高施工质量，同时也提高了与业主沟通的能力。

建立三维 BIM 模型，可以很好地对不同专业图样进行校核，检测出有问题的部位进行及时的反馈，以避免图样的错漏对施工的影响，出具碰撞检测报告。

针对南京洺悦府项目的特点，通过全专业 BIM 集成模型进行碰撞检查，协助施工方发现、调整、优化、深化设计各类碰撞问题。对于全部碰撞，编制提交碰撞检测报告。出具全专业碰撞检查报告及优化建议，各专业工程师进行调整和修改。碰撞检测报告包括模型截图、原图样编号、碰撞的位置坐标、碰撞的专业等必要信息。最终交付：叠代模型、碰撞检测报告、碰撞检测汇总分析报告。如图6.2-66～图6.2-69所示。

图6.2-66　碰撞检查

图6.2-67　碰撞预警显示

Autodesk® Navisworks® 碰撞报告

测试 1	公差	碰撞	新建	活动的	已审阅	已核准	已解决	类型	状态
	0.001m	1986	1986	0	0	0	0	硬碰撞	确定

图像	碰撞名称	状态	距离	网格位置	说明	找到日期	碰撞点
	碰撞1	新建	-0.115	L-4：标高 8	硬碰撞	2016/2/3　03:23.04	x:40.114、　y:94.900、　z:33.205
	碰撞2	新建	-0.106	F-4：标高 2	硬碰撞	2016/2/3　03:23.04	x:36.114、　y:59.805、　z:9.072

图 6.2-68　碰撞数据分析报告

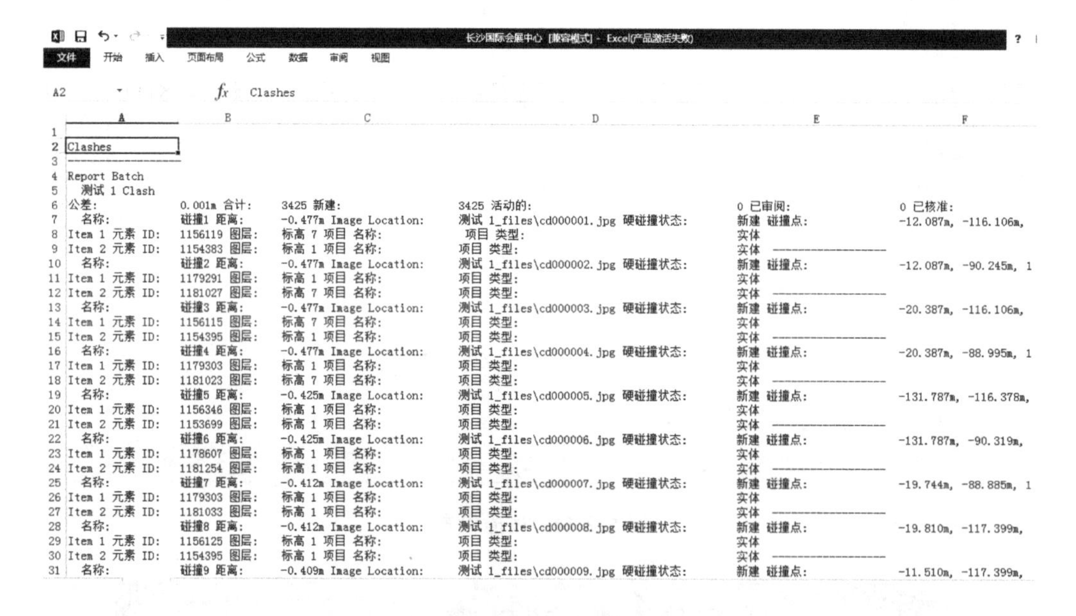

	A	B	C	D	E	F
1						
2	Clashes					
3	----------------					
4	Report Batch					
5	测试 1 Clash					
6	公差:	0.001m 合计:	3425 新建:	3425 活动的:	0 已审阅:	0 已核准:
7	名称:	碰撞1 距离:	-0.477m Image Location:	测试 1_files\cd000001.jpg 硬碰撞状态:	新建 碰撞点:	-12.087m, -116.106m,
8	Item 1 元素 ID:	1156119 图层:	标高 7 项目 名称:	项目 类型:	实体	
9	Item 2 元素 ID:	1154383 图层:	标高 1 项目 名称:	项目 类型:	实体 ----------------	
10	名称:	碰撞2 距离:	-0.477m Image Location:	测试 1_files\cd000002.jpg 硬碰撞状态:	新建 碰撞点:	-12.087m, -90.245m, 1
11	Item 1 元素 ID:	1179291 图层:	标高 1 项目 名称:	项目 类型:	实体	
12	Item 2 元素 ID:	1181027 图层:	标高 7 项目 名称:	项目 类型:	实体 ----------------	
13	名称:	碰撞3 距离:	-0.477m Image Location:	测试 1_files\cd000003.jpg 硬碰撞状态:	新建 碰撞点:	-20.387m, -116.106m,
14	Item 1 元素 ID:	1156115 图层:	标高 7 项目 名称:	项目 类型:	实体	
15	Item 2 元素 ID:	1154395 图层:	标高 1 项目 名称:	项目 类型:	实体 ----------------	
16	名称:	碰撞4 距离:	-0.477m Image Location:	测试 1_files\cd000004.jpg 硬碰撞状态:	新建 碰撞点:	-20.387m, -88.995m, 1
17	Item 1 元素 ID:	1179303 图层:	标高 1 项目 名称:	项目 类型:	实体	
18	Item 2 元素 ID:	1181023 图层:	标高 7 项目 名称:	项目 类型:	实体 ----------------	
19	名称:	碰撞5 距离:	-0.425m Image Location:	测试 1_files\cd000005.jpg 硬碰撞状态:	新建 碰撞点:	-131.787m, -116.378m,
20	Item 1 元素 ID:	1156346 图层:	标高 1 项目 名称:	项目 类型:	实体	
21	Item 2 元素 ID:	1153699 图层:	标高 1 项目 名称:	项目 类型:	实体 ----------------	
22	名称:	碰撞6 距离:	-0.425m Image Location:	测试 1_files\cd000006.jpg 硬碰撞状态:	新建 碰撞点:	-131.787m, -90.319m,
23	Item 1 元素 ID:	1178607 图层:	标高 1 项目 名称:	项目 类型:	实体	
24	Item 2 元素 ID:	1181254 图层:	标高 1 项目 名称:	项目 类型:	实体 ----------------	
25	名称:	碰撞7 距离:	-0.412m Image Location:	测试 1_files\cd000007.jpg 硬碰撞状态:	新建 碰撞点:	-19.744m, -88.885m, 1
26	Item 1 元素 ID:	1179303 图层:	标高 1 项目 名称:	项目 类型:	实体	
27	Item 2 元素 ID:	1181033 图层:	标高 1 项目 名称:	项目 类型:	实体 ----------------	
28	名称:	碰撞8 距离:	-0.412m Image Location:	测试 1_files\cd000008.jpg 硬碰撞状态:	新建 碰撞点:	-19.810m, -117.399m,
29	Item 1 元素 ID:	1156125 图层:	标高 1 项目 名称:	项目 类型:	实体	
30	Item 2 元素 ID:	1154395 图层:	标高 1 项目 名称:	项目 类型:	实体 ----------------	
31	名称:	碰撞9 距离:	-0.409m Image Location:	测试 1_files\cd000009.jpg 硬碰撞状态:	新建 碰撞点:	-11.510m, -117.399m,

图 6.2-69　碰撞检查数据库

利用 BIM 模型的三维可视化查找机电专业内的碰撞问题。通过优化管线排布解决碰撞问题并可指导现场施工，提高工程质量，减少材料的浪费。整合模型后，根据检测任务的需要，选择系统内不同的模型构件、类型或范围，对待检模型进行内部碰撞检测，导出碰撞报告，进行类别筛选分类，见表 6.2-1 和表 6.2-2。

表 6.2-1　类型分类

序号	冲突分类	描述
1	A 类	净高不足，影响空间使用
2	B 类	墙体、楼板预留洞口与管线冲突
3	C 类	管线排布（安装）空间不足

表6.2-2 重要性分级

序号	冲突分级	描述
1	Ⅲ级	图面表达深度不足或笔误
2	Ⅱ级	专业设计冲突
3	Ⅰ级	违反国家强制性条文

4. 基于BIM技术的工程量应用

(1) BIM算量与定额的对接应用 以BIM方式来实现算量和组价。

(2) 基于BIM技术的工程量测算 利用建立好的BIM模型生成的明细，集成建筑的各个专业的具体分项的工程量，然后导出建筑的各个部分的工程量数据，并可与传统的工程数据对比，校核工程量的准确性。

工程量是以自然计量单位或物理计量单位表示的各分项工程或结构构件的工程数量。工程造价以工程量为基本依据，工程量计算的准确与否，直接影响工程造价的准确性，以及工程建设的投资控制。工程量是施工企业编制施工作业计划，合理安排施工进度，组织现场劳动力、材料以及机械的重要依据，也是向工程建设投资方结算工程价款的重要凭证。传统算量方法依据施工图（二维图样），存在工作效率较低，容易出现遗漏，计量精细度不高等问题。

南京洺悦府项目尝试引入BIM算量，通过三维模型统计工程量，作为招标和工程结算的依据。从标准层模型中得到清单明细，各项分部分项的清单分项与国家标准的项目编码相同，包括土建、安装及装饰工程等。同时应用广联达与BIM软件的接口，与BIM模型的清单进行比对，按施工进度分阶段提供工程量清单，分阶段备料，辅助施工结算（图6.2-70～图6.2-74）。

1	南京·洺悦府-B-09# 外墙明细表		
2	族与类型	面积 /m²	体积 /m³
3	基本墙: 50mm	1.18	0.06
4	基本墙: 150mm	33.8	5.07
5	基本墙: 250mm	10.61	2.65
6	基本墙: F1 - Q2 - 200mm	43.8	8.76
7	基本墙: F1 -DZQ1- 200mm	39.41	7.88
8	基本墙: F1 -DZQ2- 200mm	47.16	9.43
9	基本墙: F1 -DZQ3- 200mm	40.51	8.1
10	基本墙: F1 -DZQ4- 200mm	39.43	7.89
11	基本墙: F1 -DZQ5- 200mm	43.79	8.76
12	基本墙: F1 -DZQ6- 200mm	41.61	8.32
13	基本墙: F1 -DZQ7- 200mm	54.63	10.93
14	基本墙: F1 -Q1- 200mm	34.83	6.97
15	基本墙: F2 - Q2 - 200mm	34.8	6.96
16	基本墙: F2 - 降板 - 100mm	5.3	0.53
17	基本墙: F2 - 降板 - 120mm	6.09	0.73
18	基本墙: F2 -DZQ1- 200mm	27.83	5.57
19	基本墙: F2 -DZQ3- 200mm	32.19	6.44
20	基本墙: F2 -DZQ4- 200mm	31.32	6.26
21	基本墙: F2 -DZQ5- 200mm	34.79	6.96
22	基本墙: F2 -DZQ6- 200mm	33.06	6.61
23	基本墙: F2 -DZQ7- 200mm	43.39	8.68

外墙明细 楼板明细 楼梯明细 结构框架明细 结构柱明细

图6.2-70 外墙明细表

1	南京·洛悦府-B-09#_楼板明细表					
2	族与类型	标高	周长 /mm	体积 /m³	面积/m²	说明
3	楼板: F2 - 室内 - 120mm	F2	23600	3.83	31.9	
4	楼板: F2 - 卫生间局部下沉板 - 100mm	F2	8600	0.46	4.62	
5	楼板: F2 - 阳台 - 120mm	F2	11800	1.04	8.64	
6	楼板: F2 - 阳台 - 90mm	F2	8500	0.35	3.84	
7	楼板: F2 - 室内 - 100mm	F2	10000	0.44	4.4	
8	楼板: F2 - 卫生间局部下沉板 - 100mm	F2	5599	0.16	1.6	
9	楼板: F2 - 室内 - 150mm	F2	27700	4.56	30.38	
10	楼板: F2 - 阳台 - 90mm	F2	12200	0.74	8.2	
11	楼板: F2 - 室内 - 100mm	F2	11801	0.85	8.51	
12	楼板: F2 - 室内 - 120mm	F2	16200	1.52	12.64	
13	楼板: F2 - 门厅屋面板 - 120mm	F2	13902	1.43	11.9	
14	楼板: F2 - 室内 - 120mm	F2	23399	3.78	31.5	
15	楼板: F2 - 卫生间局部下沉板 - 100mm	F2	8600	0.46	4.62	
16	楼板: F2 - 阳台 - 120mm	F2	11800	1.04	8.64	
17	楼板: F2 - 阳台 - 90mm	F2	8500	0.35	3.84	
18	楼板: F2 - 室内 - 100mm	F2	10000	0.44	4.4	
19	楼板: F2 - 卫生间局部下沉板 - 100mm	F2	5599	0.16	1.6	
20	楼板: F2 - 室内 - 150mm	F2	27700	4.56	30.38	
21	楼板: F2 - 阳台 - 90mm	F2	12200	0.74	8.2	
22	楼板: F2 - 室内 - 100mm	F2	11801	0.85	8.51	
23	楼板: F2 - 室内 - 120mm	F2	16200	1.52	12.64	
24	楼板: F2 - 室内 - 120mm	F2	23600	3.83	31.9	
25	楼板: F2 - 卫生间局部下沉板 - 100mm	F2	8600	0.46	4.62	
26	楼板: F2 - 阳台 - 120mm	F2	11800	1.04	8.64	
27	楼板: F2 - 阳台 - 90mm	F2	8500	0.35	3.84	
28	楼板: F2 - 室内 - 100mm	F2	10000	0.44	4.4	

外墙明细 | 楼板明细 | 楼梯明细 | 结构框架明细 | 结构柱明细

图 6.2-71　楼板明细表

1	南京·洛悦府-B-09#_楼梯明细表					
2	族与类型	部件说明	实际踏面数	宽 /mm	计数	最小踏板深度
3	楼梯: 整体浇筑楼梯		17	1200	3	280
4	现场浇筑楼梯: F2-整体浇筑楼梯		9		6	280
5	现场浇筑楼梯: F3-F11-整体浇筑楼梯		9		60	280
6	现场浇筑楼梯: F12-整体浇筑楼梯		8		3	280

图 6.2-72　楼梯明细表

1	南京·洛悦府-B-09#_结构柱明细表			
2	柱类型	长 /mm	体积 /m³	柱根数
3	混凝土-正方形-柱: F1-KZ1-300 x 300 mm	26100	2.32	6
4	混凝土-正方形-柱: F12-LZ1-200 x 400 mm	121500	9.72	30
5	混凝土-矩形-柱: F1-GBZ1-200 x 400 mm	73000	5.72	20
6	混凝土-矩形-柱: F1-GBZ4-200 x 400 mm	10950	0.85	3
7	混凝土-矩形-柱: F1-YBZ1-200 x 400 mm	36300	2.79	12
8	混凝土-矩形-柱: F2-GBZ1-200 x 400 mm	58000	4.52	20
9	混凝土-矩形-柱: F2-GBZ4-200 x 400 mm	8700	0.67	3
10	混凝土-矩形-柱: F2-YBZ1-200 x 400 mm	2900	0.22	1
11	混凝土-矩形-柱: F3-GBZ1-200 x 400 mm	58000	4.52	20
12	混凝土-矩形-柱: F3-GBZ4-200 x 400 mm	8700	0.67	3
13	混凝土-矩形-柱: F3-YBZ1-200 x 400 mm	2900	0.22	1
14	混凝土-矩形-柱: F4-F11-GBZ1-200 x 400 mm	626400	48.52	216
15	混凝土-矩形-柱: F4-F11-GBZ4-200 x 400 mm	69600	5.34	24
16	混凝土柱-L形: F1-GBZ2-200mm	51100	8.91	14
17	混凝土柱-L形: F1-GBZ3-200mm	21900	3.41	6
18	混凝土柱-L形: F1-GBZ6-200mm	21900	2.61	6
19	混凝土柱-L形: F2-GBZ2-200mm	40600	7.02	14
20	混凝土柱-L形: F2-GBZ3-200mm	17400	2.69	6
21	混凝土柱-L形: F2-GBZ6-200mm	17400	2.07	6
22	混凝土柱-L形: F3-GBZ2-200mm	40600	7.02	14
23	混凝土柱-L形: F3-GBZ3-200mm	17400	2.69	6
24	混凝土柱-L形: F3-GBZ6-200mm	17400	2.07	6
25	混凝土柱-L形: F4-F11 -GBZ2-200mm	232000	40.13	80
26	混凝土柱-L形: F4-F11 -GBZ2a-200mm	92800	16.01	32
27	混凝土柱-L形: F4-F11-GBZ3-200mm	139200	21.46	48
28	混凝土柱-L形: F4-F11-GBZ6-200mm	139200	16.49	48

外墙明细 | 楼板明细 | 楼梯明细 | 结构框架明细 | 结构柱明细

图 6.2-73　结构柱明细表

1	南京·洛悦府-B-09#_结构构架明细表		
2	族与类型	长/mm	体积/m³
3	混凝土-矩形梁: F2-AL1-300mmx150mm	10500	0.12
4	混凝土-矩形梁: F2-AL2-400mmx120mm	32400	0.15
5	混凝土-矩形梁: F2-AL3-400mmx150mm	22000	0
6	混凝土-矩形梁: F2-AL4-400mmx120mm	19476	0.28
7	混凝土-矩形梁: F2-KL1(1)-200mmx450mm	18300	1.13
8	混凝土-矩形梁: F2-KL2(1)-200mmx450mm	18295	1.08
9	混凝土-矩形梁: F2-KL3(1)-200mmx450mm	18300	1.07
10	混凝土-矩形梁: F2-KL4(2)-200mmx450mm	19800	1.07
11	混凝土-矩形梁: F2-KL5(1)-200mmx650mm	16200	1.86
12	混凝土-矩形梁: F2-KL6(1)-200mmx450mm	23994	1.52
13	混凝土-矩形梁: F2-KL7(XL)-200mmx450mm	8550	0.53
14	混凝土-矩形梁: F2-KL8(1)-200mmx450mm	6900	0.42
15	混凝土-矩形梁: F2-KL9(1)-200mmx450mm	16200	0.99
16	混凝土-矩形梁: F2-KL10(1)-200mmx300mm	15900	0.54
17	混凝土-矩形梁: F2-KL11(2)-200mmx450mm	4200	0.21
18	混凝土-矩形梁: F2-KL12(1)-200mmx600mm	8599	0.75
19	混凝土-矩形梁: F2-KL12a(1)-200mmx600mm	2600	0.25
20	混凝土-矩形梁: F2-KL13(1A)-200mmx400mm	11400	0.65
21	混凝土-矩形梁: F2-KL14(1A)-200mmx450mm	38400	2.13
22	混凝土-矩形梁: F2-KL15(1)-200mmx450mm	3399	0.17
23	混凝土-矩形梁: F2-KL16(1)-200mmx400mm	16795	1.01

图6.2-74 结构框架明细表

（3）5D分析 利用建立的BIM模型，将三维模型与工程造价、工程进度信息相结合，得出项目5D分析成果，协助项目管理决策。

5. 绿色建筑施工及安全

对建筑施行四节一环保的策略，利用BIM技术对建筑的水、电、材进行控制，对建筑使用的环保材料进行标识，并将其使用的具体信息在模型上进行集成标注。

对施工现场的安全防护设施进行展示，在不同施工阶段对施工场地中的危险区域进行标识，帮助现场进行工程安全生产管理。

6. 基于BIM的平面布置协调管理

利用BIM软件建立相关的建筑周边模型，完全真实模拟建筑及周边的环境，包括所占区域、周边的公共建筑、交通道路状况等因素。

利用BIM技术，进行三维动态展现施工现场布置，划分功能区域，便于进行场地分析（图6.2-75、图6.2-76）。

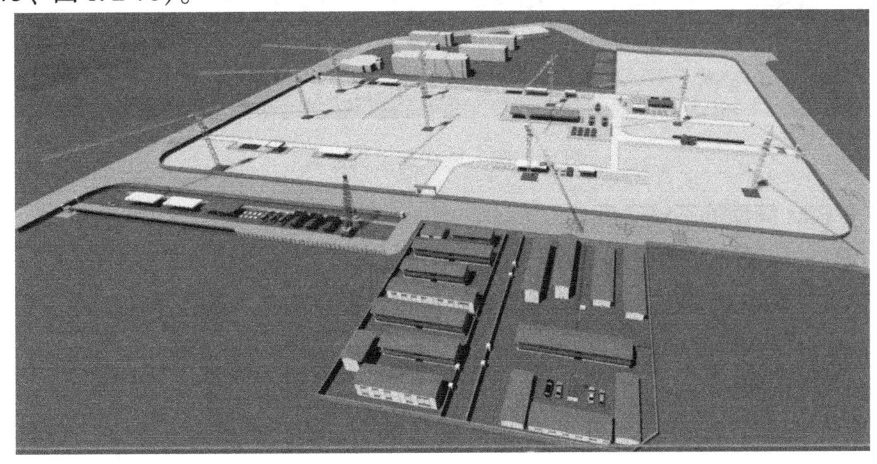

图6.2-75 场地布置

图 6. 2-76　物料堆放

7. 塔式起重机垂直运输的工作状态模拟

对塔式起重机的工作状态进行三维可视化的动态展示，表现塔式起重机的真实施工过程和具体节点的施工步骤。方便管理人员准确把握现场，加强对塔式起重机在施工过程中的科学、高效的管控（图 6. 2-77）。

图 6. 2-77　塔式起重机运输

8. 基于 BIM 模型的三维交底

利用 BIM 技术建立参数化的三维模型，有利于施工现场的技术交底，对于建筑中的复杂节点，利用三维的方式进行演示说明能更好地传递设计意图和施工方法，避免因施工人员的理解错误给工程带来的不必要的损失。

9. BIM 平台应用

将 BIM 技术进行二次开发，生成开放的项目级全过程管理平台，平台中包含了施工方所关心的全部项目信息，同时也能使甲方对项目的进度、质量、安全有直观和及时的了解。针对南京洺悦府建设项目的特点按需提供相应的管理模块，对本项目施工中的重点、难点进行科学管理。并且全三维的浏览模式也更加直观反映问题，方便管理人员对项目进行全局掌控。

以虚拟现实技术为依托，用户可以自主操控导游，在平台构筑的三维场景中自由地进行浏览，查看用户所关注建筑的各个部位。平台中可查看工程所涉及的所有人员信息，包括姓名、人员数量、职务等方便工程管理。对工程中所涉及的结构构件进行拆分显示，点击构件可查询构件细部节点详图。

该项目平台包括以下内容，平台界面如图 6. 2-78 ~ 图 6. 2-80 所示。

图 6. 2-78　平台界面及功能图

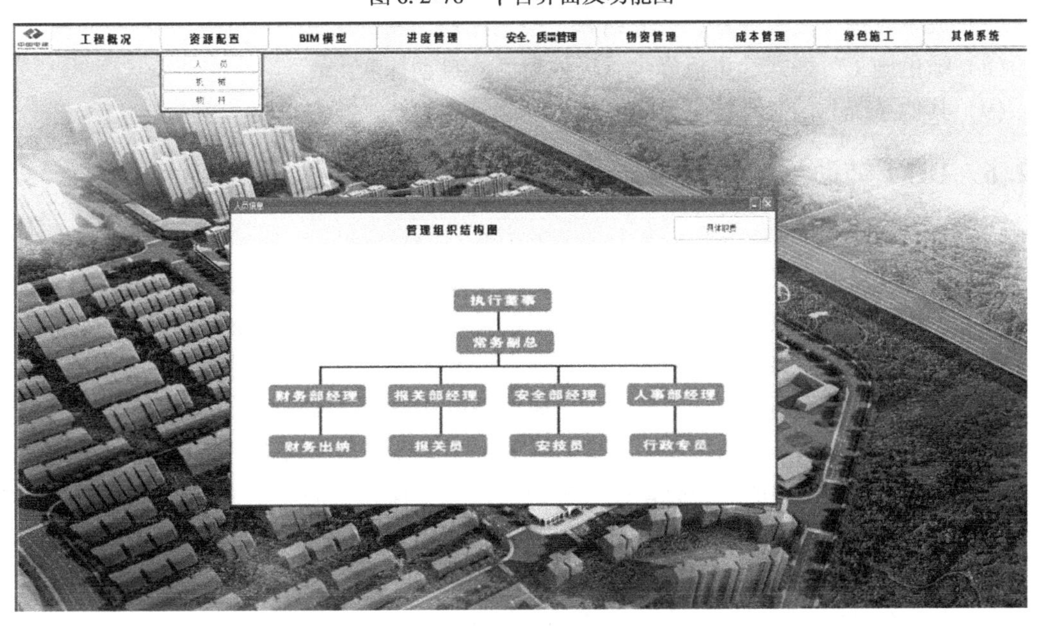

图 6. 2-79　人员管理

图 6.2-80　自主漫游

（1）工程概况　工程简介、效果图、三维施工图样、虚拟漫游、图集规范。

（2）资源配置　人员、机械、物料。

（3）BIM 模型　建筑、结构、机电、样板间、装修、场地布置。

（4）进度管理　整体施工进度模拟、关键节点施工进度、进度分析、方案模拟。

（5）安全、质量管理　现场照片管理、质量整改通知书、安全整改通知书、扫描仪质量对比、技术交底及指导。

（6）物资管理　物料系统、物资总计划、物料阶段性计划、机械总计划、机械阶段性计划。

（7）成本管理　成本计划、劳务结算、验工计划、物资结算。

（8）绿色施工　塔式起重机降尘、场地喷洒、自动抹灰。

（9）其他系统　门禁系统、监控系统、仓库管理系统。

6.2.6　BIM 辅助施工过程控制与管理

1. 进度管理

施工进度可视化模拟过程实质上是一次根据施工实施步骤及时间安排计划对整体建筑、结构进行高度逼真的虚拟建造过程，根据模拟情况，可对施工进度计划进行检验，包括是否存在空间碰撞、时间冲突、人员冲突及流程冲突等不合理问题。并针对具体冲突问题，对施工进度计划进行修正及调整。计划施工进度模拟是将三维模型和进度计划集成，实现基于时间维度的施工进度模拟，可以按照天、周、月等时间单位进行项目施工进度模拟。对项目的重点或难点部分进行细致的可视化模拟，进行诸如施工操作空间共享、施工机械配置规划、构件安装工序、材料的运输堆放安排等。施工进度优化也是一个不断重复模拟与改进的过程，以获得有效的施工进度安排，达到资源优化配置的目的。

为了有效解决传统横道图等表达方式的可视化不足等问题，基于 BIM 技术，通过 BIM

模型与施工进度计划的链接，将时间信息附加到可视化三维空间模型中，不仅可以直观、精确地反映整个建筑的施工过程，还能够实时追踪当前的进度状态，分析影响进度的因素，协调各专业，制订应对措施，以缩短工期、降低成本、提高质量。施工进度模拟及控制流程如图 6.2-81 所示。

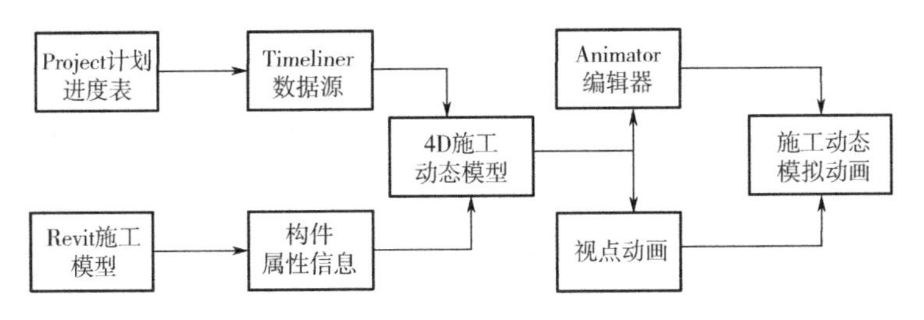

图 6.2-81 施工进度模拟及控制流程

目前常用的4D-BIM 施工管理系统或施工进度模拟软件很多。本项目采用 Navisworks/manager 对整个结构、建筑施工进行可视化进度模拟。其模拟过程可大致分为以下步骤：

1）将 BIM 模型进行载入。

2）编写施工计划进度表。

3）将计划进度表与 BIM 模型链接。

4）制订构件运动路径，并与时间链接。

5）设置动画视点并输出施工模拟动画。

（1）BIM 模型载入 Navisworks　根据南京洺悦府项目施工图进行各专业的模型搭建；BIM 模型主要包含但不限于建筑、结构、机电、施工工艺模拟用的模版、脚手架、塔式起重机等 BIM 模型。所有 BIM 模型建立的流程都是一致的。通过 Revit 2014 把结构、建筑以及设备专业模型导出为 nwc 文件格式。Navisworks 提供两种方法：附加与合并。区别在于合并可以把重复的信息如标记删除掉。全部加进去后即可以进行专业协调工作。

（2）编写施工计划进度表　4D 施工模拟是在 3D 施工模拟的基础上加上时间轴，即进度信息，能够更直观、全面地为用户提供施工信息。在 Timeliner 属性栏里找到数据源进行添加 Project 或者 Excel 文件。

（3）将计划进度表与 BIM 模型链接　把时间进度表与导入 Navisworks 的 nwc 格式文件的模型进行关联，从而与时间节点相对应，使实际现场项目施工时间与 Navisworks 模型相对应。

（4）制定构件运动路径，并与时间链接　导入的 nwc 模型文件进行模拟动画路径的编辑，建筑、结构专业模型可以按照自下而上或者一层层生长的方式进行路线的编辑。各专业模型依次进行编辑。最后编辑好的模型与时间点相对应，从而实现项目到指定的时间点，模型相应出现并按照路径进行移动。

（5）设置动画视点并输出施工模拟动画　把已经实现好的模型进行动画的导出。Navisworks 动画包含场景动画和对象动画两种，场景动画就是常规的漫游，就跟 Revit 中的漫游一样。根据相机的运动产生相机关键帧和运动时间关键帧；对象动画是指对象的角度。

利用 BIM 技术进行进度管理和进度的优化，利用 BIM 模型、协同平台，以及现场结合 BIM 和移动智能终端拍照应用相结合提升问题沟通效率。同时，加入时间的模型，能对施工现场的进度实现更好的调控，增强了应付突发状况的能力，确保建筑按时完工。

2. 质量管理

利用 Revit 等系列软件创建项目全专业模型，针对洛悦府项目进行可视化展示；使业主和施工方能更容易理解设计方案，检验设计的可施工性；直观检查图样相互矛盾、数据错误等方面的图样问题；在施工前预先发现存在问题，减少后期施工阶段出现的质量问题。

3. 安全管理

利用 4D 的可视化工具，提前发现现场的各类潜在的危险源。在三维的交互式虚拟环境中进行真实时间模拟，并基于可进行各类影响施工安全的模拟分析，可以实现网络及可视化查询。BIM 允许项目参与者直观地评估现场条件和识别风险，将工程安全问题更紧密的和建造计划进行连接，从而提高员工安全系数，如图 6.2-82、图 6.2-83 所示。

图 6.2-82　安全文明施工牌

图 6.2-83　安全通道

4. 物料管理

针对项目不同阶段和状态，对具体的物资和设备输入输出调用进行管理。系统根据 BIM 模型，自动生成物资设备统计表，工程技术人员根据物资设备统计表及工程进度制订精确的材料需求计划，再交给物资部门进行采购。为控制材料管理，项目采用限额领料制度，由系统生成限额领料单，施工人员根据限额领料单到材料仓库领用材料，如图 6.2-84。

图 6.2-84　材料标识牌

6.2.7　BIM 技术保障体系

1. BIM 质量管理体系

(1) BIM 设计成果的管理

1) 建立规范文件存储体系。针对本项目建立自己的文件体系，根据统一的标准，将不同阶段不同类型的模型和文档放在各自的文件中，以便归档和及时查阅。

2) 定制统一的标准。本项目对模型各要素建立了统一的标准，如建模规则、构件命名规则、统一颜色方案等。本项目命名根据《建设工程量清单计价规范》中的分部分项工程量清单项目命名规则，实现与其项目编码的对应，并且结合设计命名的常规习惯和清单分部分项的项目特征进行组合。

3) 深化设计变更管理。以 BIM 模型为依托，对施工图样进行深化设计，深化设计的成果及时汇报至协调施工单位、建设方、设计方，并协调及时出具设计变更和洽商，提前发现和解决设计问题，增加施工精准度，减少工期。

4) 竣工模型管理。将最后的竣工模型以及所有模型信息以绝对路径打包移交于业主，用于后期的运营维护。

(2) BIM 工作的分工与责任

1）BIM 组织小组责任。负责深化设计总体进度管理，利用基于 BIM 模型的 4D 施工模拟，模拟整个施工进度，通过颜色区分显示正在建设、将要建设以及还未建设部分，把控总体进度，管理与督促各专业承包商进度。同时参照总进度计划确定分包施工开始时间，从而倒推深化设计完成时间，对整体设计时间进行把控，列明出图计划表。

负责技术统筹，负责将各专业所有深化内容综合反映在公用模型或图样系统内，与所有工程相关单位共享使用。通过 Web 网络平台，建立总平台。将单一专业的深化设计方案与包括土建在内的各专业进行整合，确保单项深化设计与其余各专业的兼容性与可操作性。

深化设计与 BIM 模型充分配合，确保深化设计内容真实反映到 BIM 模型内。施工变更过程中及时更新 BIM 模型和维护信息，将深化内容及时传送相关单位。

制作施工进度模拟动画，并对相关机电工程进行标号和工程量精确计算，计算结果作为结算时的清单量参考依据。

机电专业 BIM 设计需要在结构前期，墙体砌筑、混凝土和窗梁、砌体砌筑前做好管线综合，才能让土建承包单位做好预留孔洞，机电专业按要求照图施工。

按使用需求及阶段为 BIM 设备构件添加以下参数：

根据 BIM 模型制作施工进度模拟动画，并对复杂部位进行安装模拟；根据甲方提供 BIM 模型进行深化并进行工程量精确计算，计算结果作为施工结算时的清单量参考依据。

2）设备供应商责任。如果在运维阶段升级模型，需设备供应商提供相应设备模型来替换原模型构件；提供设备 BIM 信息模型（族、构件），并且保证模型信息完整；提供所有设备的维修操作空间要求，所有设备管道的保温厚度及安装维修操作空间要求；提供设备生产厂商、价格信息、网站链接、厂商电话、施工责任单位、责任人联系电话。

（3）BIM 技术保障措施　根据项目需求建立和实施质量管理体系，包括组织策划与总体设计的编制、质量管理体系文件的编制、质量管理体系的实施三个部分。

1）质量管理体系策划与总体设计。建立质量管理体系，单位内部在充分沟通、统一认识的基础上，由单位的最高管理者做出决策。

①确定质量方针，制定质量目标。南京洺悦府工程作为重点项目，在满足设计合同所要求的工作基础上，重点探索 BIM 在多个项目的实施和应用，包括多专业的管线综合、运维平台的建立、BIM 模型信息化、建设施工模拟、BIM 在项目管理中的信息化等诸多内容。力争实现项目管理信息化，提升项目生产效率、提高建筑质量、缩短工期、降低建设成本。

②过程分解和职责分配。针对本项目建立项目小组，包括项目组织小组和项目技术小组。各小组职责明确，分工协作。项目技术小组包括建筑专业、结构专业、设备专业、模拟施工、信息整合、深化设计、运维平台制作小组。

③确定设计过程有效性和效率的方法。建立成果审核体系，对 BIM 工作全生命周期进行审核和审批，保证设计成果的有效和及时。项目质量审核流程如图 6.2-85 所示。

2）质量管理体系文件的编写。编制了质量管理体系文件，保持质量管理体系有效运行。

质量管理体系文件包括质量手册、程序文件、质量计划、质量记录。

3）质量管理体系的实施。在质量管理体系组织实施过程中，领导重视，全员参与，共同周密计划、精心组织。每周核查项目完成情况和质量。

（4）安全保证措施

1）BIM 小组采用独立的内部局域网，阻断与因特网的连接。

2）局域网内部采用真实身份验证，非 BIM 工作组成员无法登录该局域网，进而无法访问网站数据。

3）BIM 小组进行严格分工，数据存储按照分工和不同用户等级设定访问和修改权限。

4）全部 BIM 数据进行加密，设置内部交流平台，对平台数据进行加密，防止信息外漏。

5）BIM 工作组的计算机全部安装密码锁进行保护，BIM 工作组单独安排办公室。

（5）工作进度安排及效率保障措施

1）进度计划安排。本工程 BIM 实施将紧随施工过程，使用 BIM 集成管理平台，以深化设计 BIM 模型、场地布置措施及大型机械设备模型为基础，集成进度、质量、成本管理、安全文明施工、总平面及文档等管理，直至形成最终竣工图 BIM 成果。

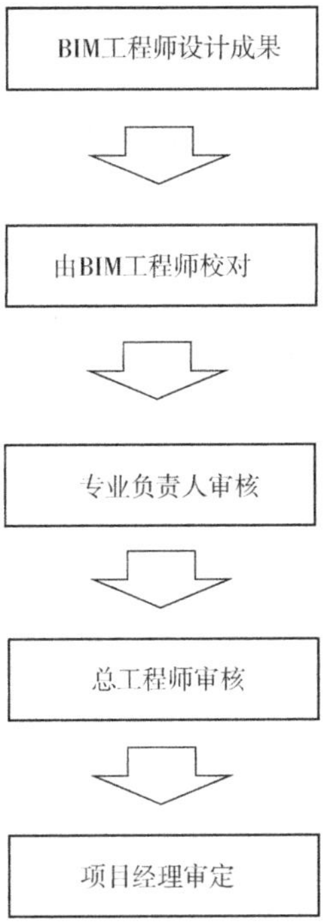

2）进度控制措施。在确保模型质量的前提下，并确保模型按照计划进度按时完成，提前对完成的模型初次审核，再由组长与专业负责人进行二次审核，对出现的问题模型，及时进行修改，确保模型高质量。项目经理按期对实际进度计划进行分析，并对有问题的环节进行相应调整，确保进度计划高效、有序的实施。进度监控基本程序如图 6.2-86 所示。

BIM工程师设计成果
由BIM工程师校对
专业负责人审核
总工程师审核
项目经理审定

图 6.2-85　项目质量审核流程

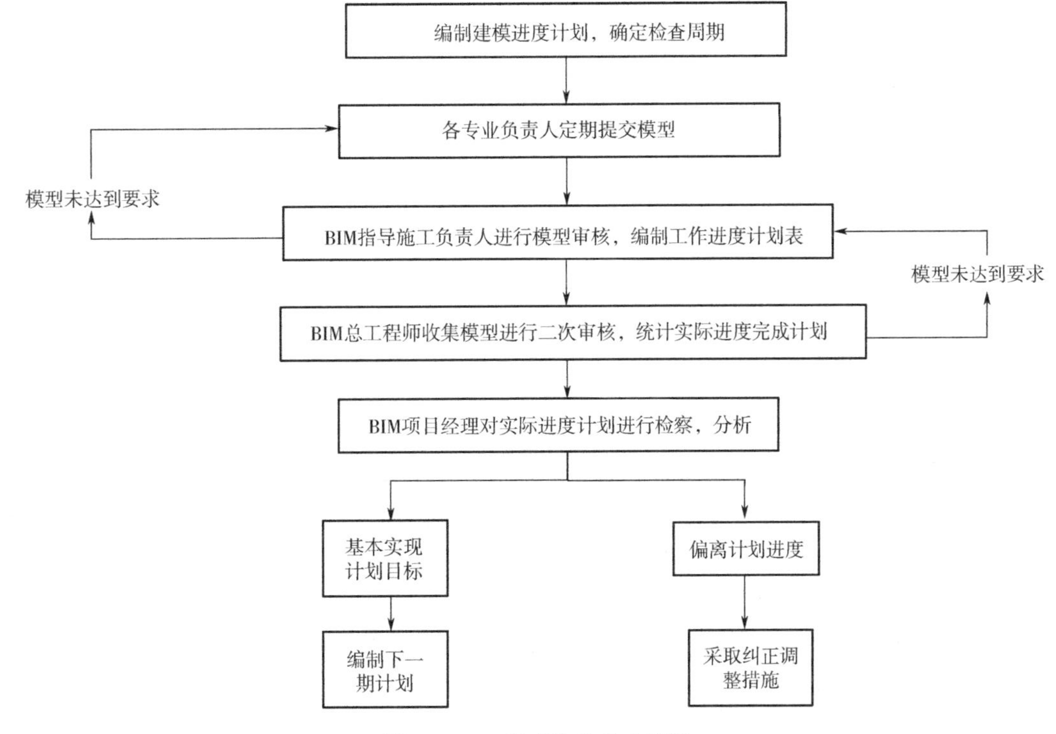

图 6.2-86　进度监控基本程序

6.2.8 BIM 团队协作保障机制

1. 系统运行组织保障

1）按 BIM 组织架构表成立 BIM 系统执行小组，由 BIM 项目经理全权负责。经业主审核批准后，小组成员投入到 BIM 模型的创建工作。

2）成立 BIM 领导小组，小组成员由总包、分包及 BIM 相关负责人组成，定时沟通及时解决相关问题。

3）提供资深的 BIM 顾问，以保证能够及时地解决 BIM 方面的疑难问题。

2. 资源保障

1）配备足够数量满足软件操作和模型应用要求的硬件设备，确保配置符合建模需求。

2）软件的实施是一项系统工程，尤其需要各方人员的密切配合，BIM 技术的应用也不例外。在确定项目实施解决方案的过程中，可能涉及原有业务流程的调整、重要编码方案的决策等，高层主管领导的参与决策将是项目推进的最强力量。

3. BIM 系统运行工作计划保障

1）各 BIM 工作小组根据进度编制了 BIM 系统建模以及分阶段 BIM 模型数据提交计划，由 BIM 系统执行小组审核，审核通过后由 BIM 项目经济正式发文，各 BIM 小组参照执行。

2）根据各专业计划，编制各专业碰撞检测计划，修改后重新提交技术。

3）BIM 小组组长以及项目经理定期审核质量保障体系的执行情况，发现问题，及时沟通协调解决。

4. BIM 系统运行例会制度

1）BIM 系统执行小组与各专业 BIM 团队，每周召开一次 BIM 专题会议，汇报工作进展情况以及遇到的困难，需要总包协调的问题。

2）BIM 系统执行小组，每周内部召开一次工作碰头会，针对本周本条线工作进展情况和遇到的问题，制订下周工作目标。

3）BIM 系统执行小组，参加了每周的工程例会和设计协调会，及时了解了设计和工程进展情况。

6.3 基坑工程 BIM 应用

6.3.1 导读

基坑工程作为建筑领域中至关重要的一个环节，现阶段存在着信息流失严重的现象，而且各个阶段之间信息的传递、交流、共享存在着很大的障碍，如何运用先进的科技信息技术建立全要素信息化管理平台，打破各阶段和各专业间的信息壁垒，实现项目参与者的多方位的资源交流，已经成为一个迫在眉睫的问题。

本案例研究的目的是将 BIM 技术应用于建筑的基坑工程，建立基坑工程的参数化信息模型，从而提高建筑基坑施工的信息化程度。

煤炭科学研究总院西安研究院新 6 号楼西临悦洋酒店，北临煤航制印车间，东临煤炭工业西安设计研究院新建高层住宅楼，南临建西街，地上23层，地下2层，建筑物高度为67.3m，工程场地地形平坦，地面标高介于410.15～410.46m，最大高差0.31m。地貌单元属黄土梁洼。基坑深12.6m，长64.85m，宽50m，周长229.7m，面积2990m^2。基坑工程施工平面位置如图6.3-1所示。

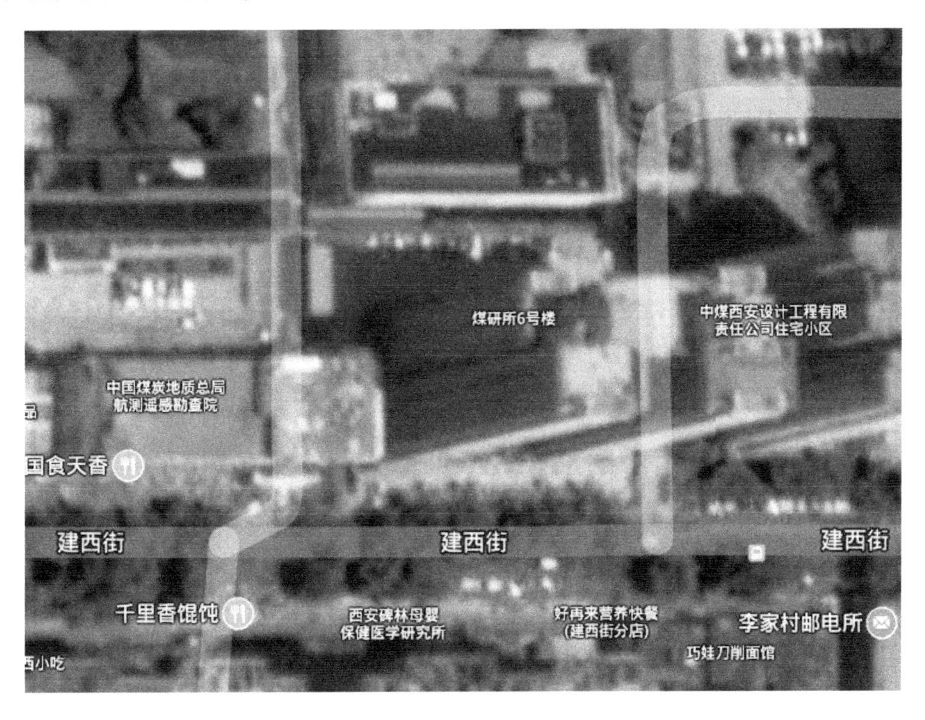

图6.3-1 基坑工程施工平面位置

工程内容主要包括深基坑支护、土方开挖工程、桩基工程、降水工程、监测。支护工程包括钻孔灌注桩、锚索、土钉墙三部分内容。北、西、南三侧先施工钻孔灌注桩，再分层挖土施作锚索支护；东侧除靠近大门侧12m坡段采用钻孔灌注桩支护外其余坡段放坡并做土钉墙支护；北、西、南三侧因垂直开挖并距离建筑物及道路较近，施作预应力锚索。桩基工程包括试桩与工程桩两部分内容。开挖期间采用降水井的方式排水。

施工现场建筑物已拆除，场地平整，施工围墙已围砌好并粉刷完毕。开设有两个施工通道作为土方出入口及原材料出入口，能满足基坑支护及土方开挖施工要求。施工用水、用电在场地均可接通。现场满足施工条件。基坑工程场地平面如图6.3-2所示。

6.3.2 BIM在项目中的应用

将BIM技术应用到基坑工程的全过程，在设计、施工、监测、管理中得到系统的应用，通过创建基坑BIM模型，有效地降低了基坑在设计、施工、监测之间产生的隔阂，对各个阶段的信息协调和共享也得到了进一步的加强，使得项目各方人员能够相互协作，提高工作效率。以可视化的方式来模拟开挖、支护等，提高了各个方面与整体工程的效率，优化了管理方式，明确了各专业的工作主线，提高工作时间利用率，达到了减少甚至避免重复性用工量，提升了工作效率，降低了成本的目的。

与传统的基坑工程全过程对比，BIM技术可达到全过程的智能监控，在设计阶段，传统

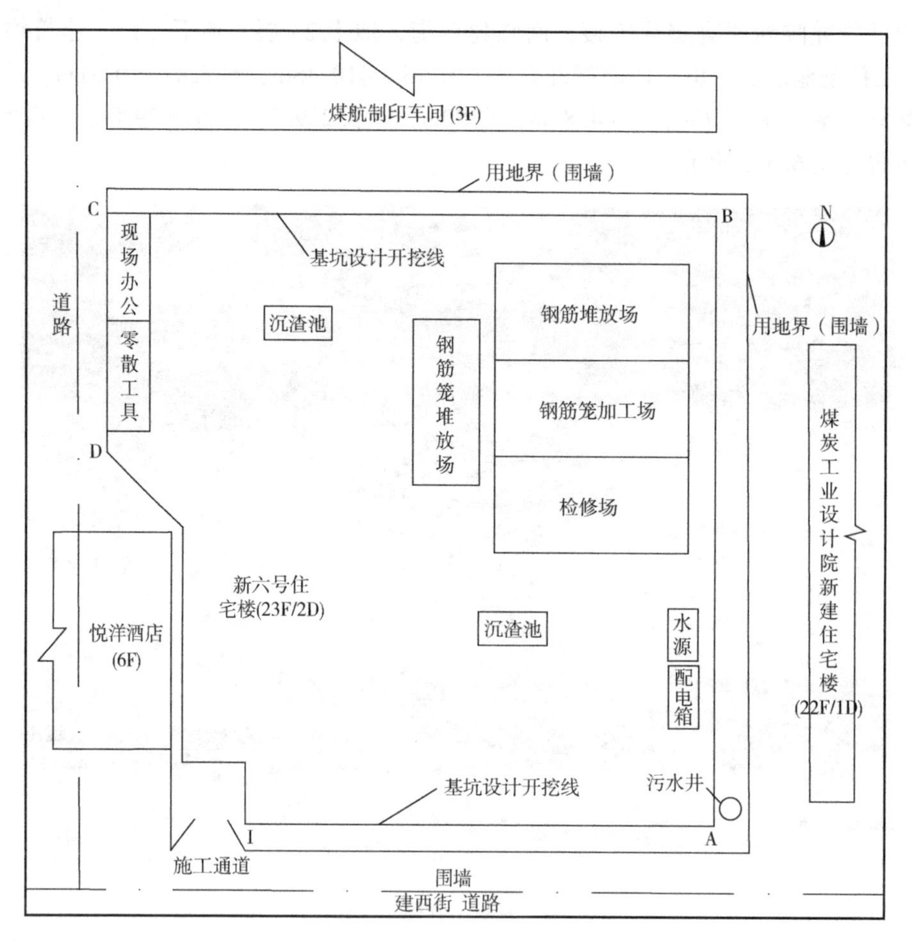

图 6.3-2　施工场地平面

的二维设计有很多的不可预见性，在设计、施工中暴露出许多问题，有些是灾难性的。而通过 BIM 技术辅助建筑、结构、水、暖、电、消防等各个专业协同设计，对设计过程中各专业之间产生的图样设计错漏等现象能够提前检测，加强各专业的协调水平，提高了设计的精度。在施工阶段，BIM 技术可辅助项目相关专业的相互配合，施工工序可视化模拟，各工种的协同工作，以及及时地反馈设计图的缺陷问题，提高了施工阶段的管理效率。在成本管理方面，通过 BIM 技术可精确地计算工程量，对各方面数据进行精细化计算分析，实现成本的全过程管控。在监测方面，通过 BIM 技术将基坑的相关信息模型与动态监测点相结合，将实测的数据通过 BIM 技术呈现给项目管理人员，进而实现监测基坑结构的变形情况与变形趋势等。

对于不同的管理方在 BIM 技术中的职责也不尽相同，业主单位更多的是对项目整体的决策管理与宏观的把控，设计单位应用 BIM 技术辅助各专业设计与检测，施工单位应用 BIM 技术对质量、进度、成本、安全等方面进行合理的管理，监理单位应用 BIM 技术对项目整体进行监理监管以及各方协调，政府监管部门虽不直接参与具体项目，但政府相关部门也可根据 BIM 技术监管项目建设。BIM 在项目各方管理中的应用如图 6.3-3 所示。

1. 业主单位在基坑工程 BIM 的应用

业主单位作为工程建设项目管理的主体，建筑施工各个方面的主要组织策划者，其管理

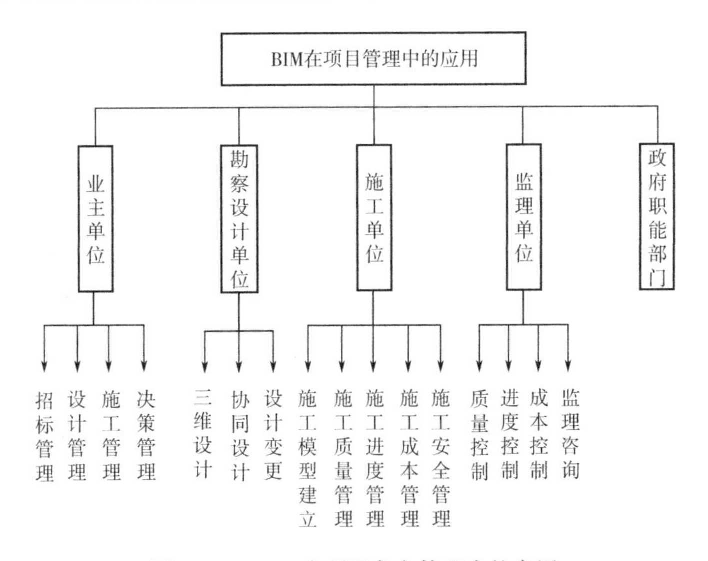

图 6.3-3　BIM 在项目各方管理中的应用

效率直接影响到其整体的预期目标，如何提高建设项目全过程的管理效率，业主单位可以借助 BIM 技术辅助项目管理，实现信息化、数字化、可视化全方位的项目科学管控。业主单位 BIM 的应用如图 6.3-4 所示。

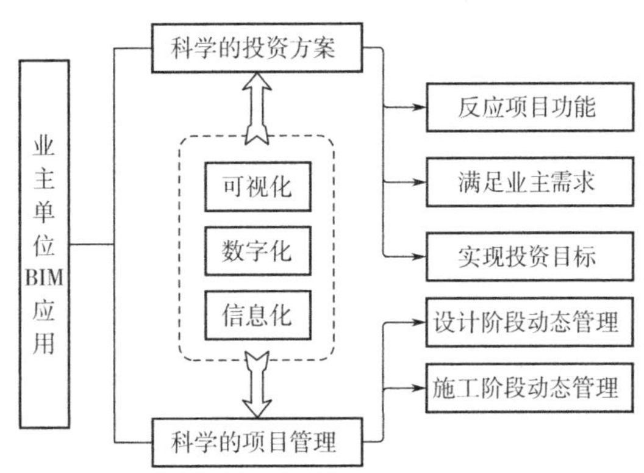

图 6.3-4　业主单位 BIM 的应用

业主单位在基坑工程 BIM 应用的需求如下：

(1) 招标管理　在基坑工程招标过程中，BIM 技术的应用增加了招标管理的精细化程度，业主单位通过 BIM 技术制定招标方案和编制招标文件，利用 BIM 模型可编制精确的工程量清单，做到快速算量、精准算量，最终形成完整清单，有效地保证工程量清单的准确率，最大程度地避免在施工过程中因未及时处理的工程量问题而产生的扯皮现象。在评标过程中，BIM 技术可以对评标的全过程进行记录并形成信息化、可视化数据库，实现了该过程的实时可视化监督，进一步强化了招标管理的公平性、公正性、公开性。

(2) 设计管理　在基坑工程设计阶段，BIM 的应用打破了传统二维手工图的缺陷，传统的设计方式要经过方案、初步、施工图三大设计过程，再以二维图样的方式呈现，此过程极容易造成图样设计失误，给业主单位造成经济以及工期上的损失。而 BIM 的三维可视化的方式恰可弥补其在此处的缺陷，除此之外，通过 BIM 可以更直观地与各专业进行沟通，形成良好的信息传递与信息共享。同时，BIM 的数字化、信息化的功能也可以结合在设计管理中，构成科学的创新设计体系。这为业主单位在基坑工程的管理方面提供了有利的支撑条件。

(3) 施工管理　在基坑工程施工阶段，业主单位与施工单位的利益关联是最为紧密的，业主单位应用 BIM 对基坑工程目标的实现整体进行规划以及投资的管控。除此之外，业主单位通过 BIM 也可对建造的全过程进行管控，比如，节点、进度、施工单位、合同、手续流程、项目内部与周边等各个方面的管理等。总之，利用 BIM 能够让业主单位全面实时监控施工过程信息，做到施工阶段科学的动态管理。

（4）决策管理　决策是在若干可行的方案中进行分析、比较、判断、选择的过程，最终的决策能否掌握主导权和主动权则成为核心问题。业主单位对于基坑工程的投资决策在建设的全过程中处于举足轻重的地位，传统的投资决策由于管理的水平、信息沟通及时性以及时机的选择会对业主的投资造成不小的影响。通过 BIM 技术可以协助业主单位在项目最终选择管理已然成为一个趋势，它还可以形成一个强大的信息数据库，将所有的信息迅速地反馈给业主单位，协助可行方案的最终选择。

2. 勘察设计单位在基坑工程 BIM 的应用

目前，伴随着 BIM 理念在建设行业的发展，许多勘察设计单位已经摒弃了传统 CAD 二维模型单一表现形式，通过 BIM 辅助勘察设计的工作，实现工程项目二维图样与三维可视化的融合，极大地提升了设计的立体性、直观性以及可操作性。利用三维可视化的功能，可以实时检查“错、漏、碰、缺”等问题，从而提升设计质量与效率。不仅如此，BIM 也是一个存储与处理信息数据的平台，可以将各专业的设计数据输入到 BIM 软件，分析优化勘察设计数据，为勘察设计人员提供依据，也为 BIM 与基坑工程更好地结合提供了技术保障。勘察设计单位 BIM 的应用如图 6.3-5 所示。

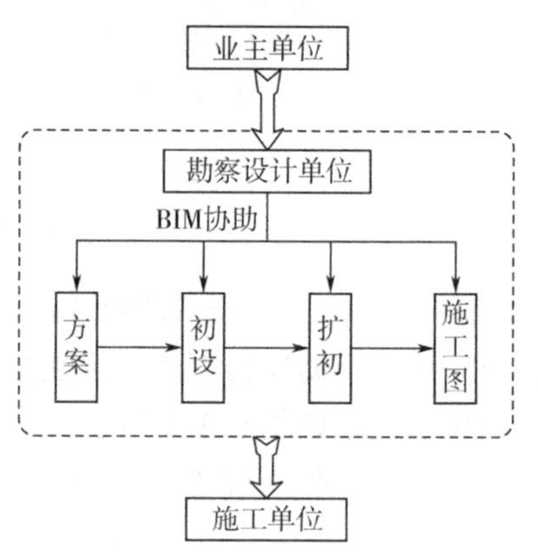

图 6.3-5　勘察设计单位 BIM 的应用

（1）三维设计　三维设计是集成数字、虚拟、智能三位于一体的全新理念。与传统的平面 CAD 绘图方式不同，它将使图样变得更加立体与形象，而 BIM 技术正是三维设计得以实现的载体。利用 BIM 技术可以更直观、有效地将设计人员的设计信息呈现出来，促进各方人员的沟通和理解。还有 BIM 的三维模型与二维平面可以完美地结合在一起，发挥各自的优势，对整个图样的平面、立面、剖面更好地展现。基坑工程 BIM 三维模型如图 6.3-6 所示。

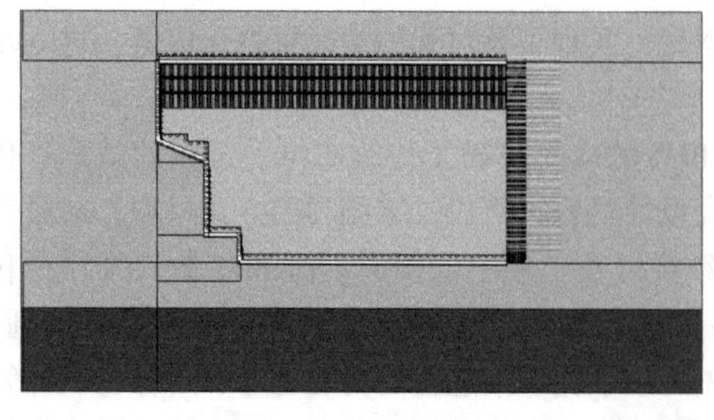
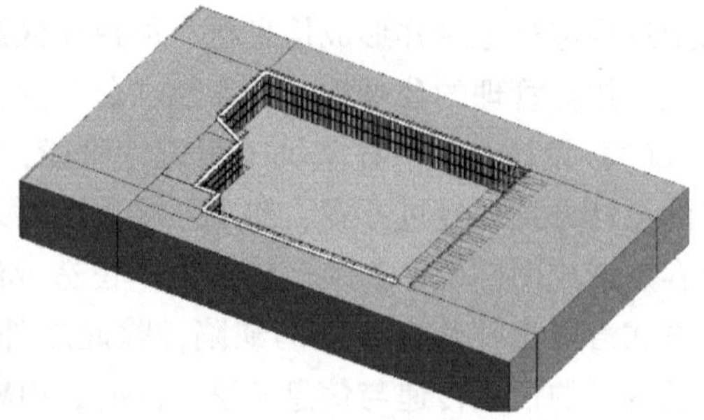
图 6.3-6　基坑工程 BIM 三维模型

（2）协同设计　协同设计主要是指达到各专业数据传递与使用、各个部门无障碍可视化协作、统一标准等协同方式，要求各专业间协调与同步的合作，保证整个过程运转顺畅。基于 BIM 的协同设计提升了其工作效率与精度，将 BIM 应用到“方案—初设—扩初—施工图—项目交底”的全过程设计流程中，避免了信息不通或沟通不及时导致的管理问题与技术问题，进一步提高了设计水平，降低了设计成本。

(3) 设计变更　设计变更主要是指项目自初设起至项目完成并投入使用为止，修改、完善、优化整个环节中的任何一个文件等。在基坑工程施工过程中，图样会审、变更洽商等方案的制定，经业主、设计、施工三方协商同意而更改的设计意图做法，都归类于此。将BIM应用到其中，可以对设计变更进行有效动态的管控。利用BIM的三维可视化模型模拟变更过程，确定可行性方案，避免多次变更的情况发生，提升设计变更高效完成。

3. 施工单位在基坑工程BIM的应用

(1) 施工质量管理　在基坑工程生产过程中，影响质量的原因有：人力、材料、机械、方法、环境等，需严格有效地控制这些关键点，以保证基坑工程的各部分以及整体质量。将BIM技术应用到基坑工程生产质量控制中，工作人员可以利用BIM数字化、信息化、可视化三大功能，发挥软件在检验、鉴别以及数据整理等方面的优势。利用BIM技术对基坑工程模拟仿真各个环节，先虚拟施工后实际生产，及时检查各个环节的漏洞，对每种计划都实施模拟，选择最优方案，减少一切可能存在的隐患。管理人员也可以通过BIM进行现场跟踪指导以及协调各工种施工，进一步保证基坑现场施工质量水平。

(2) 施工安全管理　建筑工程是一个极度危险的工作，其每年发生的事故排名高居前三位，主要影响人们生产生命安全的因素有：坍塌、坠落、触电、中毒、护坡等。可以发现，事故主要集中在坍塌、坠落、触电三种事故，发生次数与伤亡人数较大。所以要进一步加大对安全生产的宣传和执行力度，对施工过程中可能发生的事故提高防范。2016年建筑业事故统计如图6.3-7所示。

将BIM应用到基坑工程的施工安全管理中，通过可视化仿真模拟指导安全施工，具体应用主要体现在：可视化安全交底、完善安全工作生产流程、合理规划场地。充分利用BIM技术，提前预防，杜绝现场任何危险源的存在，保证安全文明施工。

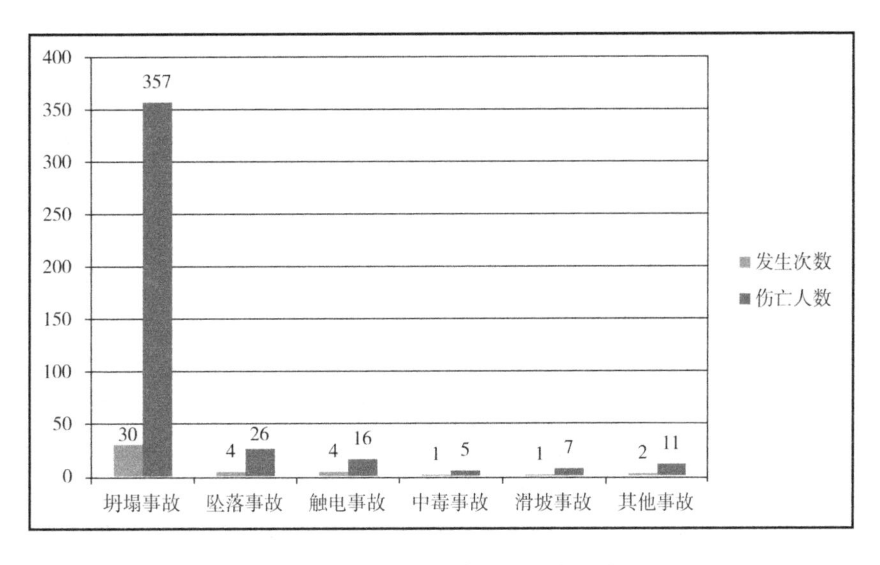

图6.3-7　2016年建筑业事故统计

（3）施工模型建立　在基坑工程中，施工单位需提前勘察现场，对现场的整体进行规划，再通过 BIM 建模软件建立施工整体模型，包括勘探地质、建筑构件、施工机械、场地布置、临时设施等模型，方便工作人员分析现场，提前制订施工方案，同时对于施工图的“错、漏、碰、缺”可以及时发现，提高了施工效率和安全性。

（4）施工进度管理　基坑工程进度管理的影响因素可分为环境因素、技术因素、人为因素。其中环境因素在于基坑工程需要复杂的地质条件勘探，施工过程需保障既有建筑物不受影响等。技术因素在于生产进度编制的可行性方案的选择等。人员因素在于施工人员的素质高低，对图的掌握以及生产工艺的熟练程度。

将 BIM 与基坑工程的进度管理相结合，以 4D 虚拟建造技术为基础，在 BIM 软件中导入三维模型以及进度计划，可视化模拟整个进程。还可以利用 BIM 对实际施工进度信息收集和处理，掌握实时状况与完成程度，并与模拟进度计划比对，分析影响因素，及时解决存在的问题，做出合理调整。BIM 4D 虚拟建造技术流程如图 6.3-8 所示。

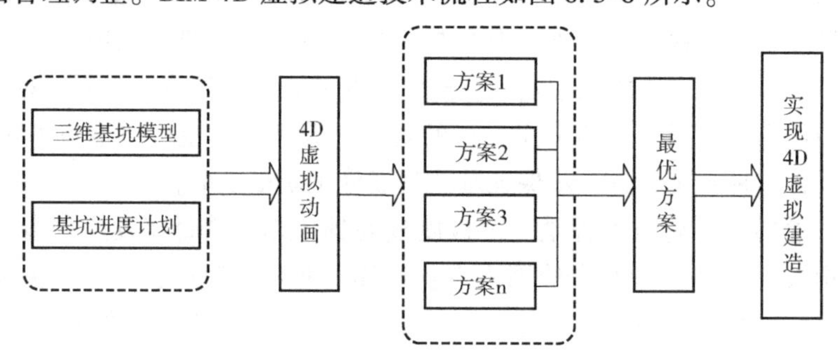

图 6.3-8　4D 虚拟建造技术流程

（5）施工成本管理　对于施工成本的管理可能会产生误区，误以为它是财务会计的工作，但事实并非如此，其实它属于全员参加管理整个项目的方式。一般将成本管理进行如下区分，即成本预测、成本计划、成本控制、成本核算、成本分析和成本考核。

将 BIM 应用到基坑工程的施工成本管理中，将成本维度添加到 4D BIM 模型中就形成 5D BIM 模型，5D BIM 模型应用于管控工程的各个环节的成本方面，主要有事前、事中、事后三大基本控制路径。所谓事前控制就是利用 BIM 的 3D 模型实施“错、漏、碰、缺”检查，及时整改优化，再利用优化后的 3D 模型快速进行工程量计算，创建 5D BIM 预算模型。事中控制是根据施工计划提前进行施工模拟，避免实际施工中可能存在的问题，确保施工计划与实际施工进度一致，形成 5D BIM 实际施工模型，将预算模型与实际模型对比，确保实际进度与计划进度相匹配。事后控制是项目完工后进行成本总结分析，完善施工成本管理。施工成本管理流程如图 6.3-9 所示。

4. 监理单位在基坑工程 BIM 的应用

（1）质量控制　在基坑工程中，监理单位需要提前预防质量控制，依据设计图、合同文件、规范标准等信息要素，制订质量责任制，落实到个人，做到严格把控施工过程质量，及时提出合理建设建议，杜绝由于施工质量问题造成安全隐患。

监理单位实施质量控制是在施工现场进行记录、旁站、平行检验、巡检检查等工作，基于 BIM 协助监理工作，可以提前模拟施工工序和碰撞检查，有针对性的监测实际施工，识别危险源，做好预防工作，将质量安全控制于摇篮中。

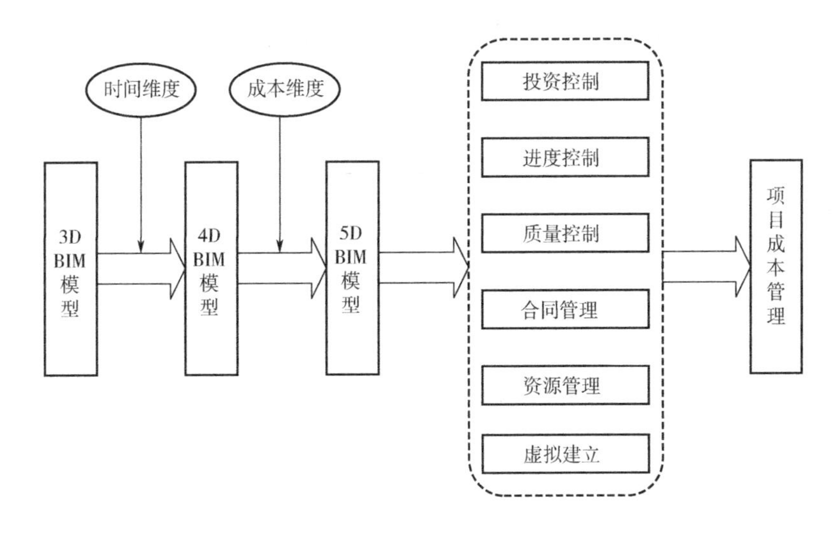

图6.3-9 施工成本管理流程

（2）进度控制 在基坑工程中，对于进度控制管理一直是业主单位关心的重点，监理单位作为业主单位施工现场的委托监管方，依据相关合同规范认真落实业主单位的要求，优化完善进度计划的管控，不断更新实际施工进度记录，对比分析进度计划，及时上报业主单位。

监理单位应用BIM 4D技术辅助监理监管，实时检测进度计划与实际施工的同步情况，模拟施工过程中可能影响施工进度的风险，提前预防调整。同时要不断优化施工过程计划，做到双重保证。

（3）成本控制 在基坑生产过程中，监理单位的成本管控重点在于设计和施工两大阶段，在第一阶段，其决定至少控制70%的建筑成本，所以监理单位在前期设计阶段加强成本管控，根据业主的意图采用限额设计等方法节约投资成本。在施工阶段，监理单位需要加强工程变更的审核，合理地保证业主单位免受损失。

基于BIM的可视化模拟功能，监理单位可以对基坑工程进行3D、4D以及5D的全过程和全方位的模拟，谨慎审核设计图出现的问题，减少不必要的错误。监理单位还应该严格控制工程计量的审核，进一步加强对于工程款支付、工程结算和工程决算的控制。

（4）监理咨询 现在监理咨询单位的服务依然是相对单一的模式，而BIM的应用丰富了这种服务模式，可以将BIM咨询和项目管理协同进行，还可以开展BIM软件相关培训，甚至可以总结项目工程经验推广BIM投资分析和技术分析等。无论是业主单位或是施工单位，BIM的服务转化为咨询服务应用到项目实施管理规划、项目全过程管理以及各专业的相关工作等，BIM咨询将会帮助企业一起解决决策问题。

5. 政府监管机构BIM的应用

（1）政府监管部门在基坑工程的管理 政府监管机构虽然不参与具体项目的建设，但相关各政府部门对于项目建设的全过程要实行监督管理的权利。政府监管单位要积极应用BIM技术，加快提出和完善可视化、信息化、数字化的管理机制，从规划许可、招标投标、初步设计审批、施工图审查、质量安全监督等方面，逐步将BIM技术加入政府监管部门的工作内容中，实现其智能化。基坑工程部分政府监管机构及其职责见表6.3-1。

表 6.3-1 基坑工程部分政府监管机构及其职责

监管部门	监管职责
国土资源局	用地管理（如地籍、用地等）
住房和城乡建设局	用地规划（如规划容积率、规划红线、建筑高度等）
安全监督管理局	验收检查
质量监督管理局	检查特殊的工具
质检站	工程的质量监督
安检站	工程的安全监督
环境保护局	对环境进行检查
劳动和社会保障局	防护评价和验收检查
规划管理局	项目规划管理

（2）政府监管部门在基坑工程的信息化　信息安全是政府监管部门信息化的基本要求，也是政府监管部门有效推动 BIM 实施重要的着力点，为推动信息化的实现具有深远的意义。

1）建立政府监管部门项目信息分类标准，规范信息管理范围和等级划分，并通过 BIM 管理平台，自动区分、验证不同基坑项目工程的信息管理内容，不断细化信息管理。

2）建立政府监管部门在基坑工程信息存储，保障 BIM 平台在网络环境下的安全使用，为信息管理的安全提供保障。

3）建立政府监管部门在基坑工程信息应用的章程，制订使用 BIM 平台数据信息的标准规范，为政府监管部门可视化信息提供保障。

6.3.3 基坑工程 BIM 模型细度

1. BIM 模型细度标尺

美国建筑师学会（American Institute of Architects，AIA）的 E202 号文件中，以模型详细等级（Level of Detail，LOD）对 BIM 模型中的各个元件的精细程度进行定义，BIM 模型中各个元件的精细程度随着建设过程的发展也不断地提高。在建设工程发展的不同阶段，对模型细度的需求也是有差别的，可见建设工程发展和 BIM 模型细度是相辅相成的。各个等级划分及要求见表 6.3-2。

表 6.3-2 BIM 模型细度等级区分及要求

等级代号	等级要求
LOD100	建筑整体的高度、面积、体积、位置等信息可以用 3D 模型或其他数据形式体现
LOD200	组件模型为近似高度、面积、体积、位置等信息的泛用型系统或集合体。非几何属性信息也可成为其中的一部分
LOD300	组件模型为精确高度、面积、体积、位置等信息特定集合体。非几何属性信息也可输入其中
LOD400	组件模型为精确高度、面积、体积、位置等信息及完整制造、组装、细部施作所需信息的特定集合体。非几何属性信息也可输入其中
LOD500	组件模型为实际高度、面积、体积、位置等精确信息的完整集合体。非几何属性信息也可成为其中一部分

随着 BIM 技术在我国的发展和推广使用，我国编辑制定的《建筑工程施工信息模型应用标准》（征求意见稿）在 2016 年 3 月 1 日发行。紧接着北京、上海、深圳等城市也发布

了BIM的地方标准，这些标准对BIM模型细度标尺都做了相应的规定。

(1) 国家层面的BIM模型细度标尺　住建部在2017年5月4日批准了《建筑工程施工信息模型应用标准》。该标准对BIM模型细度进行了划分，其施工模型细度见表6.3-3，在施工模型细度表中对不同细度等级的模型元素和元素信息（包括几何与非几何信息）做了详细描述。

表6.3-3　施工模型细度

名称	等级代号	阶段
施工图设计模型	LOD 300	形成阶段
深化设计模型	LOD 350	图样设计阶段
施工过程模型	LOD 400	深化设计阶段
竣工模型	LOD 500	竣工验收和交付阶段

(2) 北京的BIM模型细度标尺　北京市规划委员会在2014年2月发布的《民用建筑信息模型设计标准》(DB11/T 1069—2014)中将BIM模型按建筑、结构、机电专业进行深度的划分，各专业的信息维度分为几何信息和非几何信息两部分，每个信息维度的深度等级分为1.0、2.0、3.0、4.0、5.0。各专业的模型深度组成了整体BIM模型的深度。BIM模型深度标尺如图6.3-10所示。

(3) 深圳的BIM模型细度标尺　深圳市建筑工务署在2015年4月发布的《BIM实施管理标准》(SZGWS 2015—BIM—01)中，将BIM模型的精细度划分为LOD 100、LOD 200、LOD 300、LOD 400、LOD 500五个等级，其中五个等级分别对应方案设计模型、扩初步设计模型、施工图模型、施工深化模型、竣工模型，等级要求相似于AIA的LOD等级要求，但标准中模型精细度的划分是建筑、结构、暖通、给水排水、电气、室外管线、景观、照明、标识、室内精装修等十个专业，这十个专业的子项也被详细地划分。

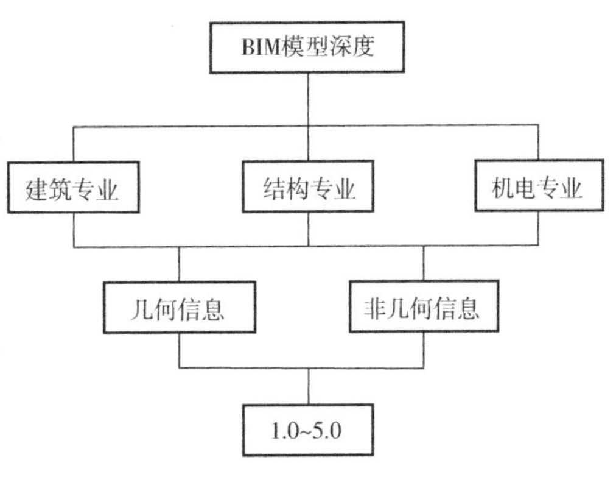

图6.3-10　BIM模型深度标尺

(4) 上海的BIM模型细度标尺　上海市城乡建设和管理委员会在2015年5月发布了《上海市建筑信息模型技术应用指南》，指南中将BIM模型深度按照方案设计、初步设计、施工图设计、施工准备、施工实施和运营阶段分别描述。每一个阶段都包含建筑、结构、暖通、给水排水、电气等五个专业，仅有方案设计阶段只包含建筑和结构两个专业。随着工程建设的深入，按照从后到前的阶段顺序，对于模型内容以及基本信息将会不断完善。

2. 基坑工程中BIM模型细度的应用

在基坑工程中，对于LOD 100的应用一般是在规划与概念设计阶段（图6.3-11），可以帮助业主单位与设计单位进行总体规划分析（如容量、建设方向、单位面积成本等）。

在基坑工程中，对于LOD 200的应用也是在设计阶段（图6.3-12），通常将会应用在设计开发与初步设计中，用于对性能化的基本分析。

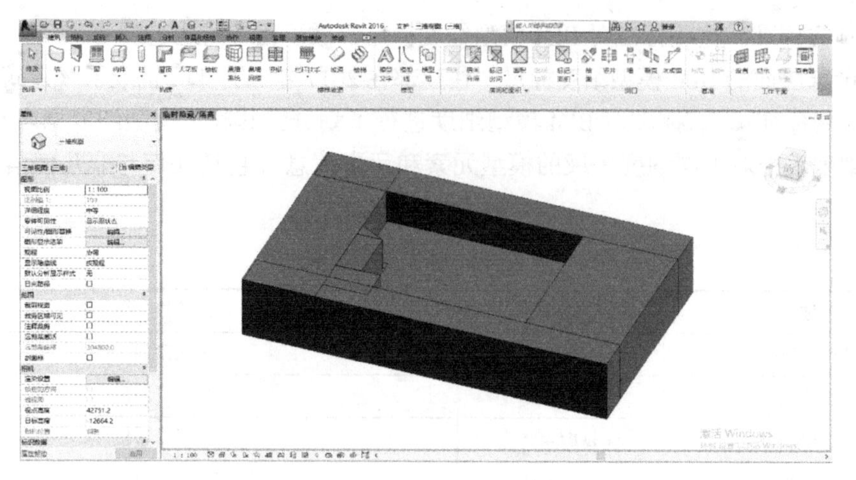

图 6.3-11　基坑工程 LOD 100 的应用图

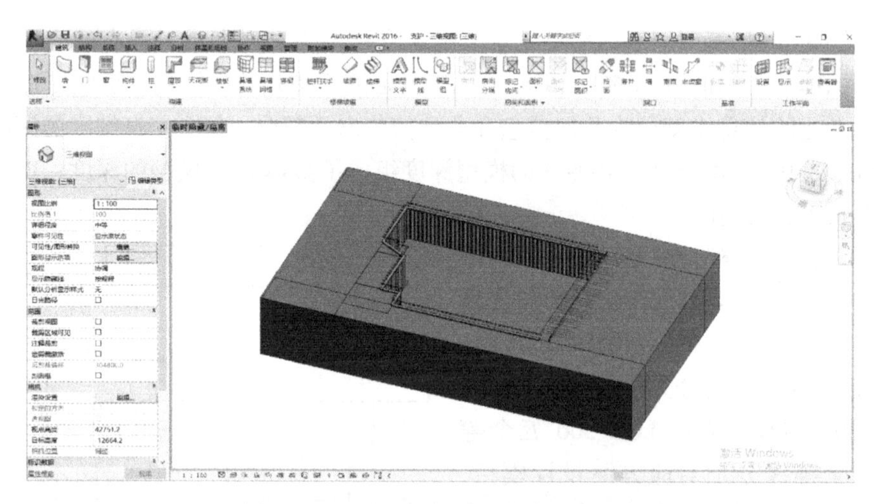

图 6.3-12　基坑工程 LOD 200 的应用图

在基坑工程中，对于 LOD 300 的应用通常是细部设计（图 6.3-13）。该阶段将会进行更为详细的分析与表现（例如碰撞检查、4D 整体过程模拟等）。

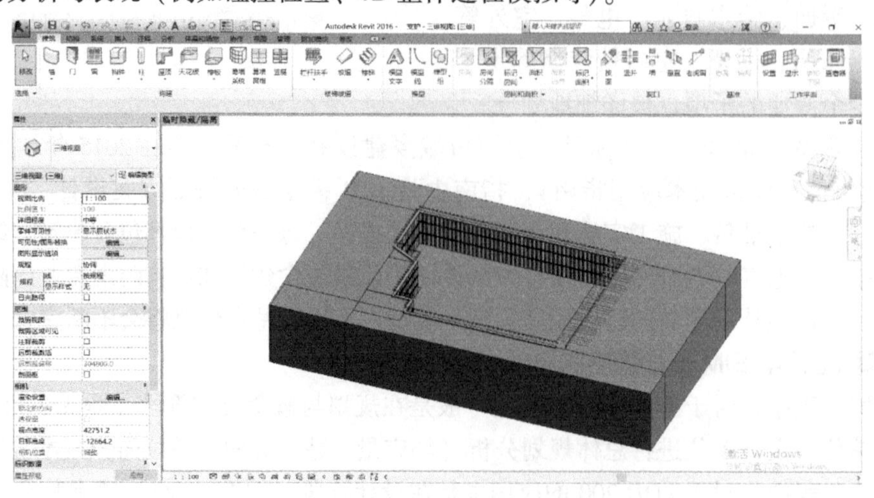

图 6.3-13　基坑工程 LOD 300 的应用图

在基坑工程中，对于LOD 400通常是施工、加工制造以及组装（图6.3-14），它涵盖了完整制造、组装、细部施工方面的信息。

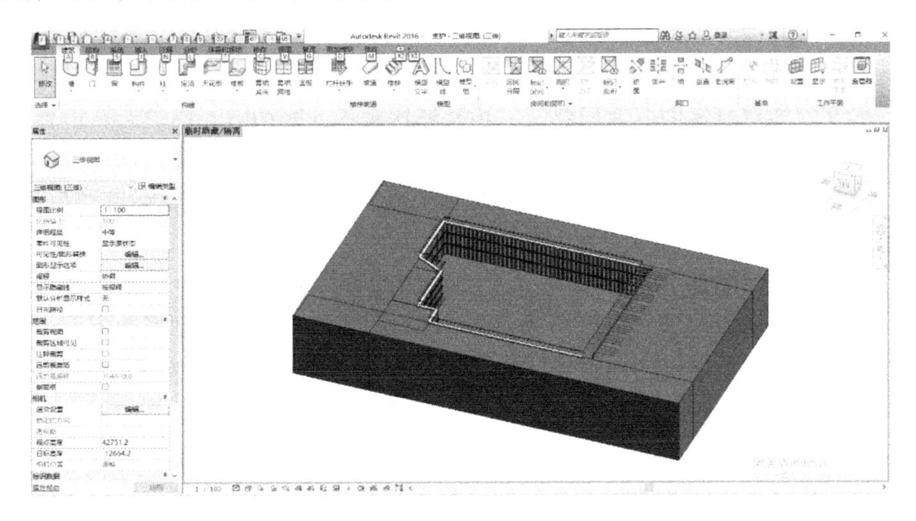

图6.3-14 基坑工程LOD 400的应用图

在基坑工程中，对于LOD 500通常是竣工后的模型（图6.3-15）。该模型直接可以作为运维的依据。

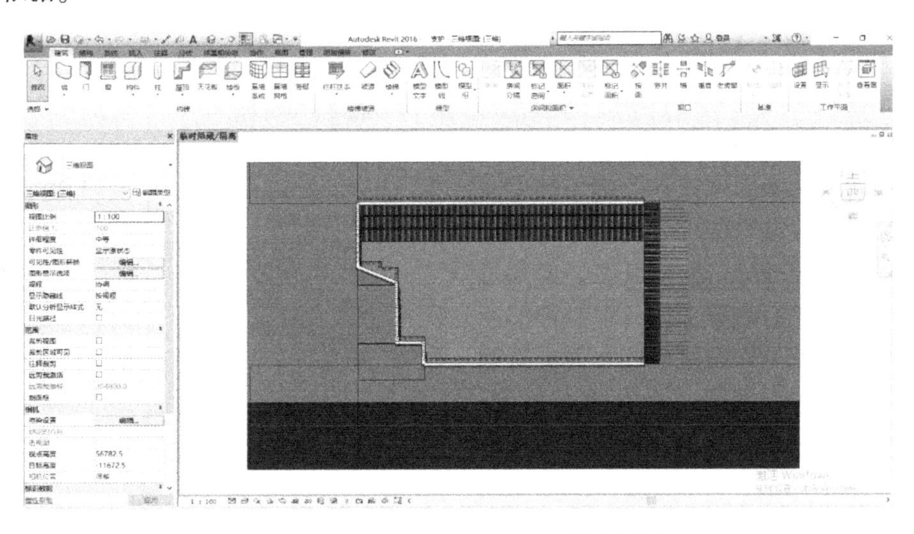

图6.3-15 基坑工程LOD 500的应用图

6.3.4 基于BIM技术的基坑工程应用

1. 基于BIM技术参数化建模方法

BIM参数化建模方法是指一种基于尺寸驱动改变主要由一些几何约束构成的几何模型，按照顺序求解几何约束模型时形成全要素信息管理的建模方法。以参数化建模为基础进行系统开发，建模师不仅不需要再花费大量时间做繁琐的工作，而且还可以大大提高设计速度，并减少信息的损失。

传统的CAD引擎通过一些几何形状创建图形实体，而这些几何形状都具有明确的坐标，然后根据模型提取所需要的信息创建出新的文档。更多的智能元素会包含在各个模型中。通过这种方式可以创建更复杂的形式，结果仍然是明确的几何模型。但实际上编辑起来很困难，模型与图样之间的联系比较弱。

BIM 参数化建筑建模显示出其与传统 CAD 制图的本质区别，二维 CAD 主要是通过对象驱动的，是尺寸会随着对象的改变而改变。BIM 建模是尺寸驱动的，以全要素信息的方式实施管理。例如，在建模过程中，框选一楼所有的墙，对它进行移动，会自动调整所有与墙有关的元素，屋顶将随着墙移动，保持与墙的悬垂关系，并且其他外墙能够自动与其相连接，形成一个整体的墙。

BIM 参数化建筑建模是 BIM 技术中非常关键的部分。它把建筑中可靠、高质量、内部一致、可计算的信息协调起来，可以快速地分类整理好所有图形和非图形数据。

BIM 参数化建筑建模通过增加管理模型元素之间的关系，来合并表现模型与设计模式，形成模型的全要素信息管理。整个建筑模型和全套设计文档都在一个综合数据库中。这里的一切都是和参数相互关联的。

参数化建筑模型可以清楚地将各个部分的关系展现出来。尤其是机械设计或建筑设计这两个专业。熟练使用和建立模型，可以使各个元素形成一个相同的整体。例如，在一个 BIM 模型中，如果楼板因为某种原因需要修改，与楼板相连的墙会按照楼板的变化而变化。BIM 参数化建模流程如图 6.3-16 所示。

2. 构件族的建立

在利用 BIM 软件设计建模过程中，建立相应的族库以及对文件进行管理，可以充分反映出一个工作人员对 BIM 技术的掌握程度。虽然不同软件中族库的各个构件的名字不尽相同，但是其仍然是利用 BIM 可以提高制图效率的法宝与核心。换而言之，如果每一个软件族库中具有足够多的各种构件的族文件，工作人员就可以把这些族文件进行管理拼装，形成一个完整的参数化建筑模型。设计人员在建模过程中，不断积累这些构件的族文件，最后形成一个巨大的族库，BIM 技术的效率会大大提高，也可以把自己的优势完全显现出来。

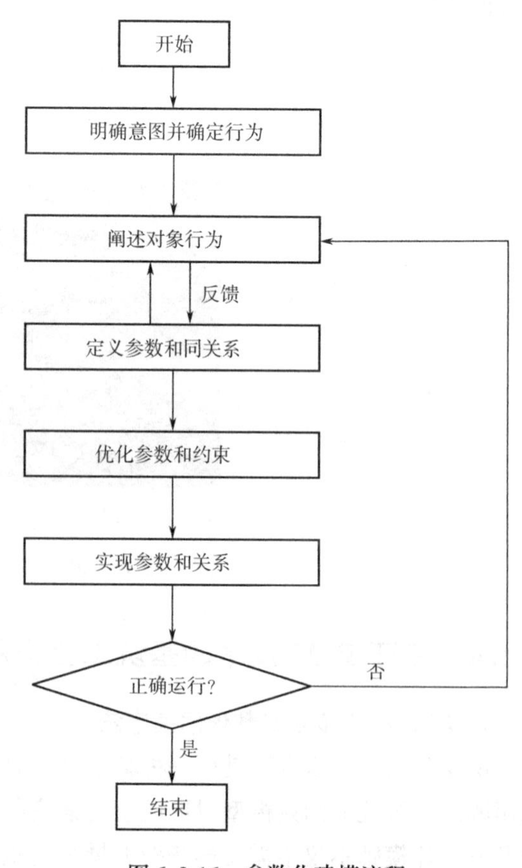

图 6.3-16　参数化建模流程

（1）灌注桩的建立　根据初步设计的方案，Revit 建立 3D 模型，赋予其以各种重要参数。利用 Revit 中自带族，或者创建自己的构件族文件，作为平台的“零件”，如灌注桩、冠梁、锚索、土钉等，最后把这些族整合在同一个项目中进行整合，形成一个整体的模型，如图 6.3-17 所示，然后在整合的模型基础上进行优化调整。

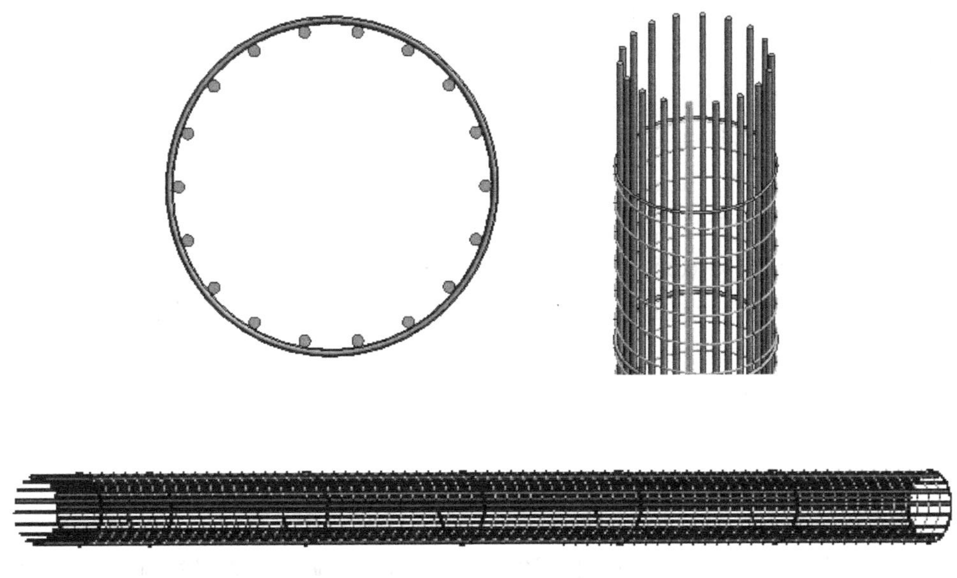

图 6.3-17　灌注桩图

（2）冠梁的建立　冠梁断面尺寸 60cm×90cm，总长度 192m，混凝土强度等级 C30。

利用 Revit 建立冠梁的常规公制模型族文件，根据参照标高建立梁的内部纵筋和箍筋，对钢筋的长度和直径进行参数化设计。纵筋为 12 根 $\phi16$，箍筋为间距 200mm 的 $\phi8$ 的，如图 6.3-18 所示。

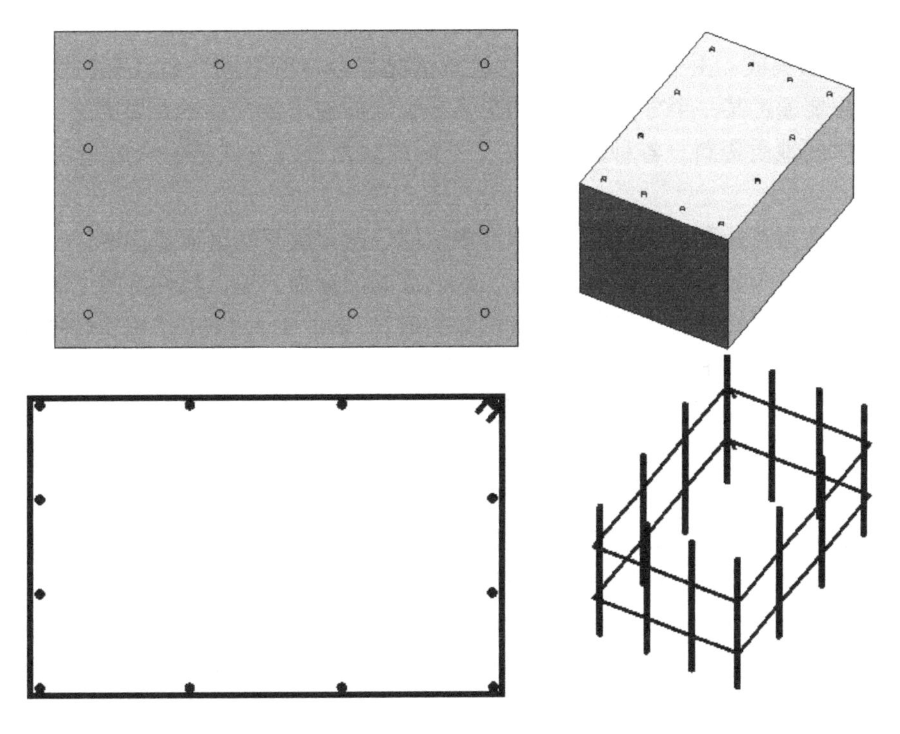

图 6.3-18　冠梁图

3. 三维地质模型的建模方法

三维地质建模技术（3D Geosciences Modeling Technology）是利用空间信息处理技术和可

视化技术等 BIM 技术对地质进行勘测，然后分析、处理、组织和描述勘测得到的地质数据，构建三维地质模型，查询三维地质模型的水文地质信息，与计算机技术相结合形成新进的图形化与可视化技术，同时根据之前的地质数据进行综合分析，提高研究的准确率和可靠性。

在建模过程中，下面几点问题需要考虑：

（1）多元数据的使用　在三维模型建立的过程中，地质资料以及可使用的数据都很少，并且这些资料、数据的出处、类别层出不穷，很难完全集合到模型中。因此，在三维地质模型建立过程中，如何能够高效充分地把拥有的地质资料和数据整合集成到模型之中，充分利用诸如钻孔资料、地质图、地质剖面图、钻孔柱状图、地质统计表、地形图、遥感数据、物化探数据、DEM 等可利用的数据和资料。

（2）建模数据源分类　三维地质模型建立过程中具有多种不同的数据，并且它们的出处也各不相同，获得方式不同也导致了它们可用性的差异，进而导致其在建模过程中的作用也不同。以钻孔和地震数据为例，钻孔数据主要指的是直接观测地下的地质情况和水文地质条件，通过钻孔得到的数据可靠性比地震数据更高，因此钻孔数据在模型形成过程中拥有极高的约束级别。因此，一是可以将两种来源不同和可靠性不同的数据进行对比，校正并约束可靠性较低的数据；二是在地质建模过程中，以可靠性更高的数据为标准，规定不允许更改其更高的数据。

（3）原始数据和辅助数据　在地质模型建立的操作中，应该以原始数据为标准，并大量应用，如通过钻孔得到的数据，对数据尽量少做处理，少用或者几乎不用处理过的平剖面数据；另外，对于工程控制较低的地方，通过查阅如物探资料等其他资料，保证三维模型建立的过程能顺利完成，形成一个质量更高的三维地质模型。

（4）多方法集成　由于不同的地区的地质情况都会有所不同，而且有些地方地质情况比较复杂，想要通过某一个方法就可以测得多个地区的地质数据是不太现实的，因此，需要根据每个地区的地质资料、各种勘测方法、不同的数据处理方式等综合处理集成不一样的方案。

随着国家大力普及和推广 BIM，国内许多软件公司相继开发出很多三维岩土工程勘察信息系统，但是，各个公司之间标准不统一，缺乏共同的标准，所以软件之间无法进行数据传递，共同工作。利用地质资料和勘测得到的数据通过 Civil 3D、Revit 等 BIM 软件建立三维可视化地质模型，这是将 BIM 技术应用于岩土工程勘察领域的一条途径。

本文主要通过 Revit 建立地质模型，将之前建立的九个勘测点地层概念体量族文件导入到同一个体量族中，将同一个地层点放到同一个标高之中，利用模型线将同一个材质的模型点进行连接，然后形成一个完整的面，构成一个地层之间的土层，将两个地质层进行连接，以此类推，将各个地质勘测点进行连接，最后将所有的点连接起来，形成一个地层，其他地层也是如此，形成一个完成的地质模型效果图（图 6.3-19）。

利用已经建立的九个地质勘测点地层概念体量族，按照地质勘测点平面图将它们全部导入到同一个概念体量模型中，各个勘测点的位置与平面图里相对应。然后对每一个勘测点里的地层点进行编辑，在每个模型点面内建立一个被赋予材质的小区域，用以区分不同的地质，然后将所有的模型点都建立相对应的面，赋予材质，将具有相同材质的模型点用模型线连接起来，形成一个完整的地层，每一个地层的厚度都可以通过改变参数来进一步改变地层的厚度，其他地层按照相同的方法来连接形成地层，这样通过对地层实现 BIM 参数化，形

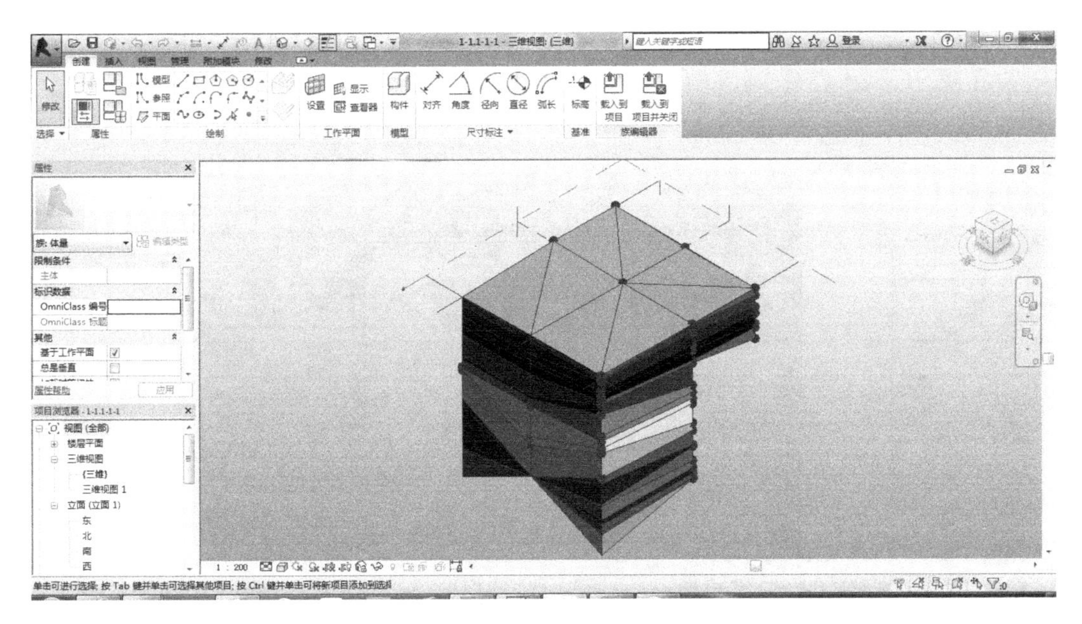

图 6.3-19 地质模型图

成了一个可以进行参变的地质模型。

通过 BIM 系统对建立的地质模型进行全方位、整个生命周期信息管理，通过三维建模软件建立三维地质模型，然后将模型以共享的格式输入到 Revit 中或者直接在其中添加所需要的各种信息，达到一体化建设的目的。

4. 支护模型的建模方法

根据场地地质情况和周边环境情况，本基坑东侧临近煤炭工业设计院新建住宅楼部分采用土钉墙支护，其余部分采用桩锚联合支护形式，钻孔灌注桩顶部做 C30 混凝土冠梁。

实际支护直接用 Revit 建立样板文件，其他相关模型利用 Revit 中的族文件来建模，根据设计院设计的 CAD 图样，通过操作 Autodesk Revit 建立 BIM 模型，建模步骤如下：根据基坑围护不同区域围护形式及围护构件属性，进行 BIM 族模块组合，提高建模效率，并可迅速统计不同族模块组合情况下所需的工程量及物资、人力投入情况；对于锚索等特殊构件通过调整 BIM 族模块参数生成新的组件，并可通过调整参数实现快速修改。

在 BIM 建模技术的指导下，通过 BIM 建模软件将建筑轴网、灌注桩、工程桩、冠梁以及护坡土钉 CAD 图样链接至 Revit；腰梁、冠梁用公制常规模型创建族文件，对其进行 BIM 参数化配筋；工程桩、围护灌注桩创建混凝土以及钢筋的参数化族文件，然后将其插入到支护模型之中，将其阵列，对各构件建立单独族文件，并对族文件进行 BIM 参数化定义；将旁边的护坡以及土钉进行参数化设置，导入到支护模型中，将其阵列，将冠梁以及基坑底板利用 Revit 建模；将腰梁、锚索进行参数化设置，然后将其导入到模型中，将其按照图样上的尺寸，进行阵列；最后将基坑周围的土用 Revit 建立起来，形成一个完整的基坑支护模型，基坑支护模型如图 6.3-20 所示。

5. 周边环境模型的建模方法

施工环境及场地布置模型，可以根据之前在周边的考察、勘测以及查阅资料，利用 Revit等 BIM 软件建立模型，按照常规方法将周边环境的 CAD 图样导入到 Revit，然后根据以

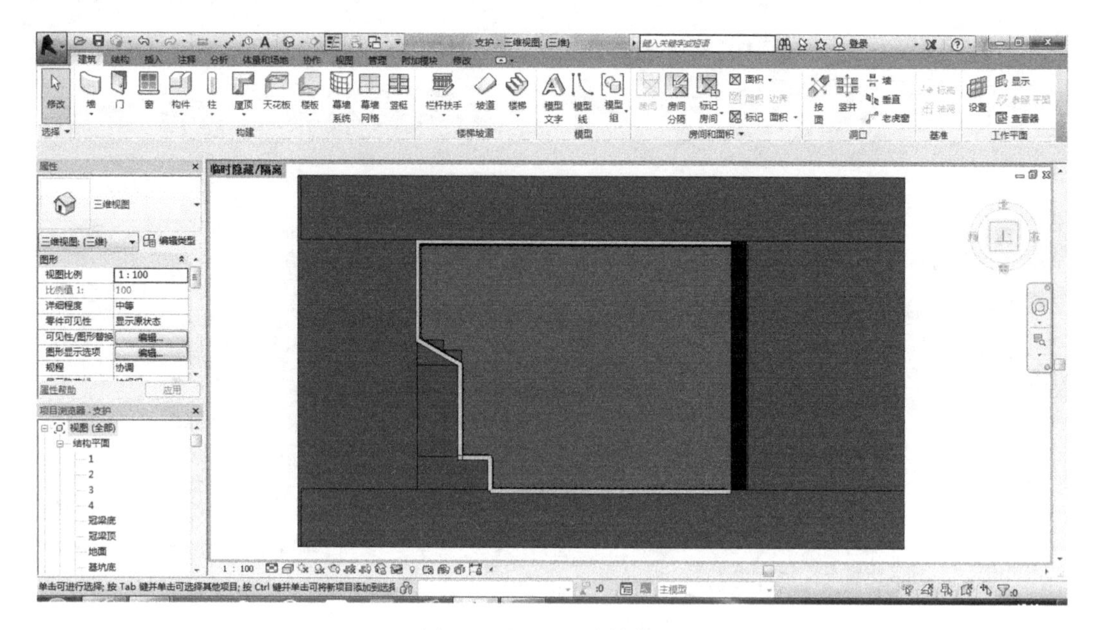

图 6.3-20　基坑支护模型

其布置为基础建模。将 CAD 图样导入到 Revit 中一般有两种方式——直接导入与链接。利用命令栏的“导入 CAD”将 CAD 图样载入到最初的 Revit 模型。“链接 CAD”的操作有一个特点就是，将 CAD 图样导入到 Revit 后，如果改动原来的模型，导入的 CAD 图也会随着模型的改变而改变，而一旦源文件删除或变动位置，则 Revit 里对应的文件将会发生丢失。

本例采取的导入方式为第一种，将 CAD 设计图导入到 Revit 中进行翻模，由于文件的大小对计算机配置要求很高，所以在导入之前，一般都对图进行简化，如图中构件、文字说明、标注符号等比较多，所以，一般都把这些不需要的 CAD 的项目说明、各类文字、线条、各个图块删掉，实现高效的模型建立方式。

将场地周边环境的 CAD 设计图样导入到 Revit 中，根据图样，画出周围的道路、建筑物、地下管线等已经存在的或者正在建的事物，模拟出新六号住宅楼周边的环境与事物，对施工有很大的帮助，将显著提高施工的效率，防止交通堵塞等问题。

将设计院的图样通过命令栏里“插入”中的“导入 CAD”导入到 Revit 模型中；根据 CAD 图样，将道路进行区分、规划，按照轮廓进行翻模，并赋予材质；然后将小区周边的其他道路、停车场、绿化带等按照图样建模；将住宅楼周边的已有建筑物、在建建筑物以及拟建的建筑场地都按照图样进行建模，整合主要的道路环境模型，得到了最终的模型（图 6.3-21）。

6.3.5　基于 BIM 的基坑工程自动化监测系统及平台研发

基于 BIM 技术的基坑自动化监测考虑了深基坑工程施工过程中场地地质条件、地下水文状况、周边环境等各种不利因素，充分利用勘测数据及实时基坑监测信息，依据建立起的三维 BIM 模型方便、快捷地监测基坑，确保基坑开挖、支护过程及周边环境的安全，并且使基坑工程经济效益最大化。

1. 基于 BIM 的基坑监测技术及平台研发思路

本文结合 BIM 技术特点与优势，考虑到基坑工程施工过程监测的问题与难点，应用

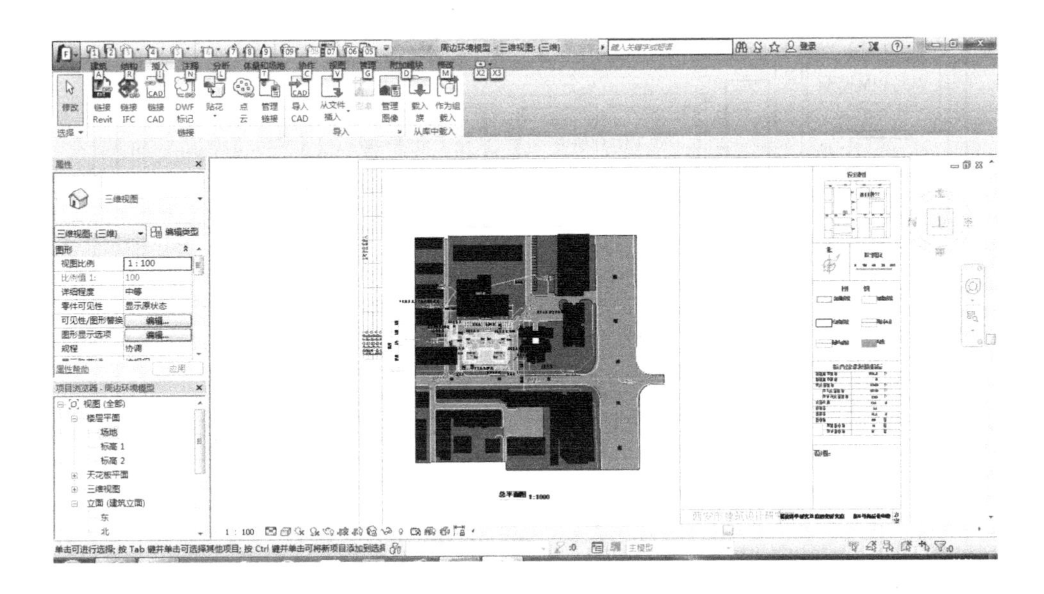

图 6. 3-21 周边环境整体图

BIM 技术、三维可视化技术、色彩变化模拟技术、三维扫描技术实现基坑工程的 5D 自动化监测，利用有限元分析及数据接口技术对监测结果进行分析，实现学科交叉，最终建立起一套适合于基坑工程特点的基坑工程自动化监测系统以及管理平台。以下是基于 BIM 技术的基坑监测技术及平台研发总体思路。

首先在 BIM 信息模型建立的基础上，结合基坑工程实际施工时所处的地质环境与地理环境，通过碰撞检查技术，对基坑模型各种模型构件间进行碰撞校验，并通过插件接口设计，实现模型参数与力学分析参数之间的关联转换，建立集几何、属性、力学、环境为一体的深度信息 BIM 模型。在此基础上根据基坑施工进度安排及工程信息情况，基于 BIM 4D 进度模拟软件，通过时间参数的定义与链接，对 BIM 模型进行施工全过程动态模拟，建立起 BIM 4D 全过程基坑信息模型。其次，基于施工实施部署和施工方案，确定施工过程的关键工序和技术难点，在施工全过程模拟的基础上，基于 Abaqus、Flac 3D 等有限元软件，对多影响因素耦合的工况进行力学分析计算，研究其内部应力应变变化和外部沉降、倾斜、位移等变形响应情况。在施工仿真计算结果和基坑信息模型间建立数据接口，实现响应数据的可视化展示，使力学分析预测与仿真关联，位移、应力的变化可视化成三维模型的动态变化。

然后，根据信息测点布置方案，对信息采集系统的感知层进行建立，通过三维扫描技术对基坑现场施工沉降及倾斜变形等位移数据进行采集；通过应力传感器对支护结构应力及土压力等力学响应信息进行感知及采集；通过智能水位计对基坑地下水位情况进行测量。在此基础上，通过网络通信技术，实现对现场数据的传递及发送。基于数据库技术实现对施工响应数据的接收、转化、存储及管理。最后，基于平台开发软件，建立基坑工程信息化施工管理平台，并将基坑施工响应预报系统与现场信息采集系统分别嵌入相应模块中，通过数据链接，实现对数据库的访问、交换及共享。通过监测的点云模型与 BIM 模型的拟合对比，对基坑进行变形分析及监控，管理人员可通过该平台对分析及监控的结果实时、方便、高效的查看。

基于 BIM 的基坑监测技术及平台研发技术路线如图 6. 3-22 所示。

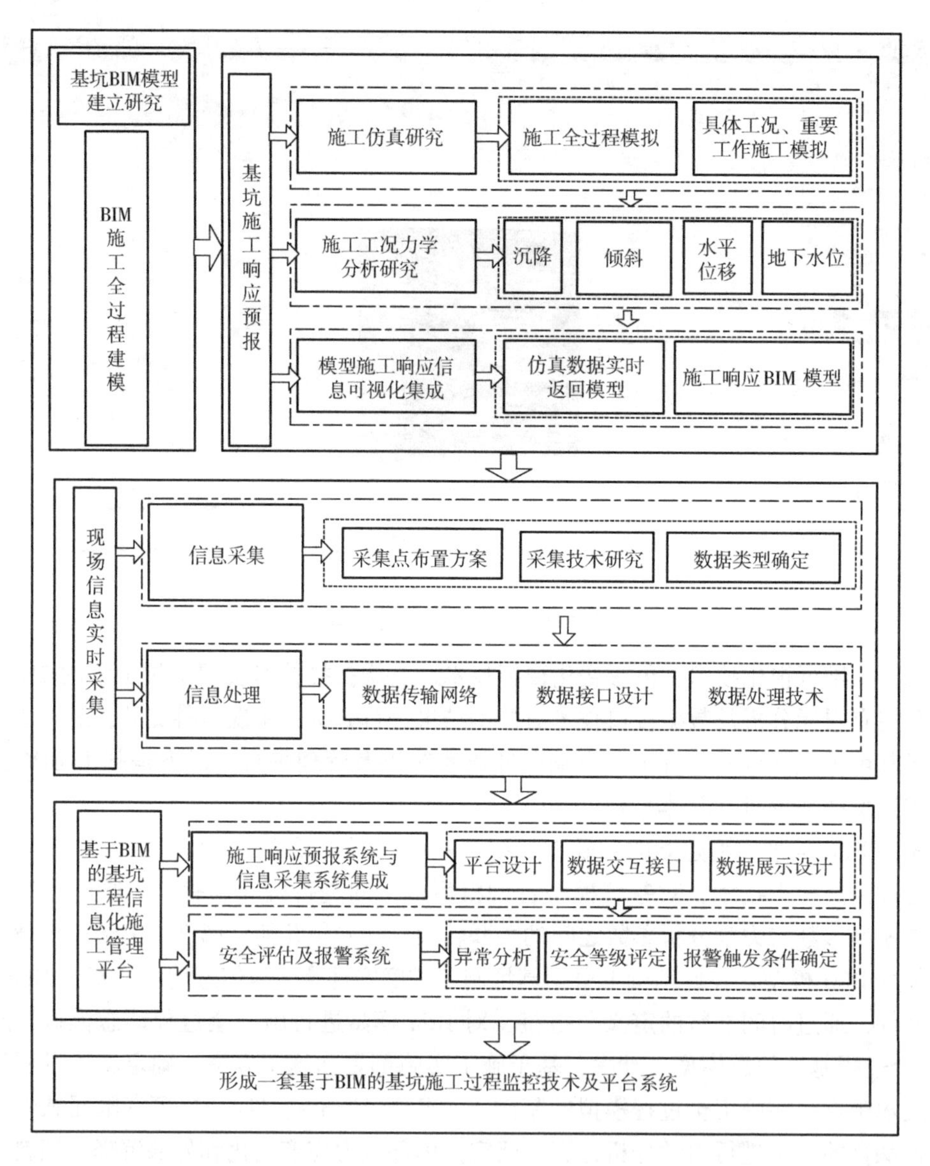

图 6.3-22　基于 BIM 的基坑监测技术及平台研发技术路线

2. 基于 BIM 的基坑工程自动化监测系统

本次建立的基于 BIM 技术的基坑工程自动化监测系统，是以建筑工程项目中的各项相关信息为基础，以数据转换、虚拟仿真为技术手段，结合了 BIM 技术的信息化特点，将监测到的数据与三维模型进行整合，结合时空效应分析基坑工程的变化，提前规避危险。基于 BIM 技术的基坑工程自动化监测系统依据设计和使用过程的不同，分为以下几个层面：数据源，采集层，数据层，平台层，模型层和应用层（图 6.3-23）。数据源包括 BIM 数据，监测数据和其他数据等；采集层根据数据源的数据，结合信息测点布置方案，通过三维扫描技术对基坑现场施工沉降及倾斜变形等位移数据进行采集，通过应力传感器对支护结构应力及土压力等力学响应信息进行感知及采集，并通过智能水位计对基坑地下水位情况进行测量；数据层基于自身的技术，实现对施工响应的接收、转化、存储及管理；平台层通过建立的基坑工程信息化管理平台实现对项目各个环节的管控；模型层根据本项目的特点，建立起施工管理模型，安全性计算模型与综合信息模型；应用层链接用户管理及施工现场，出具动态数据分析报告，实现对基坑工程的动态化实时监控。

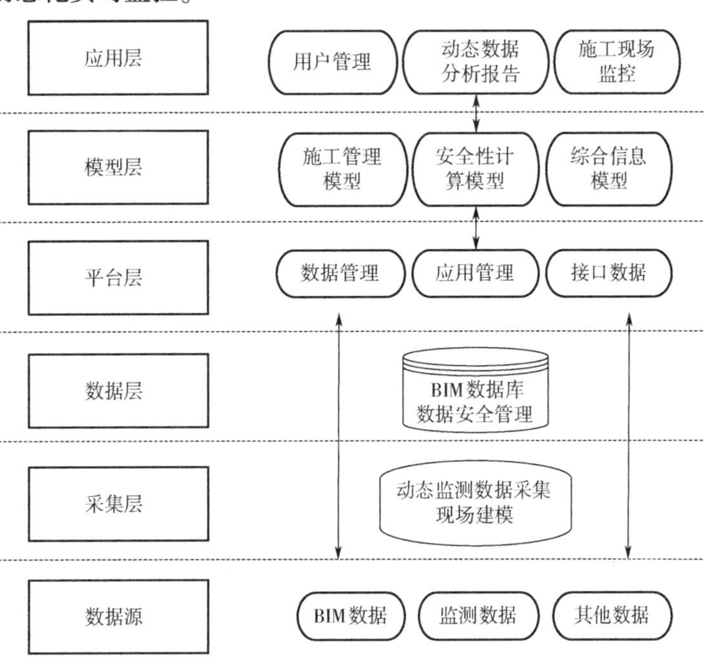

图6.3-23　自动化监测系统分层图

（1）基坑BIM模型的建立　根据本项目自身的一些特征，并对比了国内外各种建模软件的优缺点及适用条件，本项目最终采用了目前适用最为广泛、建模自由度较高的Autodesk Revit软件，并利用FTIM参数化建模方法来进行基坑BIM模型的建立。根据设计院设计提供的施工平面图、钻孔柱状图、勘测点平面图建立Revit核心模型，主要包括地质模型、基坑支护模型、周边环境模型等。利用FTIM的理论方法，以协调各个环节以及其中每一个构件之间的性质和联系，将它们结合起来，对全要素信息进行管理，将工程从开始到结束整个过程中的所有数据文件存档到一个PC端中。以模型为基础，将实际信息录入到模型中，实现模型信息化，通过信息模型指导实际施工。通过Revit的内建构件库功能，将生产现场按照合理的方式进行分类区分，建立模型所需的各种构件，准确布置基坑模型。基坑BIM模型的创建是对基坑工程进行5D可视化监控及管理的内涵所在。由此可见，针对深基坑工程，利用BIM技术能够解决生产过程中各个环节的建模问题，如图6.3-24～图6.3-26所示。

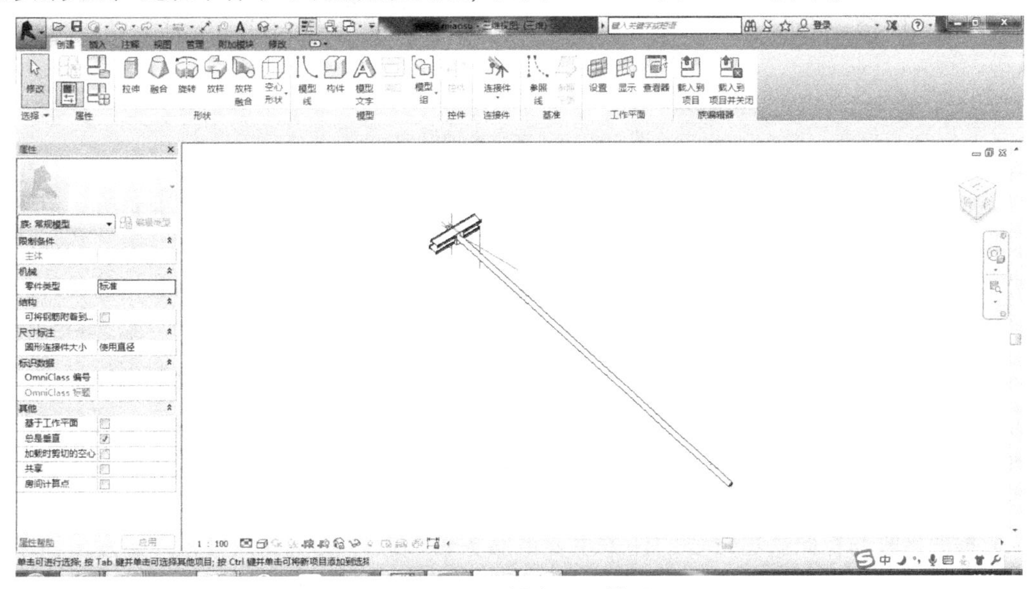

图6.3-24　锚索BIM模型

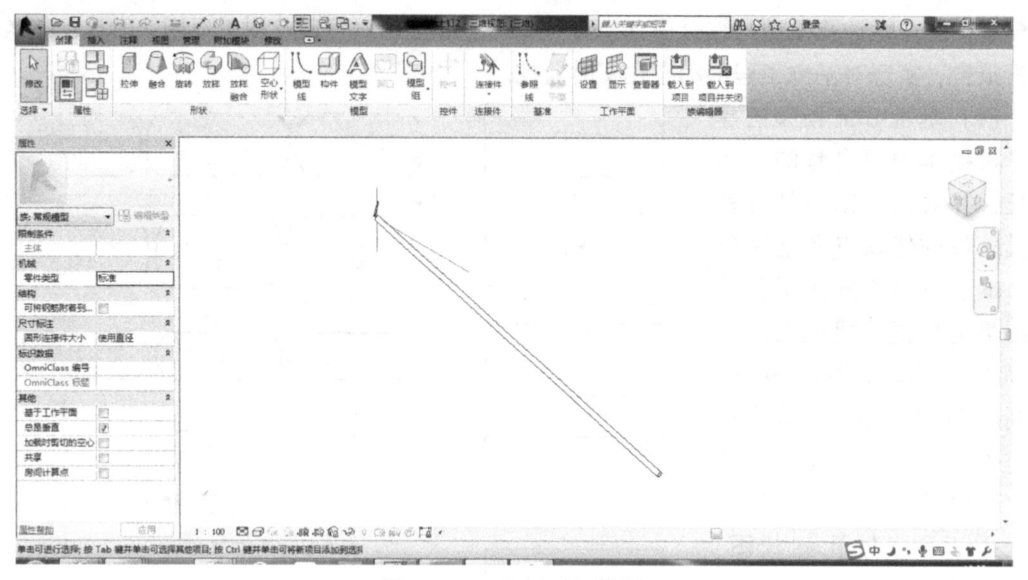

图 6.3-25　土钉 BIM 模型

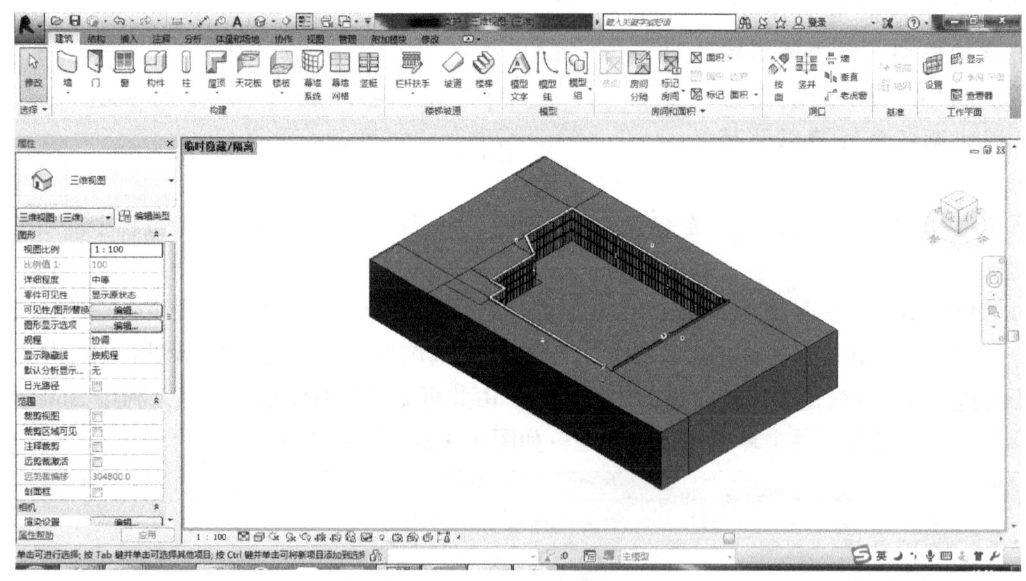

图 6.3-26　基坑支护模型

（2）监测数据的处理　以基坑工程为基础建立基坑传感系统和数据采集系统，数据采集系统一般采用两种系统：文件系统和数据库系统。文件系统主要是指 txt、csv、Excel 等；数据库系统主要是指 SqlServer、Access、MySql、SQLite。该基坑工程的监测数据的处理与储存主要是通过客户端软件实现。将基坑工程中的服务器端软件打开以后，另一端客户软件就可以申请与服务器端相连接，连接成功以后，就会以一定的频率读取存储在数据储存设备里的监测数据，然后将读取到的监测数据直接发给服务端软件，实现数据的传递。客户端软件可预留一个数据接口，通过这个接口不仅可以读取文件系统数据，还可以读取各种主流数据库产品数据，可以适应多种现有数据采集系统。

数据的接收与存储这项重要的任务主要由服务器端软件来完成，当客户端发出请求以后，服务器端软件接收连接请求，当两端连接成功后，PC 端就可以接受来自客户端软件传送的监测文件，并将接收到的基坑监测数据在对应的监视器窗口的列表框显示出来，同时存储于数据库中。

基坑监测体系结构的软件系统主要就是由服务端与客户端两大部分共同组成，服务端的主要功能是开启基坑工程的接收服务，然后将服务端与客户端形成连接，两个部分成功连接后，将基坑的监视器窗口打开，通过监视器窗口能够实时接收到监测的数据，同时，把数据同步存储在数据库中。因为基坑监测点多以及测得监测数据量非常庞大，很可能会造成数据文件过大、读取效率低下等问题，为了避免这些不良结果，服务端将根据基坑监测的日期把监测到的数据自动分组分别存储于不同的数据文件中。在总机端可以通过启动整个线程来连接其与客户端，当两端形成数据连接后，打开服务器端的监视器窗口，这个窗口与客户端相对应，通过监视器窗口的列表对话框能够把基坑监测数据实时显示出来。在服务器端可以远程操控客户端，对其数据采集频率进行设置，当频率设置成功后，总机可以以网络传输的方式把已经设置好的固有频率再次输送给客户端，客户端接收到该频率后，将以新的频率从数据库读取数据并发送。

（3）基坑监测方法及监测点的布置

1）监测基准点和监测点的布设。监测基准点利用本项目基坑监测时设立的控制点，点位和起算数据均不变化，主体沉降监测开始前对高程基准网进行一遍复测。根据建筑物设计图，在建筑主体上布设12个监测点，基准点、观测基点及监测点布设情况及观测水准线路，如图6.3-27所示。

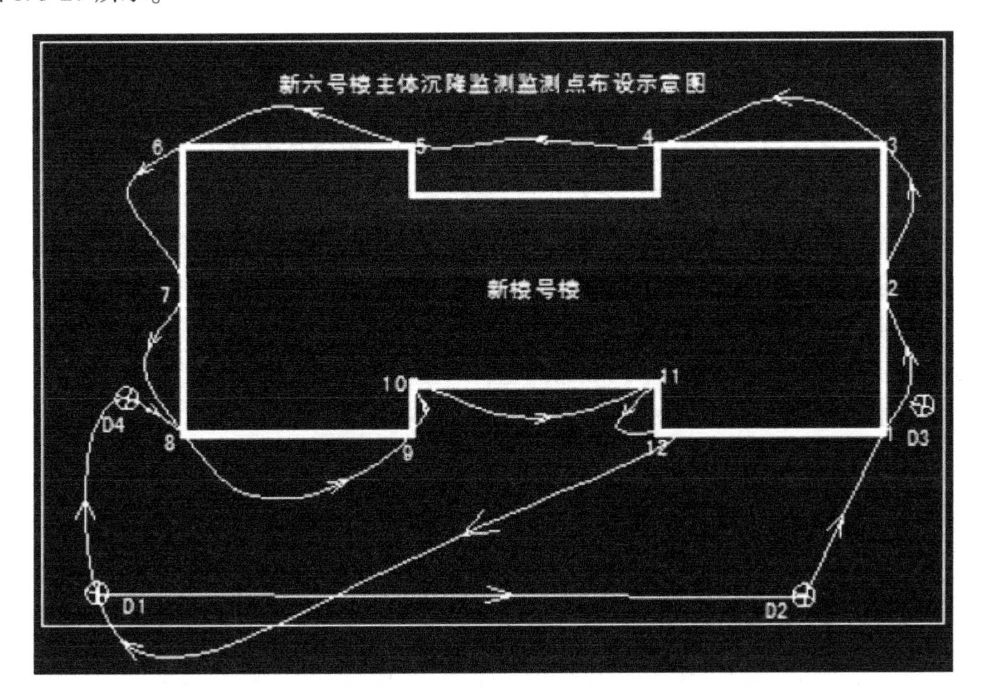

图6.3-27 监测点布设情况及水准线图

2）监测位置和位移监测点基准值测设

①监测基准网由于利用基坑监测基准点，经过一年多的使用和复测已经稳定，本次观测前，按沉降三等点精度（国家二等水准）要求复测一次。监测位置初次观测时持续记录2次，在各项限差满足要求的前提下，取两次记录的中间值作为初始值。在常规运营观测期每

四个月记录一次。工程人员在2012年4月15日完成了工作基点复测和监测点的埋设工作。2012年4月22日和2012年4月23日通过两次观测建立了监测点基准值。

②垂直位移监测网复测和位置的记录，根据《工程测量规范》《GB 50026—2007》中规定的要求和规则进行。计算采用条件观测平差或间接观测平差，计算取位0.1mm。其主要要求见表6.3-4。

表6.3-4　水准测量表

等级	视线长度	前后视距差	视距累计差	视线最低高度	基辅分化高差较差	基辅分化读数较差
二等	50m	≤1.0m	≤3.0m	≥0.5m	0.7mm	0.5mm

3）监测点的观测和计算方法。通过高精准水准法进行测量和记录；精密水准采用二等水准观测法。采用的设备为中伟zdl700电子精密水准仪，具体过程如下：

①基坑的各个位置的沉降变形量的测量方法按照我国的标准进行，采用单独往返的方式。测量一些基坑底部的变形方式应该按照闭合回路进行，而且这种闭合路径的起始点低于2个。

②任何仪器在操作前都应该对其进行质量和精确度监测，只有达到合格的要求才能使用，例如，水准仪视准轴与水准管轴的夹角均不超过15″。在测量过程中，根据项目要求，设置仪器的参数，控制试验测量的偶然、主观、客观误差，对于误差比较大的点，需要重新测量。

③在进行测量作业的过程中，需要保证仪器的统一性，而且测量路线一经确定便不可更改，需要严格按照其进行测量。观测得到的数据以及处理标准都按照《国家一、二等水准测量规范》（GB/T 12897—2006）的规定进行。观测时，视线长度需小于等于50m，前后视距差不得大于1.5m，前后视距总差≤6.0m，视线高度≥0.55m且≤2.80m。测站限差：两次读数差≤0.4mm，两次所测高差之差≤0.6mm，两次检测间歇点高差之差≤1.0mm。观测读数和记录的数字取位：使用数字水准仪读记至0.01mm。

④观测时，一定要按照严格的前后顺序进行，如后—前—前—后的顺序，对于高精度的具有其他作用子水准仪，也可以下列顺序测量：

往测：奇数站为后—前—前—后。

偶数站为前—后—后—前。

返测：奇数站为前—后—后—前。

偶数站为后—前—前—后。

⑤结束时都以偶数站的位置为目的地。

⑥利用数字式水准仪来进行测量时，需要保证一定的测量次数，而且对于不合格的测量点需要重新定点测量，总共的次数需要至少大于等于20次，并且在正式测量前对仪器进行热身，使其适应新的场地。在读取数据的过程中，需要遮挡住太阳光，否则会影响观测。

4）根据上述监测方法，最终测得新六号楼主体沉降监测点等沉降曲线如图6.3-28所示。

5）基坑监测理论。本项目中的桩锚支护体系在基坑工程中的应用较为广泛，针对这种类型的桩锚支护结构常用以下三种计算方法：

①极限平衡方法。也称为压力图形法，这种方法假定支护结构在土压力和结构横向支撑力的作用下达到平衡，利用力与力矩平衡条件求出嵌固深度与锚固力。

②弹性地基梁法。弹性地基梁法认为，水平方向的地基反力与墙平方向的地基反力系数与深度无关，是一个定值。

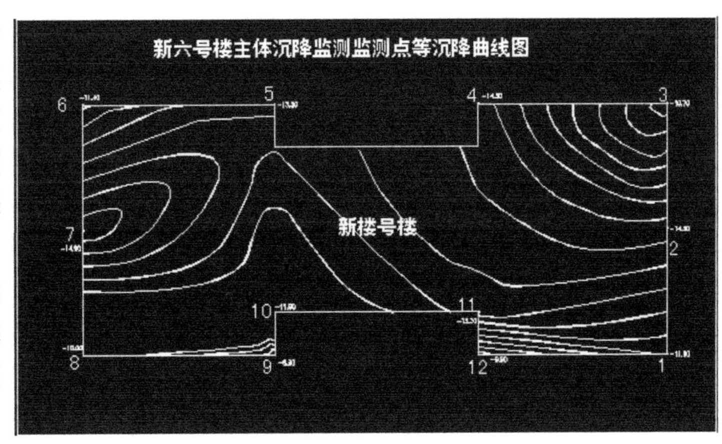

图 6. 3-28　新六号楼主体沉降曲线图

③数值分析法。极限平衡法只宜计算支护结构的内力与桩长。弹性地基反力法能够计算出支护结构的位移，但不能计算出基坑周围的位移，并且该方法有经验近似之嫌。

采用数值分析方法时，由于计算域离散化的误差、本构关系的不确定性、计算数值运算误差及位移近似函数的误差等因素，运算结果也会有一定的误差。目前利用数值分析方法进行基坑工程中的变形及受力问题的求解运算，对于该方法还需要进行更深入的研究，使其向着更加精确、更加系统的方向发展。由于基坑工程中存在大量的“支护桩—锚杆—岩土体”三者间的相互作用问题，变形及内力分析过程相当复杂，对于本构关系的选取要求极为严格，若本构模型选取不合理，运算的结果将与实际情况存在较大的差异，对于本构模型还需要进行进一步的研究，使之能更好地应用于实际工程设计工作。本文采用快速拉格朗日差分法（FLAC）进行基坑工程开挖支护过程中的内力及变形分析研究，拉格朗日法属于数值分析方法的一种，来源于流体力学，用于研究某一流体质点在任一时间内的运动轨迹、速度、压力等特性。在固体力学中采用拉格朗日法，将研究区域划分为一系列的网格单元，相邻单元之间通过节点进行连接。根据运动定律求解得到某一节点的速度，根据该节点的速度，经由高斯公式计算出其所在单元的应变率，通过该单元自身的本构关系，计算得到单元应力，进而对整个体系单元之间的不平衡力进行求解运算，将不平衡力分配到相应节点上，进行下一步计算。通过对上述求解流程进行循环运算，直至整个体系的不平衡力趋近于某一个微小的值，视为结构达到平衡状态，运算结束。拉格朗日法的求解过程如图 6. 3-29 所示。

（4）基于 FTIM 的基坑工程自动化监测　本项目结合基坑工程全面信息管理理念即 FTIM 理念，以建筑信息模型为基础，辅以项目信息门户技术的支持，通过物联网技术这个大媒介，实现项目信息的整体协作、创建、共享、管理和使用，最终实现对基坑工程全生命周期、全方位、全要素的基坑工程信息管理的目

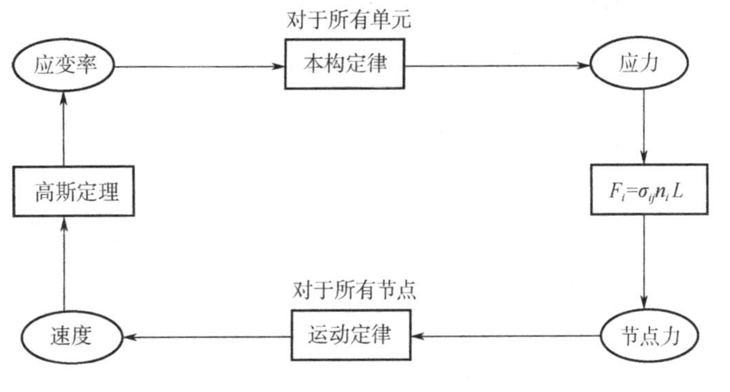

图 6. 3-29　拉格朗日法的求解过程

标。将 FTIM 的管理理念引入到基坑工程的监测中，可以将基坑施工中不断获得的监测数据等资料融入到全要素管理中去，整合包括监测数据等在内的各管理要素信息，用来判断基坑的实时状态，并用以指导下一步工作，实现基于 FTIM 的基坑工程自动化监测。

本项目通过数据接口链接的服务端与客户端，可以通过移动平台对基坑进行实时的可视化、自动化监测。当服务端成功与客户端相连接后，服务器端就可以把与客户端对应的监视器窗口打开，通过监视器窗口可以看到仪器实时监测接收到的变形数据，并且可以把这些监测数据加载到三维基坑结构模型，通过三维模型把模型列表显示出来，并按照得到的数据和列表对模型进行分类管理。在服务器端的监视器窗口将三维模型编辑窗口打开，通过模型编辑窗口在已经建立好的 3D 基坑模型上以点击鼠标左键的方式捕获监测点的三维坐标，随之就会弹出“增加监测点”窗口，根据监测点布置图进行监测点的布置添加操作，然后在该窗口还可以进行监测点绑定传感器等操作，设置预警值的上下限范围等。平台不仅可以添加监测点，还可以进行编辑、删除监测点等操作。可以通过打开“查看监测点”窗口任意查看服务器端已经存在的监测点的各个属性值，也可以重新编辑设置好的基坑监测点，包括重新设置绑定的传感器标识、预警值上下限等。可以通过打开三维模型显示窗口操作把实时监测到的基坑数据以及监测点位置等参数显示到窗口中，在监测数据超出设定的正常范围后以高光显示，并启动铃声警告。

由此得到的基于监测系统的沉降曲线色彩变化模拟如图 6. 3-30 ~ 图 6. 3-32 所示。

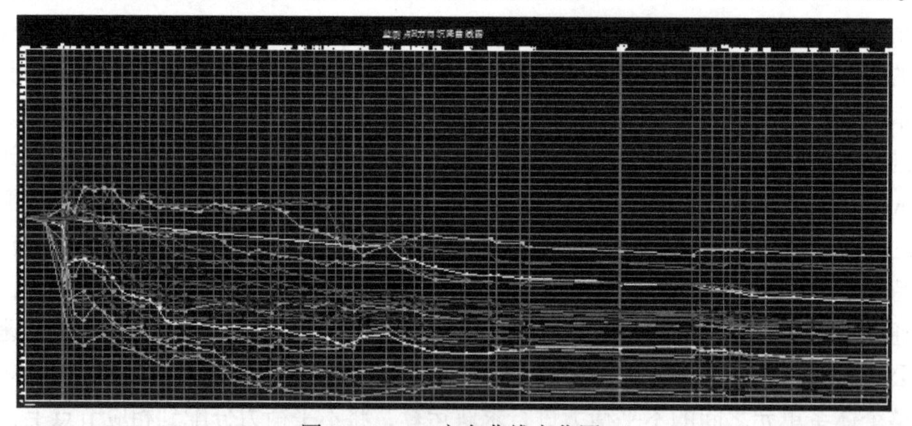

图 6. 3-30　H 方向曲线变化图

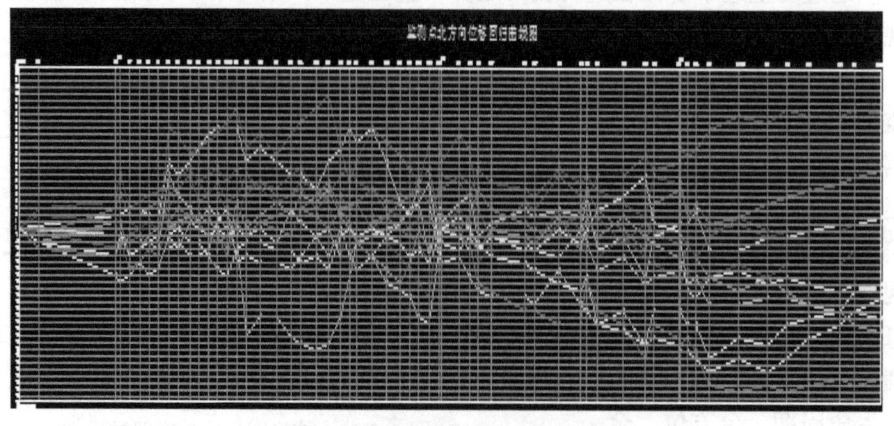

图 6. 3-31　北方向曲线变化图

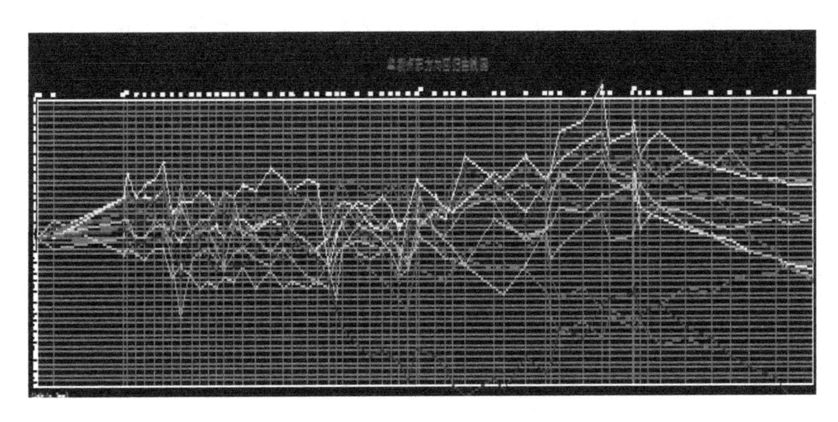

图 6.3-32　东方向曲线变化图

3. 基于 BIM 技术的基坑工程信息化施工管理平台

（1）整体架构　以 BIM 技术管理经验为依据，以全生命周期、全方位、全要素管理的三大管理理念以及基坑工程不同于一般建筑工程的项目特点与需求，以建筑领域各大基本框架为指导，确定了基于 BIM 的基坑工程信息化施工管理平台整体架构。通过数据的访问调用，充分利用前期设计阶段整合的模型信息，在此过程中将建筑产业链各环节关联，进行集中合理的管理，方便施工过程及后期使用过程中的项目管理。由此构建的项目级专项管理平台可成功应用于项目的设计、施工、过程控制、监测管理中。

基于 BIM 技术的基坑工程信息化施工管理平台整体架构如图 6.3-33 所示。

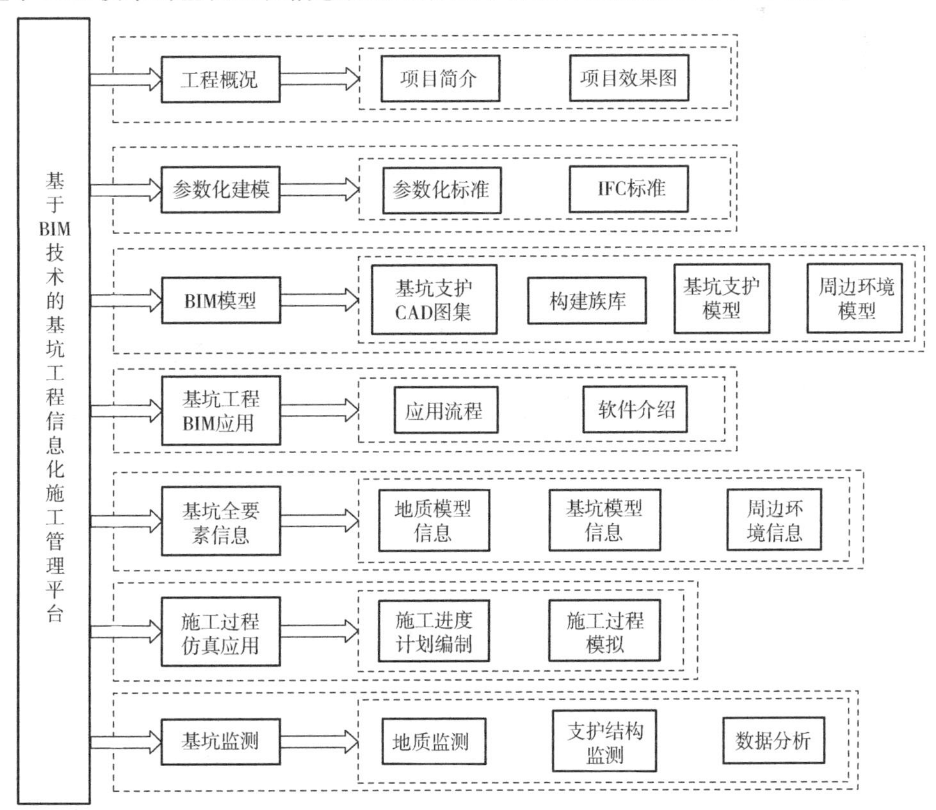

图 6.3-33　架构图

（2）平台开发流程　它的开发涉及多学科的交叉应用，融合了 BIM、虚拟现实、数据库开发和软件编写开发等技术。以下是平台开发具体流程，如图 6. 3-34 所示。

以其项目管理需求为依据，结合基坑复杂繁琐的难点，以 BIM 标准为依托，进行 BIM 模型的建立，将图样信息、技术规程录入工程信息数据库，对 BIM 模型进行二次开发，实现一体化管理平台的创建。

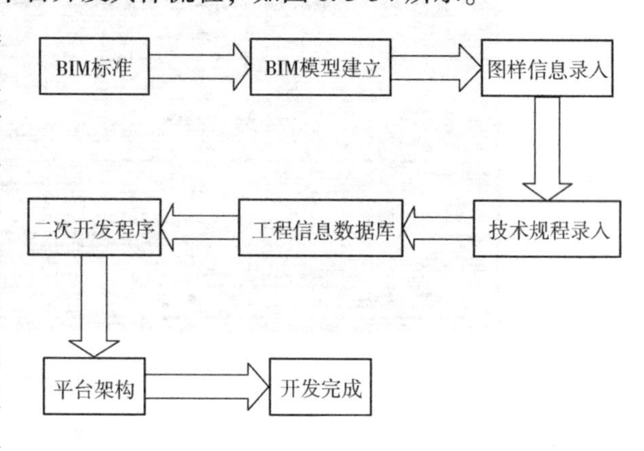

图 6. 3-34　平台开发具体流程

（3）主要功能　基于上述 BIM 技术的 FTIM 整体架构，确定了平台的主要功能。由于基坑工程的关键性，在此主要介绍其可视化动态监测的内容和具体实施方式。

1）以实际监测点布置平面图为基础，在 3D 基坑模型中设立监测点，通过设立的监测点来监测基坑各个部位，如图 6. 3-35 所示。

图 6. 3-35　监测点布置

2）对基坑支护结构的每一个监测点设置一个监测按钮，通过这个监测按钮可以迅速查看每一个监测点，如图 6. 3-36 所示。

图 6. 3-36　监测点按钮

3）设置基坑监测整体布局按钮，通过这个“基坑监测”按钮可以查看地质、支护结构的各个数据，并进行分析，如图6.3-37所示。

4）通过某一个监测点按钮打开该监测点可以看到监测点的变形，如图6.3-38所示。

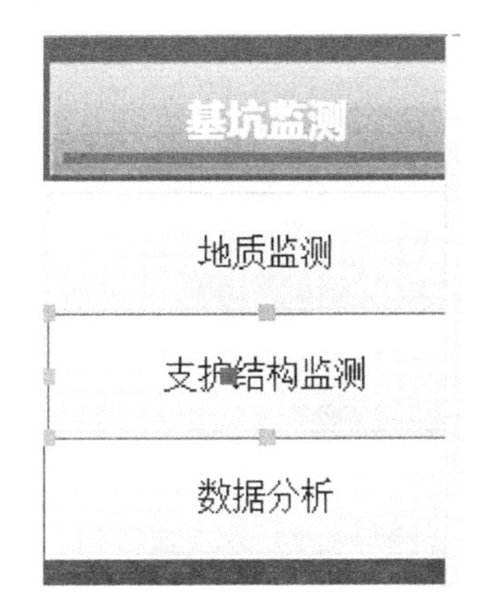

图6.3-37 整体布局按钮

图6.3-38 监测点变形

5）切换相机，对基坑监测点进行参数设置，如图6.3-39所示。

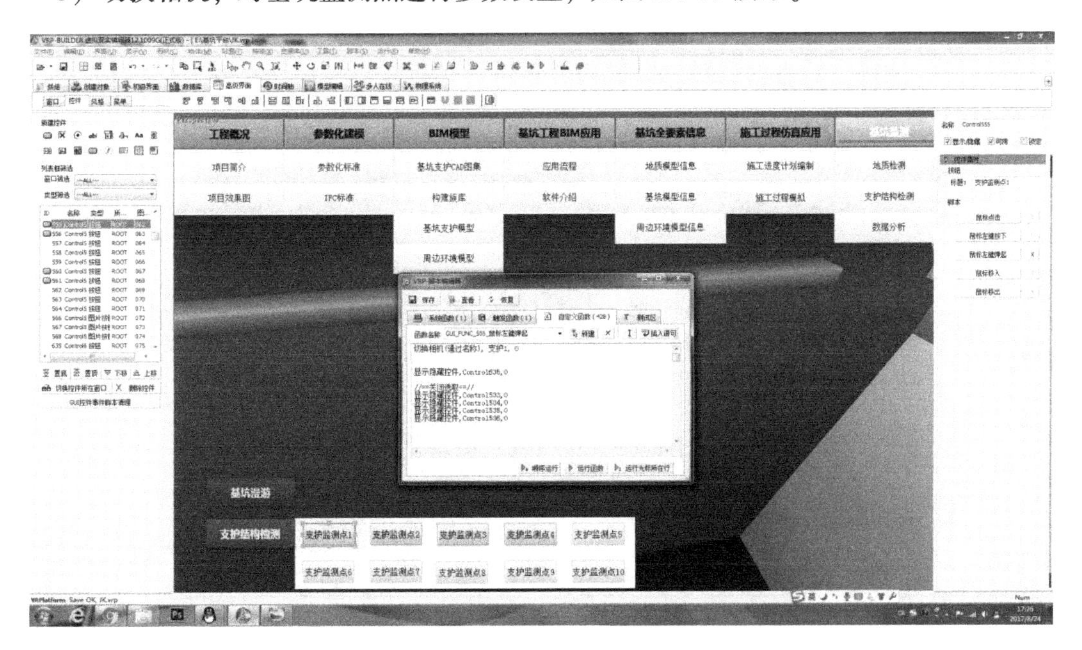

图6.3-39 切换相机

6）通过设置，可以将顶部和底部的一些菜单隐藏起来，如图6.3-40。

7）对每一个监测点进行布置，形成一个完整的基坑监测模型，通过对监测点实时监测，可以得到变形色阶云图，实现5D监测，如图6.3-41所示。

4. 基于BIM技术的基坑监测的优势

1）通过BIM模型具有高效可视化的独特优势，把其围护体系以及土体的变动形象地展现给项目施工方和专业人员，并充分利用BIM软件的Navisworks内部的漫游和动画模拟两大方法，以建立的三维基坑模型为基础，以时间为主线，在各个时间点添加各个环节的施工模

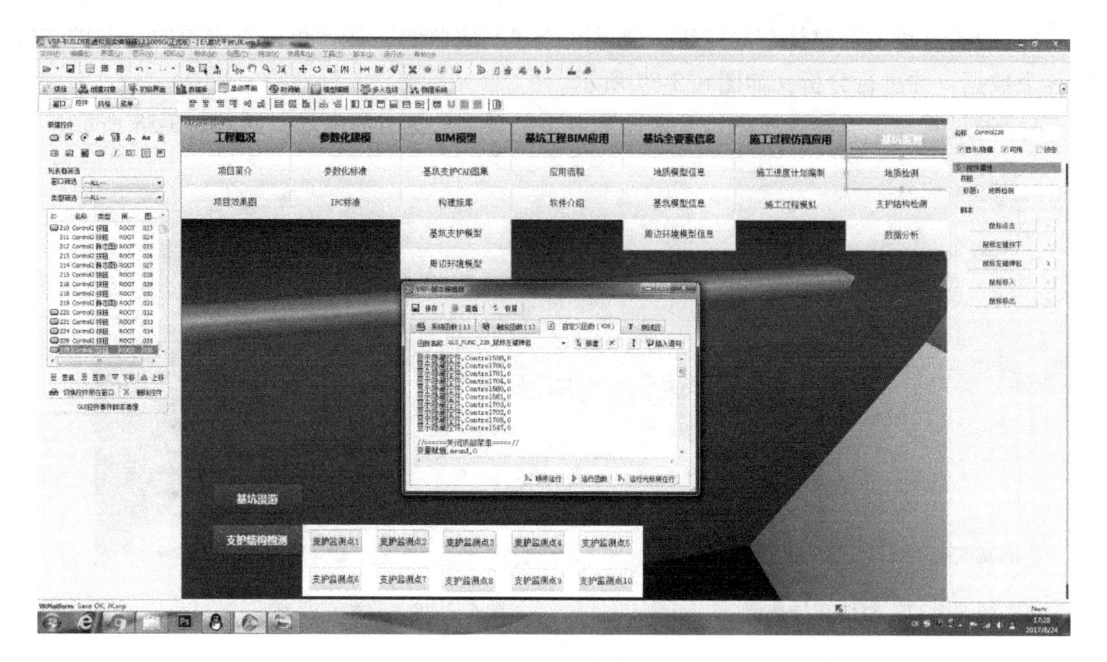

图 6.3-40　隐藏菜单

图 6.3-41　整体监测

拟动画，达到实时、高效的监测目的。

2）通过基坑模型的 4D 可视化功能，根据不同的颜色变化迅速定位基坑土体以及围护结构的临界点和危险点，并根据基坑监测的变形状态以及裂缝开展的速率准确迅速地做出反应和处理。

3）不仅基坑监测人员能够根据模型进行辅助施工管理，而且甚至业主等非监测专业人员也可以很容易地看懂基坑变形情况。

4）通过BIM技术的信息传递、共享以及完备性功能，监测人员可以迅速任意方便地调取基坑任何一个监测点的信息，然后与水位变化、地质条件等数据有效地结合起来，对造成基坑变形的诱发因素以及其他原因做出合理的判断。

5）通过与已经拥有的基坑土方及维护结构变形特征相结合，进一步判断基坑维护结构在未来一段时间的变形趋势，对临界位置和危险点提前采取一些措施，避免一些危险的发生，提高了基坑工程的安全度，而且工作人员能够更好地对施工过程的每个环节做出迅速的判断和处理。

基坑监测必然是一个长期的不断变化的检测工作，随着基坑不断开挖与支护，在施工的每一个环节都能够通过仪器得到大量的监测数据，需要对数据进一步处理，将处理好的数据与建立的三维模型连接，才能帮助施工单位进一步施工，达到实时监测施工的目的。

本章考试大纲

1. 了解应用BIM技术的必要性。
2. 了解Revit软件中族的概念及分类。
3. 掌握BIM技术应用的历程、内容及要求。

参 考 文 献

[1] 刘占省，赵雪锋 . BIM 技术与施工项目管理 [M] . 北京：中国电力出版社，2015.

[2] 刘占省，赵明，徐瑞龙 . BIM 技术在我国的研发及工程应用 [J] . 建筑技术，2013 (10)：893-897.

[3] 刘占省，王泽强，张桐睿，等 . BIM 技术全寿命周期一体化应用研究 [J] . 施工技术，2013 (18)：91-95.

[4] 刘占省，赵明，徐瑞龙 . BIM 技术在建筑设计、项目施工及管理中的应用 [J] . 建筑技术开发，2013 (3)：65-71.

[5] 王辉 . 建设工程项目管理 [M] . 北京：北京大学出版社，2014.

[6] 中华人民共和国住房和城乡建设部 . 建设工程项目管理规范 GB/T50326—2007 [S] . 北京：中国建筑工业出版社，2002.

[7] 张建平，李丁，林佳瑞，等 . BIM 在工程施工中的应用 [J] . 施工技术，2012 (16)：10-17.

[8] 张建平 . 基于 BIM 和 4D 技术的建筑施工优化及动态管理 [J] . 中国建设信息，2010 (2)：18-23.

[9] 刘占省，赵明，徐瑞龙，等 . BIM 技术在我国的研发及应用 [N] . 建筑时报，2013-11-11 (4) .

[10] 何关培 . BIM 总论 [M] . 北京：中国建筑工业出版社，2011.

[11] 何关培，李刚 . 那个叫 BIM 的东西究竟是什么 [M] . 北京：中国建筑工业出版社，2011.

[12] 丁士昭 . 建设工程信息化导论 [M] . 北京：中国建筑工业出版社 . 2005.

[13] 王要武 . 工程项目信息化管理——Autodesk Buzzsaw [M] . 北京：中国建筑工业出版社 . 2005.

[14] 张建平 . 信息化土木工程设计——Autodesk Civil 3D [M] . 北京：中国建筑工业出版社 . 2005.

[15] 张建平，郭杰，王盛卫，等 . 基于 IFC 标准和建筑设备集成的智能物业管理系统 [J] . 清华大学学报（自然科学版）. 2004 (10)：940-942，946.

[16] 肖伟，胡晓非，胡端 . 建筑行业的挑战与 BLM/BIM 的革新及运用 [J] . 中国勘察设计 . 2008 (1)：68-70.

[17] 倪江波，赵昕 . 中国建筑施工行业信息化发展报告（2015） BIM 深度应用与发展 [M] . 北京：中国城市出版社，2015.

[18] 付勇攀，王竞超，赵雪锋，等 . BIM 在叶盛黄河大桥施工安全管理中的应用 [J] . 建筑技术，2017，48 (11)：1142-1144.

[19] 刘占省，韩泽斌，张禹，等 . 基于 BIM 技术的预制装配式风电塔架数值模拟 [J] . 建筑技术，2017，48 (11)：1131-1134.

[20] 刘占省，张禹，郑媛元，等 . 装配式风电塔架钢混连接段力学及可靠性研究 [J] . 建筑技术，2017，48 (11)：1135-1138.

[21] 张晓东，仲青，吴明庆 . 基于工程量清单计价模式下的已竣工工程数据库建设 [J] . 建筑技术，2017，48 (11)：1227-1230.

[22] 余军，刘占省，孙佳佳 . 基于 BIM 的首都机场急救中心专项管理平台研发与应用 [J] . 建筑技术，2017，48 (9)：976-979.

[23] 杜艳超 . 三维协同设计与管理工作流程研究 [D] . 长春：吉林建筑大学，2017.

[24] 张红艳 . 基于 BIM 的施工质量管理研究 [J] . 能源技术与管理，2017，42 (6)：196-199.

[25] 高明星 . BIM 的建筑结构施工图设计研究 [J] . 绿色环保建材，2017 (12)：79.

[26] 王银虎 . 关于建筑结构设计中 BIM 技术的应用探究 [J] . 绿色环保建材，2017 (12)：57.

[27] 张敏，李晓丹，李忠富 . 国际主要 BIM 开源软件的发展现状综合分析 [J/OL] . 工程管理学报，

2017（6）：1-5［2017-12-27］. https：//doi. org/10. 13991/j. cnki. jem. 2017. 06. 004. html.
［28］张柯杰，苏振民，金少军. 基于BIM与AR的施工质量活性系统管理模型构建研究［J/OL］. 工程管理学报，2017（6）：1-5［2017-12-27］. https：//doi. org/10. 13991/j. cnki. jem. 2017. 06. 022. html.
［29］王优玲. 我国全面推进装配式建筑发展［N］. 中国质量报，2017-12-19（005）.
［30］钟炜，李粒萍. BIM工程项目管理绩效评价指标体系研究［J］. 价值工程，2018，37（2）：40-43.
［31］杨理. 基于BIM技术的高层建筑施工管理分析［J］. 建材与装饰，2017（50）：160-161.
［32］苏亚武，杨红岩，齐磊，等. 基于BIM的4D计划管理在超高层项目中的应用［J］. 施工技术，2017，46（23）：7-9.
［33］吴翠兰. 工程项目全面造价管理研究［J］. 价值工程，2017，36（34）：20-22.
［34］马恭权. 建筑施工管理中BIM技术的应用［J］. 江西建材，2017（22）：259-260.
［35］李战锋. 基于BIM建筑工程项目进度－成本协同管理系统框架构建［J］. 绿色环保建材，2017（11）：189.
［36］陈斌. 建筑施工管理的影响因素与对策分析［J］. 工程技术研究，2017（11）：152＋158.
［37］黄琛. 基于BIM的建筑电气安装工程物料管理探讨［J］. 工程经济，2017，27（11）：17-21.
［38］孙建诚，李永鑫，王新单. BIM技术在公路设计中的应用［J］. 重庆交通大学学报（自然科学版），2017，36（11）：23-27.
［39］王凤起. BIM技术应用发展研究报告［J］. 建筑技术，2017，48（11）：1124-1126.
［40］张晓东，仲青，吴明庆. 基于工程量清单计价模式下的已竣工工程数据库建设［J］. 建筑技术，2017，48（11）：1227-1230.
［41］杜艳超. 三维协同设计与管理工作流程研究［D］. 长春：吉林建筑大学，2017.
［42］张泳，付君，王全凤. 建筑信息模型的建设项目管理［J］. 华侨大学学报（自然科学版），2008（3）：424-426.
［43］孔嵩. 建筑信息模型BIM研究［J］. 建筑电气，2013（4）：27-31.
［44］冯剑. 业主基于BIM技术的项目管理成熟度模型研究［D］. 昆明：昆明理工大学，2014.
［45］寿文池. BIM环境下的工程项目管理协同机制研究［D］. 重庆：重庆大学，2014.
［46］赵灵敏. 基于BIM的建设工程全寿命周期项目管理研究［D］. 济南：山东建筑大学，2014.
［47］孙悦. 基于BIM的建设项目全生命周期信息管理研究［D］. 哈尔滨：哈尔滨工业大学，2011.
［48］彭正斌. 基于BIM理念的建设项目全生命周期应用研究［D］. 青岛：青岛理工大学，2013.
［49］戚安邦. 工程项目全面造价管理［M］. 天津：南开大学出版社，2000.
［50］丁荣贵. 项目管理：项目思维与管理关键［M］. 北京：机械工业出版社，2004.
［51］李明友. 中国建设项目全寿命成本管理现状分析与实践研究［J］. 建筑经济，2007（3）：33-35.
［52］陈光，成虎. 建设项目全寿命期目标体系研究［J］. 土木工程学报，2004，37（10）：87-91.
［53］张亚莉，杨乃定，杨朝君. 项目的全寿命周期风险管理的研究［J］. 科学管理研究，2004，22（2）：27-30.
［54］黄继英，海燕. 试论全寿命周期设计技术［J］. 矿山机械，2006，34（4）：131-132.
［55］甄兰平，邰惠鑫. 面向全寿命周期的节能建筑设计方法研究［J］. 建筑学报，2003（3）：56-57.
［56］刘占省. PW推动项目全生命周期管理［J］. 中国建设信息化，2015（Z1）66-69.
［57］庞红，向往. BIM在中国建筑设计的发展现状［J］. 建筑与文化，2015（1）：158-159.
［58］柳建华. BIM在国内应用的现状和未来发展趋势［J］. 安徽建筑，2014（6）：15-16.
［59］刘占省，赵明，徐瑞龙，等. 推广BIM技术应解决的问题及建议［N］. 建筑时报，2013-11-28004.
［60］张春霞. BIM技术在我国建筑行业的应用现状及发展障碍研究［J］. 建筑经济，2011（9）：96-98.
［61］贺灵童. BIM在全球的应用现状［J］. 工程质量，2013，31（3）：12-19.
［62］何清华，钱丽丽，段运峰，等. BIM在国内外应用的现状及障碍研究［J］. 工程管理学报，2012，26

(1)：12-16.
[63] 赵源煜．中国建筑业 BIM 发展的阻碍因素及对策方案研究［D］．北京：清华大学，2012.
[64] 杨德磊．国外 BIM 应用现状综述［J］．土木建筑工程信息技术，2013，05（6）：89－94＋100.
[65] 陈花军．BIM 在我国建筑行业的应用现状及发展对策研究［J］．黑龙江科技信息，2013（23）：278-279.
[66] 张建平，张洋，张新，等．基于 IFC 的 BIM 三维几何建模及模型转换［J］．土木建筑工程信息技术，2009，01（1）：40-46.
[67] 邱奎宁，王磊．IFC 标准的实现方法［J］．建筑科学，2004（3）：76-78.
[68] 杨宝明．建筑信息模型 BIM 与企业资源计划系统 ERP［J］．施工技术．2008（6）：31-33.
[69] 王荣香，张帆．谈施工中的 BIM 技术应用［J］．山西建筑，2015（3）：93-94.
[70] 李犁，邓雪原．基于 BIM 技术建筑信息标准的研究与应用［J］．四川建筑科学研究，2013，39（4）：395-398.
[71] 吴双月．基于 BIM 的建筑部品信息分类及编码体系研究［D］．北京：北京交通大学，2015.
[72] 刘占省，赵明，徐瑞龙．BIM 技术在建筑设计、项目施工及管理中的应用［J］．建筑技术开发，2013，40（3）：65-71.
[73] 邵韦平．数字化背景下建筑设计发展的新机遇—关于参数化设计和 BIM 技术的思考与实践［J］．建筑设计管理，2011，03（28）：25-28.
[74] 马锦姝，刘占省，侯钢领，等．基于 BIM 技术的单层平面索网点支式玻璃幕墙参数化设计［C］．//张可文．第五届全国钢结构工程技术交流会论文集，珠海，2014：153-156.
[75] 张桦．建筑设计行业前沿技术之一：基于 BIM 技术的设计与施工［J］．建筑设计管理，2014（1）：14－21＋28.
[76] 张建新．建筑信息模型在我国工程设计行业中应用障碍研究［J］．工程管理学报，2010（4）：387-392.
[77] 欧阳东，李克强，赵瑷琳．BIM 技术——第二次建筑设计革命［J］．建筑技艺，2014（2）26-29.
[78] BIM 技术在计算机辅助建筑设计中的应用初探［D］．重庆：重庆大学，2006.
[79] 秦军．建筑设计阶段的 BIM 应用［J］．建筑技艺，2011（Z1）160-163.
[80] 梁波．基于 BIM 技术的建筑能耗分析在设计初期的应用研究［D］．重庆：重庆大学，2014.
[81] 王慧琛．BIM 技术在绿色公共建筑设计中的应用研究［D］．北京：北京工业大学，2014.
[82] 罗智星，谢栋．基于 BIM 技术的建筑可持续性设计应用研究［J］．建筑与文化，2010（2）：100-103.
[83] 翟建宇．BIM 在建筑方案设计过程中的应用研究［D］．天津：天津大学，2014.
[84] 尹航．基于 BIM 的建筑工程设计管理初步研究［D］．重庆：重庆大学，2013.
[85] 陈强．建筑设计项目应用 BIM 技术的风险研究［J］．土木建筑工程信息技术，2012（01）：22-31.
[86] 程斯茉．基于 BIM 技术的绿色建筑设计应用研究［D］．长沙：湖南大学，2013.
[87] 李甜．BIM 协同设计在某建筑设计项目中的应用研究［D］．成都：西南交通大学，2013.
[88] 梁逍．BIM 在中国建筑设计中的应用探讨［D］．太原：太原理工大学，2015.
[89] 杨佳．运用 BIM 软件完成绿色建筑设计［J］．工程质量，2013（2）：55-58.
[90] 林佳瑞，张建平，何田丰，等．基于 BIM 的住宅项目策划系统研究与开发［J］．土木建筑工程信息技术，2013，05（1）：22-26.
[91] 王勇，张建平．基于建筑信息模型的建筑结构施工图设计［J］．华南理工大学学报（自然科学版），2013，41（3）：76-82.